网络工程师教育丛书

网络基础
（第2版）

Introduction to Networking, 2nd Edition

刘化君　李广林　等编著

电子工业出版社
Publishing House of Electronics Industry
北京·BEIJING

内 容 简 介

本书是《网络工程师教育丛书》第 1 册,主要介绍计算机网络的基本概念,以及在计算机之间如何通过网络实现信息的传输。全书分为 6 章,分别介绍计算机系统组成和结构、计算机网络的基本概念、数据通信基础、计算机网络体系结构、网络设备,以及组建简单计算机网络的相关技术。为帮助读者更好地掌握基础理论知识和应对认证考试,各章均附有小结、练习及小测验,并对典型题型给出解答提示。

本书可作为网络工程师培训和认证考试教材,或作为本科及职业技术教育相关课程的教材或参考书,也可供网络技术人员、管理人员以及有志于自学成为网络工程师的读者阅读。

本书的相关资源可从华信教育资源网(www.hxedu.com.cn)免费下载,或通过与本书策划编辑(zhangls@phei.com.cn)联系获取。

未经许可,不得以任何方式复制或抄袭本书之部分或全部内容。
版权所有,侵权必究。

图书在版编目(CIP)数据

网络基础 / 刘化君等编著. —2 版. —北京:电子工业出版社,2020.1
(网络工程师教育丛书)
ISBN 978-7-121-37400-5

Ⅰ. ①网… Ⅱ. ①刘… Ⅲ. ①计算机网络－基本知识 Ⅳ. ①TP393

中国版本图书馆 CIP 数据核字(2019)第 200538 号

责任编辑:张来盛(zhangls@phei.com.cn)
印　　刷:北京天宇星印刷厂
装　　订:北京天宇星印刷厂
出版发行:电子工业出版社
　　　　　北京市海淀区万寿路 173 信箱　邮编:100036
开　　本:787×1092　1/16　印张:17.75　字数:465 千字
版　　次:2015 年 6 月第 1 版
　　　　　2020 年 1 月第 2 版
印　　次:2023 年 11 月第 5 次印刷
定　　价:59.80 元

凡所购买电子工业出版社图书有缺损问题,请向购买书店调换。若书店售缺,请与本社发行部联系,联系及邮购电话:(010)88254888,88258888。
质量投诉请发邮件至 zlts@phei.com.cn,盗版侵权举报请发邮件至 dbqq@phei.com.cn。
本书咨询联系方式:(010)88254467;zhangls@phei.com.cn。

出 版 说 明

人类已进入互联网时代，以物联网、云计算、移动互联网和大数据为代表的新一轮信息技术革命，正在深刻地影响和改变经济社会各领域。随着信息技术的发展，网络已经融入社会生活的方方面面，与人们的日常生活密不可分。我国已成为网络大国，网民数量位居世界第一；但我国要成为网络强国，推进网络强国建设，迫切需要大量的网络工程师人才。然而据估计，我国每年网络工程师缺口约 20 万人，现有网络人才远远无法满足建设网络强国的需求。

为适应网络工程技术人才教育、培养的需要，电子工业出版社组织本领域专家学者和工作在一线的网络专家、工程师，按照网络工程师所应具备的知识、能力要求，参考新的网络工程师考试大纲（2018 年审定通过），共同修订、编撰了这套《网络工程师教育丛书》。

本丛书全面规划了网络工程师应该掌握的技术，架构了一个比较完整的网络工程技术知识体系。丛书的编写立足于计算机网络技术的最新发展，以先进性、系统性和实用性为目标：

- ▶ 先进性——全面地展示近年来计算机网络技术领域的新成果，做到知识内容的先进性。例如，对软件定义网络（SDN）、三网融合、IPv6、多协议标签交换（MPLS）、云计算、云存储、大数据、物联网、移动互联网等进行介绍。
- ▶ 系统性——加强学科基础，拓宽知识面，各册内容之间密切联系、有机衔接、合理分配、重点突出，按照"网络基础→局域网→城域网与广域网→TCP/IP 基础→网络互连与互联网→网络安全与管理→大数据技术→网络设计与应用"的进阶式顺序分为 8 册，形成系统的知识结构体系。
- ▶ 实用性——注重工程能力的培养和知识的应用。遵循"理论知识够用，为工程技术服务"的原则，突出网络系统分析、设计、实现、管理、运行维护和安全方面的实用技术；书中配有大量网络工程案例、配置实例和实验示例，以提高读者的实践能力；每章还安排有针对性的练习和近年网络工程师考试题，并对典型试题和练习给出解答提示，以帮助读者提高应试能力。

本丛书从一开始就搭建了一个真实的、接近网络工程实际的网络，丛书各册均基于这个实例网络的拓扑和 IP 地址进行介绍，逐步完成对路由器、交换机、客户端和服务器的配置、应用设计等，灵活、生动地展现各种网络技术。

本丛书在编写时力求文字简洁，通俗易懂，图文并茂；在内容编排上既系统全面，又切合实际；在知识设计上层次分明、由浅入深，读者可根据自己的需要选择相应的图书进行学习，然后逐步进阶。

鉴于网络技术仍在不断地飞速发展，本丛书将根据需要和读者要求适时更新、完善。热忱欢迎广大读者多提宝贵意见和建议。联系方式：zhangls@phei.com.cn。

电子工业出版社

第2版前言

计算机网络作为信息社会的基础设施，在各行各业起着十分重要的作用，已与人们的日常生活、工作、学习密不可分。当人们通过计算机进行通信时，就需要用到计算机网络。本书在第1版的基础上进行了较为全面的修订，主要讲述计算机网络的基本概念以及计算机之间（最终是人与人之间）如何通过网络实现信息的传输。本书作为网络工程师教育丛书的第1册，是一个基础知识教程，可为掌握计算机网络技术提供宽厚而扎实的知识基础。

计算机网络技术日新月异。5年乃至更短的时间就足可以使一个新兴的前沿技术由萌发走向凋谢，例如 ATM、令牌环或 FDDI 等。为回应广大读者的建议，鉴于目前网络领域的发展变化，对本书的相关内容进行了修订、更新、补充。比较明显的修订内容包括：

- ▶ 贯穿每个章节的更新，并给出一个真实的、接近网络工程实际的网络实例；
- ▶ 为更好地解释基本概念，补充、更改了一批插图；
- ▶ 重新阐述了 TCP/IP 模型，融合了 IPv4 和 IPv6；
- ▶ 改写了组建计算机网络所需的网络设备，并简介了网络设备的基本配置方法；
- ▶ 引入了网络通信领域的最新发展及应用，例如第四、第五代移动电话网络，云计算，软件定义网络（SDN）等内容；
- ▶ 增补了网络通信技术领域的一些理论基础知识及手段，例如：网络编程与套接字，协议栈数据包分析等。

本书是《网络工程师教育丛书》的第1册，全书分为6章：第一章简介计算机系统组成与结构，第二章介绍计算机网络的基本概念，第三章介绍数据通信基础，第四章讨论计算机网络体系结构，第五章介绍组建计算机网络常用的网络设备，第六章给出组建计算机网络的基本技术。为帮助读者更好地掌握基础理论知识和应对认证考试，针对某些典型问题进行了解析，同时各章均附有小结、练习及小测验，并对典型题型给出解答提示。

本书内容适于计算机网络和通信领域的教学、科研和工程设计应用参考，适用范围较广，既可以用作网络工程师教育用书，也可作为本科及职业技术教育相关课程的教材或参考书，也可供网络技术人员、管理人员以及网络爱好者阅读。

本书由刘化君、李广林、刘枫、解玉洁编著。在编写过程中，得到了许多同志的支持和帮助，在此一并表示衷心感谢！

由于计算机网络技术发展很快，囿于编著者的理论水平和实践经验，书中可能存在不妥之处，恳请广大读者不吝赐教，以便再版予以订正。

编著者

2019 年 9 月 10 日

第1版前言

当人们通过计算机进行通信时，就需要用到计算机网络。本书讲述计算机网络的概念以及计算机之间（最终是人与人之间）如何通过网络实现信息的传输。本书作为网络基础教程，学习之后可为掌握计算机网络知识提供宽厚而扎实的基础。

网络可定义为相互连接起来的两台以上计算机设备，用以共享数据和其他资源。独立的计算机若没有相互连接，则只能通过便携的存储介质（如 U 盘和磁带）来交换数据。但当计算机之间通过某种物理连接进行通信时，则除了数据之外，它们还可以共享其他很多资源，如：应用程序；外设，包括打印机、扫描仪和 CD-ROM 驱动器等；存储器；数据链路，如因特网（Internet）连接。

在网络上进行通信的设备通常是计算机，但网络中也可包括能够发送或接收电子信息的任何其他设备，如：打印机；调制解调器（Modem）；控制网络流量流动的设备；无线接入设备。

一般来说，任何进行通信的网络设备都称为"结点"。一个网络的规模，可以小至同一房间的两台计算机，也可以大至全球数百万台计算机。不管其规模有多大，所有网络都具有以下共同的特点：（1）将信息从一个结点传输到另一个结点的信令机制；（2）传输信号的物理通信介质；（3）给出信号含义的通信规则（称为"协议"）；（4）控制对通信介质的访问，以保证正确通话；（5）寻址方法。

随着计算机系统性能的不断提高，以及价格的逐步下降，计算机和网络都已成为人们常用的工具。同时，因特网已成为一个全球范围的通信系统和功能强大的娱乐媒介。多数家庭用户也已经建立了小型网络，以便传输文件和共享因特网连接。

每天都有数百万计算机用户（甚至一些高级用户）登录到公司网络和因特网，但他们很少了解这些系统运行的原理。为此，本书的主要目的就是让读者了解计算机之间是如何跨越一个房间、一座大楼、一个城市乃至整个地球进行通信的，学会构建一个简单的家庭网络或办公室网络，比大多数计算机用户懂得更多有关网络的知识，为以后学习网络系统的设计、管理、运行维护打下坚实的基础。

本书是《网络工程师教育丛书》的第 1 册，全书分为 6 章：第一章简介计算机系统组成与结构，第二章比较系统、全面地介绍计算机网络的基本概念，第三章简单介绍数据通信基础，第四章讨论计算机网络体系结构，第五章介绍组建计算机网络常用的网络组件，第六章给出组建简单计算机网络的基本技术。为帮助读者理解基础理论知识，针对某些典型问题进行了解析，同时每章还附有小结、练习题和测验题。

由于计算机网络技术发展很快，囿于编著者理论水平和实践经验，书中可能存在不妥之处，恳请广大读者不吝赐教，批评斧正。

编著者
2015 年 3 月 18 日

目 录

第一章 计算机系统组成与结构 (1)

第一节 计算机系统的组成 (1)
- 计算机的基本概念 (2)
- 计算机硬件系统组成 (5)
- 计算机软件系统 (7)
- 计算机的类型 (12)
- 练习 (14)

第二节 计算机运算基础 (15)
- 数制 (16)
- 定点数与浮点数 (23)
- 信息的几种编码 (25)
- 练习 (26)

第三节 中央处理器（CPU） (27)
- CPU 的功能 (28)
- CPU 的组成 (28)
- 指令系统 (29)
- 流水线技术 (32)
- 中央处理器的性能 (34)
- 典型问题解析 (35)
- 练习 (37)

第四节 存储器系统 (38)
- 主存储器 (40)
- 辅助存储器 (44)
- 独立冗余磁盘阵列（RAID） (45)
- 相变存储器 (46)
- 练习 (46)

第五节 输入输出系统 (48)
- 输入输出原理 (48)
- 扩展槽和适配卡（网卡） (50)
- 系统总线 (51)
- I/O 接口 (53)
- 小型计算机系统接口（SCSI） (54)
- 练习 (54)

本章小结 ………………………………………………………………………………（56）

第二章　计算机网络的基本概念 ……………………………………………………（59）
　第一节　何谓计算机网络 ……………………………………………………………（59）
　　计算机网络的诞生与发展 …………………………………………………………（60）
　　计算机网络的定义 …………………………………………………………………（61）
　　计算机网络的功能 …………………………………………………………………（62）
　　计算机网络的组成 …………………………………………………………………（64）
　　练习 …………………………………………………………………………………（66）
　第二节　网络的类型 …………………………………………………………………（66）
　　网络的分类方法 ……………………………………………………………………（67）
　　个域网 ………………………………………………………………………………（69）
　　局域网 ………………………………………………………………………………（69）
　　城域网 ………………………………………………………………………………（70）
　　广域网 ………………………………………………………………………………（71）
　　互联网 ………………………………………………………………………………（72）
　　练习 …………………………………………………………………………………（72）
　第三节　传输介质 ……………………………………………………………………（73）
　　双绞线 ………………………………………………………………………………（74）
　　同轴电缆 ……………………………………………………………………………（78）
　　光纤光缆 ……………………………………………………………………………（79）
　　无线传输 ……………………………………………………………………………（82）
　　练习 …………………………………………………………………………………（86）
　第四节　网络拓扑结构 ………………………………………………………………（87）
　　总线拓扑 ……………………………………………………………………………（87）
　　星状拓扑 ……………………………………………………………………………（88）
　　环状拓扑 ……………………………………………………………………………（88）
　　广域拓扑 ……………………………………………………………………………（89）
　　网络主干 ……………………………………………………………………………（91）
　　练习 …………………………………………………………………………………（92）
　第五节　网络实例 ……………………………………………………………………（93）
　　因特网 ………………………………………………………………………………（93）
　　移动电话网络 ………………………………………………………………………（94）
　　物联网 ………………………………………………………………………………（95）
　　家庭网络 ……………………………………………………………………………（97）
　　云计算 ………………………………………………………………………………（98）
　　软件定义网络（SDN）………………………………………………………………（99）
　　练习 …………………………………………………………………………………（99）
　本章小结 ………………………………………………………………………………（99）

第三章 数据通信基础 (102)

第一节 数据通信的基本概念 (102)
- 基本概念 (102)
- 数据通信系统的组成 (104)
- 数据通信性能指标 (106)
- 练习 (109)

第二节 数据编码技术 (110)
- 数字信号的传输 (110)
- 模拟信号传输模拟数据 (112)
- 模拟信号传输数字数据 (112)
- 数字信号传输数字数据 (114)
- 数字信号传输模拟数据 (117)
- 典型问题解析 (119)
- 练习 (120)

第三节 数据传输方式 (121)
- 数据通信方式 (121)
- 数据同步方式 (123)
- 练习 (125)

第四节 数据交换技术 (125)
- 电路交换 (126)
- 存储转发交换 (127)
- 光交换 (130)
- 练习 (132)

第五节 信道复用技术 (133)
- 概述 (133)
- 频分复用 (134)
- 时分复用 (135)
- 波分复用 (137)
- 码分复用（码分多址） (138)
- 练习 (140)

第六节 差错控制技术 (141)
- 概述 (141)
- 奇偶校验 (143)
- 海明码 (144)
- 循环冗余校验 (145)
- 练习 (147)

本章小结 (148)

第四章 计算机网络体系结构 (152)

第一节 网络协议 (152)

什么是网络协议 (153)
网络协议三要素 (154)
练习 (154)

第二节 协议的分层和服务 (155)
计算机网络协议层 (155)
分层的网络通信系统 (157)
协议层间的差别 (161)
层间协调工作 (161)
练习 (163)

第三节 网络通信 (164)
请求本地数据 (164)
配置客户机 (164)
通过网络驱动器请求数据资源 (165)
网络编程与套接字 (166)
练习 (168)

第四节 OSI 参考模型 (169)
OSI 协议栈 (169)
物理层 (170)
数据链路层 (171)
网络层 (174)
传输层 (177)
会话层 (179)
表示层 (181)
应用层 (183)
典型问题解析 (186)
练习 (187)

第五节 TCP/IP 模型 (188)
TCP/IP 协议栈 (188)
TCP/IP 协议栈的特点 (190)
使用 TCP/IP 的分层模型 (191)
典型问题解析 (193)
练习 (194)

本章小结 (194)

第五章 网络设备 (198)

第一节 中继器和集线器 (198)
中继器 (199)
集线器 (200)
练习 (202)

第二节 网桥 (203)

　　　　网桥与桥接 ···(203)
　　　　网桥的类型 ···(205)
　　　　分布式生成树 ···(205)
　　　　练习 ···(206)
　　第三节　交换机 ··(207)
　　　　交换机的基本功能 ··(207)
　　　　交换机的分类 ···(210)
　　　　交换机的级联和堆叠 ···(210)
　　　　练习 ···(211)
　　第四节　路由器 ··(212)
　　　　路由器的功能 ···(213)
　　　　多协议路由器 ···(216)
　　　　路由器的优缺点 ··(216)
　　　　练习 ···(217)
　　第五节　网关 ···(217)
　　　　网关的类型 ··(217)
　　　　网关和协议转换器 ···(218)
　　　　练习 ···(219)
　　本章小结 ···(219)

第六章　计算机网络的组建 ··(222)
　　第一节　构建小型计算机网络 ···(223)
　　　　组建网络的基本要求 ··(223)
　　　　在 Windows 7 中设置家庭网络 ···(224)
　　　　组建一个对等网络 ···(228)
　　　　利用蓝牙组网 ···(230)
　　　　练习 ···(232)
　　第二节　扩展小型网络 ··(232)
　　　　服务器和网络操作系统（NOS）···(233)
　　　　网络中的数据流量分隔 ···(235)
　　　　练习 ···(237)
　　第三节　网络互连 ···(238)
　　　　LAN 到 LAN 的互连 ··(238)
　　　　家庭用户拨号访问因特网 ···(239)
　　　　路由与交换设备的配置使用 ···(240)
　　　　练习 ···(244)
　　第四节　网络中的数据流 ··(245)
　　　　通用网络配置 ···(246)
　　　　本地子网段中的信息流 ···(246)
　　　　交换主干网中的信息流 ···(246)

XI

跨越广域网的信息流 ···（247）
　　　协议栈数据包分析 ···（248）
　　　练习 ···（251）
　本章小结 ···（252）

附录 A　课程测验 ···（254）
附录 B　术语表 ···（257）
参考文献 ···（272）

第一章 计算机系统组成与结构

计算机的出现是 20 世纪最卓越的成就之一，是人类科学发展史中的一个里程碑。半个多世纪以来，计算机科学技术有了飞速发展，计算机的性能越来越高，价格越来越便宜，应用越来越广泛。时至今日，计算机已经广泛应用于国民经济和社会生活的各个领域，计算机科学技术的水平、计算机的应用程度已经成为衡量一个国家现代化水平的重要标志。

计算机的外观和大小各异，制造它们的目的也各不相同。有些计算机在单用户环境下工作，有些计算机在工作组环境下支持较少用户，还有一些计算机可支持一个大公司的数千用户。目前，更多的计算机可通过网络服务于全世界，因特网（Internet）的诞生与发展对信息化社会产生了深刻的影响，成为人类社会进入信息化社会的重要标志之一。

目前，有着多种多样的计算机可供选用。这些计算机中的大多数是与网络连接在一起的。一些计算机十分小巧，只能运行有限的应用程序；另外一些计算机结构庞大，可以同时运行多个程序，并服务于多个用户。在当今信息化社会中，计算机已经成为必不可少的工具。计算机的广泛应用极大地促进了生产力的发展。然而，所有计算机，从便携式计算机、台式机到功能强大的大型机、巨型机，都具有相同的基本组成结构和组件。在考虑计算机之间的联网通信之前，首先要了解计算机系统的基本组成和工作原理，掌握计算机的基本概念。

计算机之所以被称为"计算机"，是因为它在诞生初期主要用来进行科学计算。然而，现在计算机的处理对象已经远远超越了"计算"这个范畴，它可以对数字、文字、声音、图形、图像等各种形式的数据进行处理。实际上，计算机是一种能够按照事先存储的程序，自动、高速地对数据进行输入、处理、输出和存储的系统。一个计算机系统包括硬件和软件两大部分。本章以网络环境下的计算机系统为研究对象，介绍计算机系统的组成。网络通过各种方式把计算机连接起来，从而使得计算机之间能够互相通信，同时也能够为网络的使用者提供各种服务。

本章的主要目的是熟悉计算机系统的基础知识。首先介绍计算机系统的组成、几种常用计算机类型，以及计算机的运算基础；然后重点讨论计算机系统的主要组件及其特性，包括：

- ▶ 中央处理器（CPU）或微处理器；
- ▶ 存储器系统；
- ▶ 输入输出（I/O）系统，包括网络适配卡（NIC）等。

第一节 计算机系统的组成

自从第一台计算机问世以来，计算机的发展异常迅速，已从单一的数值处理发展到非数值处理和多媒体信息处理，从早期的以运算器为中心的冯·诺依曼结构发展到流水线、并行处理和多处理机结构，从传统的指令驱动型计算机到数据驱动和需求驱动型计算机。不论哪种体系结构，从本质上讲，计算机就是一个能够自动进行信息处理的系统，即它接收数字化的输入信息，根据存储在计算机内的程序对输入信息自动进行处理，并将结果输出。因此，计算机是由硬件和软件两大部分组成的一个信息处理机。

显然，在讨论计算机如何通过网络交换数据之前，首先需要了解数据是怎样在计算机内部处理和传输的。本节主要介绍计算机系统的组成以及主要部件的基本功能。

学习目标

- ▶ 掌握计算机系统是由硬件和软件两个部分组成的；
- ▶ 熟悉计算机组成部件（运算器、控制器、存储器、输入输出设备）的性能和作用；
- ▶ 了解计算机的发展简史，以及有哪些类型的计算机可供选用。

关键知识点

- ▶ 所有的计算机内部部件都对速度和功能有多种选择。

计算机的基本概念

20世纪40年代中期，由于导弹、火箭、原子弹等现代科学技术的发展，出现了大量极其复杂的数学问题，原有的计算工具已无法满足要求；而电子学和自动控制技术的迅速发展，为研制新的计算工具提供了物质技术条件。

电子计算机的早期研究是从20世纪30年代末开始的，当时英国的数学家艾伦·图灵在一篇论文中描述了通用计算机应具有的全面功能和局限性，这种机器被称为图灵机。1939年，美国艾奥瓦州立大学的约翰·阿塔纳索夫教授和他的研究生克利福德·贝里一起制作了一台称为"Atanasoff-Berry Computer"的机器，这是一台仅能求解方程式的专用电子计算机。1944年，哈佛大学的霍华德·艾肯博士和IBM公司的一个工程师小组合作，研制了一台称为Mark-I的计算机，这台计算机仅有一部分是电子式的，其余部分是机械式的。

1946年，在美国宾夕法尼亚大学，由John W. Mauchly博士和它的研究生J. Presper Eckert领导的研制小组为精确测算炮弹的弹道特性而制成了电子数字积分计算机（ENIAC），如图1.1所示。这是世界上第一台真正能自动运行的电子数字计算机，它的质量超过27 000 kg，占地面积约170 m^2，使用了18 800只电子管、1 500多个继电器，耗电量极大，但其功能还比不上现在的一只掌上可编程计算器。ENIAC的运算速度比Mark-I有了很大提高，达到5 000次/秒，这是划时代的"高速度"。特别是采取了普林斯顿大学数学教授冯·诺依曼"存储程序"的建议，把计算机程序与数据一起存储在计算机中，解决了ENIAC在操作上的不便。ENIAC是世界上第一台可以实际使用的电子计算机，为电子计算机的发展奠定了技术基础。ENIAC的问世，标志着电子计算机时代的到来。

图1.1　ENIAC

半个多世纪以来，计算机科学技术不仅有了飞速发展，而且也已广泛应用于国民经济和社会生活的各个领域。尤其是伴随着社会的信息化、数据的分布式处理和各种计算机资源的共享等种种应用需求的不断发展，推动了计算机技术和通信技术紧密结合，形成了现代计算机网络技术，产生了网络计算机。计算机网络技术促进了信息技术革命的"第三次浪潮"，把人类社会从工业化时代推向了信息化时代。在20世纪末，接触、应用网络的人还很少；现在，计算机网络已成为社会基础设施的一个基本组成部分。网络的出现，改变了人们使用计算机的方式；而互联网的出现，又改变了人们使用网络的方式。互联网使计算机用户不再被局限于分散的计算机上，同时也使他们脱离了特定网络的约束，计算机网络已遍布社会各个领域。

什么是计算机

计算机在其诞生的初期主要是用来进行科学计算的，因此被称为"计算机"。然而，现在计算机的处理对象已经远远超越了"计算"这个范围，计算机可以对数字、文字、声音、图像等各种形式的数据进行处理。

简单地说，计算机是一台机器，它可以根据一组指令或"程序"执行任务或进行计算。在 20 世纪 40 年代诞生的第一种完全电子化的计算机是需要许多人进行操作的巨型机器。与早期的那些机器相比，今天的计算机令人惊异，不仅速度快了成千上万倍，而且还可以放在桌子上、膝盖上，直至口袋中。

从工作原理上说，计算机是一种能够按照事先存储的程序，自动、高速地对数据进行输入、处理、输出和存储的系统。一个完整的计算机系统包含硬件系统和软件系统两大部分。计算机系统的组成如图 1.2 所示。

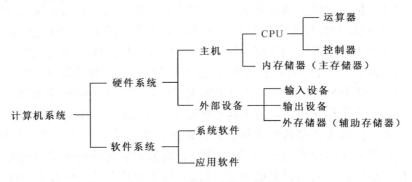

图 1.2 计算机系统的组成

计算机通过硬件与软件的交互进行工作。硬件系统通常是指一切看得见、摸得着的设备实体，包括机箱和其内部的一切。硬件是由电子的、磁性的、机械的器件组成的物理实体，包括运算器、控制器、存储器、输入设备和输出设备等。

"软件"指的是告诉硬件进行何种操作的指令或程序，包括系统软件和应用软件。系统软件是为了对计算机进行管理、提高计算机的使用效率和方便用户使用的各种通用软件，一般由计算机厂商提供。常用的系统软件有操作系统、程序设计语言翻译系统、连接程序、诊断程序等。应用软件是指专门为某一应用而编制的软件，常用的应用软件有字处理软件、表处理软件、统计分析软件、数据库管理系统、计算机辅助软件、实时控制与处理软件，以及其他应用于国民经济各行各业的应用程序。计算机硬件执行各种基本的操作，是计算机应用的物质基础，软件则进一步扩大了硬件的功能或者通过程序告诉计算机应该做什么，使硬件完成特定的工作任务。任何一台计算机只有配备了各种软件，才能发挥其作用，扩大其应用范围。

计算机的发展

自从第一台电子计算机 ENIAC 诞生以来，计算机发展之迅速，普及之广泛，对整个社会和科学技术影响之深远，远非其他任何学科所能比拟。时至今日，计算机已经成为人们生产劳动和日常生活中必备的重要工具。

电子器件的发展推动了电子电路的发展,为研制计算机奠定了物质技术基础。可以说电子元器件的发展是推动计算机发展的主要动力,所以学术界常以电子器件作为划分计算机发展时代的依据。此外,在计算机发展的各个阶段,所配置的软件和使用的方式也有不同的特点,成为划分时代的标志之一。

- 第一代计算机(1946—1957年)。第一代计算机的逻辑元件是电子管,主存储器先采用延迟线,后采用磁鼓磁芯,外存储器使用磁带,并用机器语言和汇编语言编写程序。这一代计算机的主要特点是体积大、运算速度低、成本高、可靠性差、内存容量小,主要用于科学计算、军事和科学研究等方面。

- 第二代计算机(1958—1964年)。第二代计算机是晶体管计算机时代,这一代计算机使用的主要逻辑元件是晶体管。晶体管较之电子管有体积小、耗电低、可靠性高、功能强、价格低等优点。主存储器采用磁芯,外存储器使用磁带和磁盘;并开始使用管理程序,后期使用操作系统并出现了一批高级程序设计语言。这个时期计算机的应用扩展到数据处理、自动控制等方面,运算速度已提高到每秒几十万次,体积大大减小,可靠性和内存容量也有较大的提高。

- 第三代计算机(1965—1970年)。第三代计算机逻辑元件采用小规模或中小规模集成电路来代替晶体管,这种器件把几十个或几百个分立的电子元件集中做在一块几平方毫米的硅片上(一般称为集成电路芯片),使计算机的体积和耗电大大减小,运算速度却大大提高,每秒钟可以执行几十万次到几百万次的加法运算,性能和稳定性进一步提高。在这个时期,系统软件有了很大发展,出现了分时操作系统;在程序设计方法上采用结构化程序设计,为研制更加复杂的软件提供了技术保证;在应用方面,计算机已被广泛地应用到科学计算、数据处理、事务管理和工业控制等领域。

- 第四代计算机(1970年至今)。第四代计算机最为显著的特征就是使用了大规模和超大规模集成电路。大规模集成电路(LSI)每个芯片上的元件数为1000~10000个,而超大规模集成电路(VLSI)每个芯片上则可以集成10000个以上的元件。此外,使用了大容量的半导体存储器作为内存储器,在体系结构方面进一步发展了并行处理、多机系统、分布式计算机系统和计算机网络系统;在软件方面推出了数据库系统、分布式计算机系统以及软件工程标准等。这一代计算机的运算速度可达到每秒上千万次到万亿次,存储容量和可靠性有了很大提高,功能更加完备,价格越来越低。这个时期计算机的类型除小型机、中型机、大型机外,开始向巨型机和微型机两个方面发展,计算机逐渐进入了办公室、学校和普通家庭。

- 第五代计算机。目前使用的计算机都属于第四代计算机,第五代计算机尚处在研制之中,而且进展比较缓慢。第五代计算机的研究目标是试图打破计算机现有的体系,即以二进制数和存储程序控制为基础的结构,使得计算机能够具有像人那样的思维、推理和判断能力。也就是说,第五代计算机的主要特征是人工智能,它具有一些人类智能的属性,例如自然语言理解能力、模式识别能力和推理判断能力。第五代计算机由于采用一系列的高新技术,所以这一代计算机已经很难再以器件来作为划分时代的依据。大体上说,第五代计算机是采用更大规模集成电路、非冯·诺依曼体系结构、人工神经网络的智能计算机系统。

现代计算机正朝着巨型化、微型化的方向发展,计算机的传输和应用正朝着网络化、智能化的方向发展,它越来越广泛地应用于人们的工作、生活和学习中,对社会生活起到不可估量的影响。

我国在计算机的研制开发上也取得了举世瞩目的成就。1983 年,湖南国防科技大学研制成功"银河I"巨型计算机,运行速度达 1 亿次/秒;1993 年研制的巨型计算机"银河II",运行速度达 10 亿次/秒;而"银河III"巨型计算机,运行速度达 130 亿次/秒。2009 年,中国首台千万亿次计算机"天河一号"研制成功,运行"核高基"专项支持研制的银河麒麟操作系统,名列当年的国际超级计算机 TOP 500 排行榜世界第五位、亚洲第一位的排名,并使中国成为继美国之后世界上第二个能够研制千万亿次超级计算机的国家。2015 年 11 月 16 日,在美国公布的全球超级计算机 500 强榜单中,"天河二号"超级计算机以 3.386 亿亿次/秒连续 6 次称雄。2016 年 6 月 20 日,使用中国自主芯片制造的"神威·太湖之光"取代"天河二号"登上全球超级计算机 500 强榜单榜首。2017 年 6 月 19 日,在德国法兰克福正式公布的全球超级计算机 500 强榜单中,中国的"神威·太湖之光"蝉联冠军,第三次荣登榜首。

计算机硬件系统组成

计算机是一台能存储程序和数据,并能自动执行程序的机器;它是一种能对各种数字化信息进行处理,即协助人们获取信息、处理信息、存储信息和传递信息的工具。1944 年,美国数学家冯·诺依曼提出计算机应具运算器、控制器、存储器、输入设备和输出设备,并描述了这五大部分的功能和相互关系,提出了"采用二进制"和"存储程序"两个重要思想。"采用二进制"即计算机中的数据和指令均以二进制形式存储和处理;"存储程序"即将程序预先存入存储器中,使计算机工作时能够自动地从存储器中读取指令并执行。采取这种典型结构的计算机称为冯·诺依曼。这种计算机在结构上是以运算器为中心的,随着计算机技术的发展,目前已转向以存储器为中心了。计算机硬件系统的组成如图 1.3 所示。

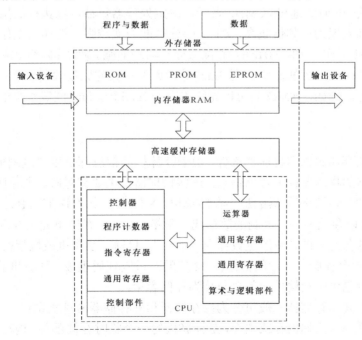

图 1.3　计算机硬件系统的组成

运算器

运算器是对二进制数进行运算的部件。它在控制器的控制下执行程序中的指令,完成各种算术运算、逻辑运算、比较运算、移位运算以及字符运算等。运算器由算术与逻辑部件(ALU)、寄存器等组成。算术与逻辑部件完成加、减、乘、除四则运算,以及与、或、非、移位等逻辑运算;寄存器用来暂存参加运算的操作数或中间结果,常用的寄存器有累加寄存器、暂存寄存器、标志寄存器和通用寄存器等。

运算器的主要技术指标是运算速度,其单位是 MIPS(兆指令每秒)。由于执行不同的指令所花费的时间不同,因此某一台计算机的运算速度通常是按照一定的频度执行各类指令的统计值。

控制器

控制器是指挥计算机的各个部件按照指令要求协调工作的部件,是计算机的神经中枢。控制器的主要特点是采用内存程序控制的方式,即在使用计算机时必须预先编写由计算机指令组成的程序(由编译程序自动完成)并存入内存,由控制器依次读取并执行。

控制器由程序计数器(PC)、指令寄存器(IR)、指令译码器(ID)、时序控制电路以及微操作控制电路等部件组成。

通常将运算器和控制器合称为中央处理器(CPU)。在由超大规模集成电路构成的微型计算机中,将 CPU 制成一块芯片,称为微处理器。CPU 和微处理器这两个术语可以互换使用。微处理器是计算机的核心部件,包括运算器、控制器、寄存器组等部件,具有计算、控制、数据传输、指令译码和执行等重要功能,它直接决定了计算机的主要性能。通常用如下两个基本特性来区分不同的微处理器:

▶ 数据总线宽度——CPU 单次指令中可发送或接收的二进制比特数;
▶ 时钟速度——时钟速度以 MHz 表示,决定处理器每秒可以执行的指令数。

这两个特性都表现为:其值越高,CPU 的处理能力就越强。例如,工作频率为 450 MHz 的 64 位微处理器比工作于 100 MHz 的 16 位微处理器功能强。绝大多数台式机采用单一的 Intel 架构处理器(如 Pentium 处理器)。尽管 Intel 是世界上最大的微处理器制造商,但并未完全占有整个处理器市场。例如,AMD 公司也能够生产与 Intel Pentium 同等水平的处理器。

存储器

存储器是用来存储数据和程序的部件。由于计算机的信息都是以二进制形式表示的,所以必须使用两种稳态的物理器件来存储信息。这些物理器件主要有磁芯、半导体器件、磁表面器件和光盘等。"位"(b)是存储器的最小存储单位,8 位为一个"字节"(B)。若干位组成一个存储单元,其中可以存放一个二进制的数据或一条指令。一个存储单元中存入的信息称为一个"字"。一个字所包含的二进制数的位数称为"字长"。目前,小型机或微型机的字长一般为 32 位或 64 位,表示一个存储单元中的信息由 32 位的二进制代码组成。计算机的字长越长,其精度越高。存储器所包含的存储单元的总数称为存储容量。

根据功能的不同,存储器一般可分为内存储器和外存储器两种类型:

▶ 内存储器——简称内存或主存,是计算机的一个临时存储部件。内存中存储的是 CPU 当前正在运算的数据信息。

- 外存储器——又称辅助存储器，简称外存或辅存。外存用来存放需要长期保存的信息，其特点是存储容量大，成本低。

内存与硬盘、软盘、光盘等外存不同，在磁盘中信息可以存储很长的时间。当运行一个程序时，程序通常先从磁盘驱动器（如硬盘驱动器或光盘驱动器）中读出，之后调入内存供 CPU 执行。程序执行完毕或者不再需要使用时，CPU 通常会将其清出内存。一些程序在执行完毕之后仍保留在内存中，被称为中断驻留程序（TSR），这些程序将等待某一事件的发生来触发它们运行。CPU 和内存储器一起组成主机部分。

输入设备

输入设备的任务是把人们编好的程序和原始数据送到计算机中去，并且将它们转换成计算机内部所能识别和接受的信息方式。

按输入信息的形态可分为字符（包括汉字）输入、图形输入、语音输入等。目前，常见的输入设备有键盘、鼠标、扫描仪等，辅助存储器（磁盘、光盘等）也可以看成是输入设备。另外，自动控制和监视系统中使用的模/数（A/D）转换装置也是一种输入设备。

输出设备

输出设备的任务，是将计算机的处理结果以及人或其他设备所能接受的形式送出计算机。目前最常用的输出设备是打印机和显示器，辅助存储器也可以看作输出设备。另外，数/模（D/A）转换装置也是一种输出设备。

在输出设备中，最熟悉的计算机输出设备是视频显示器。计算机的视频输出通常不会影响网络，但使用过量的存储资源可能会降低系统的性能。显示器的图像类型和质量取决于显示器本身和视频适配器（或视频卡）。适配器和显示器的每一种组合都支持一种特定的显示模式。从 1970 年到现在，已经成功开发出了基于 Intel PC 的多种显示模式：

- 单色——单色文本显示。
- CGA——4 色，分辨率为 320×200 像素。
- EGA——16 色，分辨率为 640×350 像素。
- VGA——其分辨率与彩色数有关，如 16 色、640×480 像素，或 256 色、320×200 像素。所有基于 Intel 的 PC 都支持 VGA。
- XGA——扩展 VGA，最新版本为 XGA-2，支持 65 536 色、1024×768 像素。
- SVGA——超级 VGA，全彩，分辨率可变：800×600 像素、1024×768 像素、1280×1240 像素、1600×1200 像素等。现在大多数计算机都配有 SVGA 适配器。

计算机软件系统

如果计算机只有硬件设备，则并不能进行运算；只有将解决问题的步骤编制成程序，并由输入设备输入到内存中，在系统软件的支持下，才可以自动地进行运算。也就是说，计算机系统除了有硬件系统外，还必须有软件系统。计算机系统中的软件通常可以分为系统软件和应用软件。软件系统分类如图 1.4 所示。

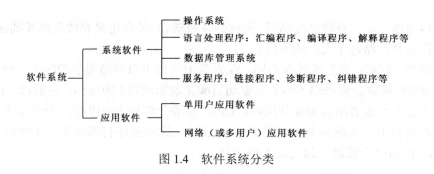

图 1.4 软件系统分类

系统软件

系统软件是由机器的设计者提供给用户的,是为了方便用户和充分发挥计算机效能的一组程序。系统软件是计算机系统的一部分,由它支持应用软件的运行,并为用户开发应用软件系统提供一个开发平台。常用的系统软件有:操作系统(OS)、语言处理程序、数据库管理系统、服务程序(包括设备驱动程序)等。其中,操作系统是计算机系统中的核心软件,其他软件均建立在操作系统的基础上,并在操作系统的统一管理和支持下运行。

1. 操作系统

操作系统(OS)是一组控制计算机的软件程序,它负责管理和控制计算机系统硬件资源和软件资源。当计算机执行一个有意义的程序时,OS 负责完成最基本的任务,是用户和计算机之间的接口。操作系统是计算机系统软件的核心,它在计算机系统中担负着管理系统资源、控制输入输出处理以及实现用户和计算机系统间通信的重要任务。具体地说,OS 主要完成如下任务:

- 管理计算机程序的执行;
- 解释键盘和其他输入设备的输入信息;
- 在屏幕上显示数据;
- 在硬盘上读写文件;
- 控制外设,如软盘、硬盘、光盘驱动器和打印机等。

根据操作系统的使用环境和对作业的处理方式,操作系统的基本类型有:批处理操作系统、分时操作系统、实时操作系统、网络操作系统、分布式操作系统、微机操作系统、嵌入式操作系统等。操作系统也可根据下列特性进行分类:

- 多任务——允许同时运行多个程序。
- 多线程——允许同时运行一个程序的不同部分。
- 多用户——允许多个用户在同一台计算机上同时运行程序。有些大型计算机的操作系统允许数百个甚至数千个用户同时使用。
- 多处理——支持在不止一个 CPU 上运行程序。

所以,OS 的选择在很大程度上决定了用户所能运行的应用程序。因此,若根据网络通信的类型进行分类,常用的网络操作系统有:

- 对等网络 OS——大部分常用计算机 OS 都具有对等网络软件。为了创建简单的对等网络,用户首先将计算机进行物理连接,然后在每台机器上配置该软件。每个用户可以设置允许或不允许其他用户共享其资源。

- 网络 OS（NOS）——也称为客户机/服务器 OS，可以识别各个计算机用户，并给他们分配访问不同资源的权限。到目前为止，最常用的 NOS 是 Linux、Microsoft Windows 系列以及 Mac OS 等。

关于 OS，有两点需要注意：
- 每一 OS 都是为控制特定的 CPU 而设计的，OS 运行在特定的 CPU 之上。因此，为 Intel 奔腾平台设计的 OS 就不能在使用 PowerPC 处理器的苹果机上运行。同样，为 32 位处理器设计的 OS 就不能在 64 位机上运行。
- OS 的服务应用程序不可以选择，每个应用程序运行在特定 OS 之上。换句话说，OS 不允许应用程序直接读写内存。当计算机在某时只运行一个应用程序时，则每个应用程序可较自由地使用系统资源。当然，现在 OS 可同时运行多个应用程序。这时，OS 必须严格控制每个应用程序对资源（如内存和磁盘空间）的访问。

2. 语言处理程序

语言处理程序是对程序设计语言进行翻译和处理的程序，包括汇编程序、编译程序、链接程序、调试和排错程序等。程序设计语言是指用来编写程序的语言，是人与计算机之间交流信息的一种工具，通常分为机器语言、汇编语言、高级语言等。

3. 数据库管理系统

数据库是指存储在计算机外存上的结构数据的集合。数据库管理系统是管理数据的一组程序。

4. 服务程序

服务程序（或者称为实用程序）是指为了帮助用户使用与维护计算机而编制的一组程序。这些程序通常作为操作系统可调用的文件存在，也可视为操作系统的扩充部分。其中，最为典型的服务程序是设备驱动程序。

设备驱动程序是计算机系统专门用于控制特定硬件设备的软件。这些特定硬件设备可以是硬盘驱动器、光盘驱动器、打印机或者 NIC（网卡）。设备驱动程序控制设备的运行，并且为操作系统提供接口界面。计算机的操作系统和相关的应用软件可以通过驱动程序与 NIC 通信，并在网络上发送和接收信息。

在计算机系统中，设备驱动程序起着翻译器的作用。一台计算机可以配备一系列外部设备，而 OS 几乎不可能知道如何与所有这些设备进行通信。这样，每一硬件设备都带有一小的应用程序（驱动程序），如网卡驱动程序，其作用是允许计算机 OS 使用所安装的网卡进行通信。

每个设备制造商都提供其设备的驱动程序。操作系统也为最常用的外部设备配备了驱动程序。

应用软件

应用软件是为用户解决各种实际问题而编制的程序。术语"程序"或"应用程序"、"应用软件"主要是指提供某种高级功能的计算机程序的完整集合。例如，字处理应用程序完成创建文件的总体任务，而更广的任务由许多子进程组成，如打开文件、保存文件、复制文件、删除数据等。

应用软件可分为单用户应用软件和网络（多用户）应用软件两大类。其中网络应用软件又有网络应用与服务软件、网络管理软件之分。

1. 单用户应用软件

常用的单用户软件有：

- 字处理程序——用于文档的输入、编辑、排版、打印和保存等工作。这些程序可为不同的机构制作多种文档，如信件、备忘录和报告等。字处理程序的一个例子是 Microsoft Office Word。
- 桌面出版程序——它用来设计专业出版物，如期刊、杂志等，其功能超过了字处理程序。桌面出版程序的一个例子是 Adobe FrameMaker。
- 图形处理程序——用于制作图片和艺术作品等。这些图片和艺术作品可用于制作其他图片和艺术品，也可用于插入到其他应用程序（如桌面出版程序）的文档之中。图形处理程序的例子有 Adobe Illustrator 和 Microsoft Visio。
- 数据库程序——提供在计算机系统中输入、存储、分析、查询信息的功能。以记录的格式存储的信息可由数据库程序来管理。Microsoft Office Access 就是一个常见的数据库程序。
- 电子数据表格程序——主要用于创建收支报表和管理收支信息。它提供了十分简单的机制来运算数字和计算数学方程式。Microsoft Office Excel 和 Lotus 123 是常用的电子数据表格程序。
- Web 浏览器——主要用于直接访问网站或者查询 Internet 上的特定信息，可以在 Web 上查找几乎所有可以想象到的相关信息。例如，可以阅读新闻报道和电影评论，核对航班时刻表，查阅街道地图，了解城市天气预报，或者调查健康状况；大多数公司、机关、博物馆和图书馆都有网站，网站上有关于它们的产品、服务或收藏的信息；也可以随处获得诸如词典和百科全书之类的参考源。Web 还是购物者的好去处，可以在主要零售商的网站上浏览和购买产品，包括书籍、音乐、玩具、衣服、电子产品等；也可以通过使用拍卖方式出价的网站购买和销售用过的商品。Internet Explorer 就是 Web 浏览器的一个典型实例。

只要所提供的软件应用程序支持多用户访问，以上这些应用软件既可用于单用户环境，也可用于网络（多用户）环境。网络应用程序允许多个用户同时调用同一文件，但只允许一个用户可以进行修改；而单用户应用程序不具备这种功能。

2. 网络应用与服务软件

在网络应用中，也有一种"纯"网络应用程序，或叫客户机/服务器程序，它们总是被多个用户调用。这些应用程序包括两个互补的应用程序：一个安装在服务器上，另一个安装在多个客户机上。网络应用程序通常运行在专用计算机上。常用的网络应用程序有：

- 数据库访问——从客户机到服务器的数据库访问请求,用于从单一数据源检索记录的信息。Oracle 就是一个客户机/服务器数据库的例子。
- 打印服务——客户机生成打印请求，由打印服务器去完成相应的服务。打印服务器依次排队作业，当所提交的打印作业完成之后服务器会通知客户机。
- 电子邮件（E-mail）服务——通常，E-mail 程序既存在于客户端（如 Eudora 软件包），也存在于服务器端。当用户登录到网络之后，E-mail 服务器就会将网络用户的电子邮件信息下载给用户。
- ▶ FTP——用于 Internet 上的控制文件的双向传输协议，同时也是一个应用程序。用户可以通过它把自己的 PC 与世界各地所有运行 FTP 的服务器相连，访问服务器上的大量程序和信息。为了更好地运用网络资源，它让用户与用户之间实现资源共享。目前有许多 FTP 客户软件。除了一些独立的客户软件外，Microsoft Internet Explorer 等都将 FTP 功能集成到了浏览器中。比较常用的 FTP 客户软件主要有 Cute FTP、WS-FTP 以及网络蚂蚁（NetAnt）等。其中 Cute FTP 功能强大，简便易用，拥有较多的用户。值得一提的是，网络蚂蚁是国内作者自行开发的软件，而且下载速度较快。
- ▶ 即时消息——可以让一个用户与另一个用户或一组用户进行实时对话。当键入并发送一条即时消息时，所有的参与者都可以立即看到这条消息。与电子邮件不同，所有的参与者必须同时联机（连接到 Internet）并在计算机前面。通过即时消息进行的交流称为"聊天"。

此外，常用的网络应用与服务类软件还有：Telnet、信息检索、图像浏览、视频点播、视频会议、PDF 文件阅读、文件压缩、词典工具、微信和 QQ 群等。

3. 网络管理软件

网络需要软件进行管理与维护。这种软件不同于应用软件的地方在于其程序不是用于个人，而是由网络管理者和信息系统人员使用。网络管理软件包括：网络安全软件，网络管理工具，网络远程访问服务软件，网络备份与恢复软件。

网络安全软件有多种形式，它既能防止网络故障的发生，也能防止一个机构的私有信息被损坏。大多数企业尚未意识到他们在网络上所传输的数据的价值，更不知道对这些数据的窃取是何等容易。殊不知，这些重要的数据信息常常暴露在各种危险之中。网络安全专家将这些危险分为如下几类：
- ▶ 黑客——以攻击网络安全系统为目的的内部人员或外部人员。
- ▶ 偷窃者——盗取未经许可的信息，以谋取个人利益的内部人员。
- ▶ 特洛伊木马——隐藏在系统或者应用软件之中的程序，等到预定的参数符合条件之后，立即摧毁特定的信息。
- ▶ 病毒——一种系统性的能自我复制、缓慢发作的毁坏性程序。它通过逐渐侵蚀可执行程序，直到它们不再可用来摧毁系统和网络。

为抵御这些威胁，网络安全和系统管理员必须检验和评估各种可选择的网络安全措施，这些措施可以基于硬件和软件，也可以基于政策法规。

网络管理工具通常具有下列功能：
- ▶ 网络配置；
- ▶ 故障排除；
- ▶ 事件通知；
- ▶ 度量和规划。

这些功能都具有一定程度的重要性，取决于网络的大小和复杂性。简单网络管理协议（SNMP）是 TCP/IP 协议族中提供管理功能的协议。SNMP 通常用作一个单位网络管理的基础。

局域网的扩展对公司的运营方式有着深远的影响。用户不仅希望能够拥有办公桌上的计算机，而且希望具有连接到远程网络的能力。对于远程用户、移动用户来说，打印服务、文件服务和其他专门的局域网应用程序应该是可提供的最基本功能。要想实现随时随地办公,就必须保证远程局域网访问的安全性。

适当的备份信息是另外一个值得考虑的问题。存储在服务器或硬盘上的数据往往对于单位的发展来说是至关重要的,丢失这些数据可能是毁灭性的灾难。对于依赖存储信息的单位来说,备份和恢复信息的过程以及相应软件的选用是极其重要的。

计算机的类型

由于计算机科学技术的不断发展,计算机已经成为一个庞大的家族,可以从计算机的处理对象、计算机的用途以及计算机的规模等不同角度对其进行分类。若按照计算机的尺寸和功能范围划分,则这个范围的一端是"超级计算机",即能够连接成千上万个微处理器的超大型计算机,可以执行非常复杂的计算,另一端是嵌入在汽车、电视、音响系统、计算器和电器设备中的微型计算机。

大型机和巨型机

大型机和巨型机有时也称为超级计算机。超级计算机通常是指由成百上千甚至更多的处理器(机)组成的,能计算普通 PC 和服务器不能完成的大型复杂课题的计算机。大型机与相关的客户机/服务器产品一起,能够管理大型企业网,存储大量重要数据并保证其完整性,而且在一个机构中传输数据。例如,我国自行研制的超级计算机"天河一号 A"于 2010 年 12 月 22 日向公众揭开其神秘面纱。2013 年 6 月,"天河二号"以每秒 54 902.4 TFLOPS(万亿次浮点运算)的峰值速度(R_{peak})和 33 862.7 TFLOPS 的持续速度(R_{max}),超越泰坦超级计算机(R_{peak}=27 112.5 TFLOPS,R_{max}=17 590.0 TFLOPS),成为当今世界上最快的超级计算机。"天河二号"由 16 000 个结点组成,每个结点有 2 颗基于 Ivy Bridge-E Xeon E5 2692 处理器和 3 个 Xeon Phi,累计 32 000 颗 Ivy Bridge 处理器和 48 000 个 Xeon Phi,总计 312 万个计算核心。"天河二号"已应用于生物医药、新材料、工程设计与仿真分析、天气预报、智慧城市、电子商务、云计算与大数据、数字媒体等多个领域,还将广泛应用于大科学、大工程、信息化等领域,为经济社会转型升级提供重要支撑。

概括地讲,尖端大型机系统所具有的独特性能包括:

- ▶ 长期有效性——大型机要求每时每刻都能运行,人们所期望的可靠性水平有时会用一连串的"9"来衡量(99.999%的可靠性)。
- ▶ 严密的备份、恢复和安全功能——大型机对数据提供自动和长期的备份、跟踪和保护措施。
- ▶ 巨大的经济效益——大型机巨大的内在资源,减少了与多路局域网(LAN)连接的隐含成本(例如管理和培训)以及额外的磁盘空间和打印机。
- ▶ 宽带输入输出(I/O)设备——大型机巨大的 I/O 带宽允许快速有效的数据传输,可以同时服务数以千计的客户,同时也迎合了正在兴起的应用领域的要求,如云计算、多媒体领域的数字视频点播(VOD)等。

中型机和服务器

"中型"一词的含义比较广泛,涵盖了支持一个以上甚至很多用户的计算机系统。中型机的范围很广，包括介于 PC 和大型机之间的各种计算机系统，其中包括：
- 高端基于 RISC（精简指令集计算机）类型 CPU 的服务器（如 IBM AS/400）；
- 基于 Intel 处理器的服务器（包括联想、IBM 和 Dell 等品牌）；
- 各种基于 UNIX 操作系统的服务器。

中型机和服务器系统通常用于中小型机构，如用于各部门的信息处理。典型的应用范例是：
- 财务与会计（AS/400）；
- 数据库（基于 Intel 或者 UNIX、Linux）；
- 打印服务器（基于 Intel 或者 UNIX、Linux）；
- 远程通信服务器（基于 Intel）；
- Web 服务器。

台式计算机（PC 和工作站）

台式计算机通常由个人使用，可以连接到网络。台式计算机由单独的部件组成，其主要部件称为"系统单元"，通常是放在桌子上面或下面的矩形箱子中，其他部件（如显示器、鼠标和键盘）连接到系统单元。台式计算机有时也划分为两大类型：个人计算机（PC）和工作站（Workstation）。划分两者的依据通常在于使用的操作系统软件和图像处理能力。一般 PC 上运行的操作系统是 Microsoft Windows 系列中的一种，而 Apple 产品运行的则是 Macintosh 操作系统。对于工作站来说，一般运行的是某个版本的 Linux 操作系统。工作站的一般特点是：采用高端的硬件（如大容量高速硬盘）、大容量的随机存储器（RAM）、先进的图形处理功能以及高性能的多处理器等。由于 PC 的特点和功能与工作站有很多相似之处，因此 PC 和工作站并没有明显的界限，一般将它们都称为台式机。

便携式计算机和小型笔记本 PC

为了满足日益走向移动的社会需求，便携式计算机已成为个人计算机世界的主流产品。便携式计算机具有足够的内存和存储空间来支持通常的台式机应用。便携式计算机将系统单元、输入单元和输出单元组合成为一个独立且轻便的设备，以满足用户移动使用的要求。便携式计算机根据大小和功能不同，又有微型笔记本、智能电话、手持式计算机、Tablet PC 之分。

- 小型笔记本 PC（通常称为微型笔记本）——是价格较低廉的小型便携式计算机，只能执行有限数量的任务。它们的功能通常不如便携式计算机强大，主要用于浏览 Web 和检查电子邮件。
- 智能手机——即移动电话，它所包含的某些功能与计算机的功能相同。可以使用智能手机打电话、访问 Internet、组织联系人信息、发送电子邮件和文本消息、玩游戏和拍照。
- 手持式计算机——也称为"个人数字助理"（PDA），是电池供电的计算机，其尺寸很小，几乎可以带到任何地方。虽然其功能不像台式计算机或便携式计算机那样强大，但手持式计算机可用于日程安排、存储地址和电话号码以及玩游戏。有些还具有更多的高级功能，如打电话或访问 Internet。手持式计算机用的不是键盘，而是一种可以用手指或"触笔"（一种笔状的指针工具）进行操作的触摸屏。
- Tablet PC——结合了便携式计算机和手持式计算机功能的移动 PC。与便携式计算机一样，它的功能强大而且具有内置屏幕，可以在屏幕上写笔记或画图片，通常是利用笔针，而非触笔。Tablet PC 还可以将手写体转化为键入文本，有些 Tablet PC 可以"改装"为具有可旋转而展开的屏幕，这样可以显示下面的键盘。

一般来说，便携式计算机也常称为笔记本电脑或笔记本，它具有如下独特性能：

- 电源——笔记本电脑通常装有一个将交流电转换为直流电的电源适配器。电池使便携式计算机可移动到户外。目前，便携式计算机多使用镍氢（Ni-MH）电池和锂离子电池，供电时间一般在 2~4h 之间。
- CPU——便携式计算机使用专用的微处理器。Intel 和 AMD 两大厂商都提供了笔记本专用的微处理器，它们拥有更小的体积和功率，但其性能比台式机处理器略低。
- RAM——笔记本电脑常使用标准的小型双列直插式内存（SODIMM），某些笔记本电脑使用了厂商的私有内存模块。若升级存储器，用户必须访问厂商网站或查阅说明书来获得更多信息。即使是同一个厂商，不同产品和同类产品的不同版本所用的存储器类型也不尽相同，这就要求在升级内存之前进行仔细研究。
- 显示器——由于要求设计紧凑和电源限制，便携式计算机主要使用液晶显示器（LCD）和等离子显示器。
- 存储设备和可移动存储设备——便携式计算机使用 2.5 英寸硬盘驱动器（1 英寸=2.54 cm）或体积更小的固态硬盘来存储操作系统、应用程序和文件，以适应体积和电源等方面的限制。笔记本电脑也包括 DVD/CD-RW，以便于读/写光盘上的信息。便携式计算机还可以利用 USB 端口使用外部 USB 存储设备。
- PCMCIA 卡——PCMCIA 卡也叫 PC 卡，是一类特殊的扩展卡，可以用来添加内存、Modem、网卡或外围设备。
- 鼠标——便携式计算机使用轨迹球（这种旋转的球允许光标在屏幕上移动）、轨迹点（当在轨迹点上推移手指时，轨迹点就会移动）、触摸板（当在触摸板上滑动手指时光标就会移动）作为鼠标。
- 功能扩展底座和端口复制器——功能扩展底座也称为功能扩展端口，允许便携式电脑使用与台式机相连的硬件设备进行操作。当一台便携式计算机位于功能扩展底座时，它的正常输入输出设备被禁用，由底座上的外设接替它们。便携式计算机和功能扩展底座通过笔记本背面的一个特殊端口连接器进行通信。端口复制器与功能扩展底座的作用类似，是一种连接多台外设到便携式计算机的设备。
- 红外设备——红外端口允许红外设备之间相互通信。红外技术也称为红外辐射（IR），它用于计算机设备之间的无线传输以及电视和立体声系统的远程控制。

练习

1. 计算机是接受命令、处理输入以及产生（   ）的系统。
   a. 信息　　　　　b. 程序　　　　　c. 数据　　　　　d. 系统软件
2. 冯·诺依曼的主要贡献是（   ）。
   a. 发明了微型计算机　　　　　　b. 提出了存储程序的概念
   c. 设计了第一台电子计算机　　　d. 设计了高级程序数据语言
3. 计算机由 5 个基本部件组成，下面的（   ）不属于这 5 个基本部件。

a. 运算器和控制器　　b. 存储器　　c. 总线　　d. 输入设备和输出设备
4. 其内容在电源断掉后就消失又被称为暂时存储器的部件是（　　）。
　　a. 外存储器　　b. 基本工具　　c. 内存储器　　d. 硬盘
5. 计算机系统必须具备的两部分是（　　）。
　　a. 输入设备和输出设备　　　　b. 硬件和软件
　　c. 磁盘和打印机　　　　　　　d. 以上都不是
6. 以下的叙述中（　　）是正确的。
　　a. 计算机必须有内存、外存和高速缓冲存储器
　　b. 计算机系统由运算器、控制器、存储器、输入设备和输出设备组成
　　c. 计算机硬件系统由运算器、控制器、存储器、输入设备和输出设备组成
　　d. 计算机的字长大小标志着计算机的运算速度
7. CPU 指的是计算机的（　　）部分。
　　a. 运算器　　b. 控制器　　c. 运算器和控制器　　d. 运算器、控制器和内存
8. 以下关于 CPU 的叙述中，错误的是（　　）。
　　a. CPU 产生每条指令的操作信号并将操作信号送往相应的部件进行控制
　　b. 程序计数器 PC 除了存放指令地址，也可以临时存储算术/逻辑运算结果
　　c. CPU 中的控制器决定计算机运行过程的自动化
　　d. 指令译码器是 CPU 控制器中的部件
9. 当谈及计算机的内存时，通常指的是（　　）。
　　a. 只读存储器　　b. 随机存储器　　c. 虚拟存储器　　d. 高速缓冲存储器
10. 解释冯·诺依曼所提出的"存储程序"的概念。
11. 什么是计算机？
12. 计算机发展各个阶段的主要特点是什么？
13. 列出 CPU 可能运行的 3 种速率。

补充练习

1. 找到如下的部件并用它们做"演示与介绍"练习：主板、CPU 芯片、NIC、EISA 卡、PCI 卡、显示卡、PCMCIA 卡、内存（SIMM 与 DIMM 封装的芯片）以及其他任何感兴趣的部件。
2. 查询即插即用设备的信息。是否所有的扩展卡都可用于即插即用环境呢？
3. 访问诸如 http://www.webopedia.com 之类的网站，查找关于加速图形接口（AGP）的信息。讨论一下如何使用这个接口。

第二节　计算机运算基础

　　计算机的处理加工对象是数据。在计算机科学与技术中数据的含义十分广泛，除了数学中的数值之外，用数字编码的字符、声音、图形、图像等都是数据。数据有各种各样的类型，计算机处理的数据都是使用二进制编码表示的，因为它易于用电子器件实现。因此，如何用二进制的形式表示各种数据，是实现计算机运算的基础。本节将介绍数制、数制之间的转换、码制、

定点数与浮点数以及数据的几种编码方法。这些知识都是计算机的运算基础。

学习目标

- ▶ 掌握数据在计算机内部的表示形式以及数制间的转换方法；
- ▶ 熟悉原码、反码和补码等编码方法；
- ▶ 熟悉常见的信息编码方法。

关键知识点

- ▶ 数据有各种各样的类型，计算机处理的数据都是用二进制编码表示的；
- ▶ 各种数据在计算机中的表示形式称为机器数。

数制

按进位的原则进行计数称为进位计数制，简称数制。在日常生活中最常用的数制是十进制。此外，也使用许多非十进制的计数方法。例如，计时采用六十进制，即 60 秒为 1 分，60 分为 1 小时；1 星期有 7 天，是七进制；1 年有 12 个月，是十二进制。由于在计算机中是用电子器件的不同状态来表示数的，而电信号一般只有两种状态，如导通与截止，通路与断路等。因此，在计算机中采用的是二进制。由于二进制数书写起来不方便，因此常常根据需要使用八进制数和十六进制数。

数字的二进制表示

十进制是一个基数为 10 的数制，其各数位的位数值为 10 的幂。各数位可以是 10 个符号之一：0～9。在十进制编码系统中（以 10 为基数），从左到右，每一位上的权值都是其右边一位的 10 倍。十位上的权值是个位的 10 倍，百位上的权值是十位的 10 倍，千位上的权值是百位的 10 倍，并依此类推。例如，十进制数 1234 的位数值如表 1.1 所示。

表 1.1　十进制数 1234 的位数值

位数值（十进制）	10^3（千位）	10^2（百位）	10^1（十位）	10^0（个位）
符号	1	2	3	4
代表的值	1 000	200	30	4

二进制是计算机中用来表示信息的编码系统。二进制数由许多用 0 和 1 表示的数组成。大多数计算机用包含 8 个二进制位的字节（Byte）和多字节来存储信息。8 个二进制位的不同组合能构成 256 个不同的数值，即从数值 0 到 255：00000000——0，00000001——1，00000010——2，00000011——3，00000100——4，…，11111111——255。

二进制是以 2 为基数的数制。在二进制中，各数位的位数值为 2 的幂。各数位可以是两个符号之一：0 或 1。像十进制系统一样，二进制系统也是一种位编码系统。二进制编码系统是以 2 为基数的，其中的权值是 2。每左移一位，该位上的数值就变成原来数值的两倍。例如，十进制数 1234 以二进制表示如表 1.2 所示。

表 1.2　十进制数 1234 的二进制表示

二进制位数值	2^{10}	2^9	2^8	2^7	2^6	2^5	2^4	2^3	2^2	2^1	2^0
十进制值	1 024	512	256	128	64	32	16	8	4	2	1
符号	1	0	0	1	1	0	1	0	0	1	0
代表十进制值	1 024	0	0	128	64	0	16	0	0	2	0

将表 1.2 中各数位所代表的十进制值相加，即可得到原来的十进制数：
$$1\,024+128+64+16+2=1\,234$$

二进制传输是一种计算机间的数据传输方法，传输过程中不会改变数据流的内容。数据通信设备（如调制解调器）在数据传输中并不对数据进行计算和控制。二进制信息有时称为"原始数据"。例如，当使用 FTP 协议时就选择了二进制传输，这样数据在传输后将仍然保持初始状态。

数字的十六进制表示

由于人们很难记忆长串的二进制数字，因而采用点分十进制数。然而，十进制并不总是表示二进制值的最佳方法。例如，某个网卡地址为 48 位长，其相应的十进制数高达 2^{48} 或 281 474 976 710 656，使用起来几乎和二进制数一样难。为此，引入了十六进制。

十六进制是基数为 16 的数制。各数位的位数值是 16 的幂，如表 1.3 所示。

表 1.3　十六进制数

十六进制位数值	16^1（16 位）	16^0（1 位）
符　号	2	5
相应的十进制值	32 （2×16）	5 （5×1）

例如，在十进制中，可以在个位数到 9，当数到 10 时，则十位数置为 1，个位数从 0 开始重新数数。在十六进制中，同样可以在个位数一直数到十进制数的 15，如表 1.4 所示。

表 1.4　十进制和十六进制符号

十进制	0	1	2	3	4	5	6	7	8	9	10	11	12	13	14	15
十六进制	0	1	2	3	4	5	6	7	8	9	A	B	C	D	E	F

在十六进制中，用符号 A～F 来代表超出十进制数 9 的额外数值。因此，十六进制记数法与其他进制的明显不同是它使用的符号。

十六进制编码系统是以 16 为基数的编码系统，它把计算机内部数据中多个二进制字节缩成便于打印和分析的压缩格式。十六进制数由数字 0～9 和字母 A～F 组成。每"半个字节"（即 4 个二进制位）就可以用 1 个十六进制字符表示。在表 1.5 中以字节的形式列出了十进制数 0～31 的二进制、十进制和十六进制的等价表示法。

表 1.5　十进制数 0~31 的二进制、十进制和十六进制的等价表示

十进制	二进制	十六进制	十进制	二进制	十六进制
0	00000000	00	16	00010000	10
1	00000001	01	17	00010001	11
2	00000010	02	18	00010010	12
3	00000011	03	19	00010011	13
4	00000100	04	20	00010100	14
5	00000101	05	21	00010101	15
6	00000110	06	22	00010110	16
7	00000111	07	23	00010111	17
8	00001000	08	24	00011000	18
9	00001001	09	25	00011001	19
10	00001010	0A	26	00011010	1A
11	00001011	0B	27	00011011	1B
12	00001100	0C	28	00011100	1C
13	00001101	0D	29	00011101	1D
14	00001110	0E	30	00011110	1E
15	00001111	0F	31	00011111	1F

数制间的转换

在计算机网络领域，使用 IP 地址为互联网上的每一个网络和每一台主机分配一个逻辑地址。通常，在使用 IP 地址时都是将其写成 192.168.0.0 这样的点分十进制记法形式。但是，网络设备在利用 IP 地址进行工作时，使用的却是这个地址的二进制形式：11000000101010000000000000000000。为了理解计算机以及网络设备在网络中是如何工作的，必须了解 IP 地址的十进制形式和二进制形式，掌握数制转换（十进制到二进制、二进制到十进制、二进制与十六进制相互转换）的基本规则。

1. 十进制到二进制的转换

将十进制数转换成二进制数的一种方法是除 2 取余法。其转换方法如下：

▶　十进制数/基数=商数，余数
▶　商数/基数=商数，余数
▶　……

例如，把十进制数 1234 转换成二进制数的过程如下：

　　　　1234/2=617　　　余 0
　　　　 617/2=308　　　余 1
　　　　 308/2=154　　　余 0
　　　　 154/2=77 　　　余 0
　　　　 77/2=38 　　　余 1
　　　　 38/2=19 　　　余 0

```
19/2=9      余 1
9/2=4       余 1
4/2=2       余 0
2/2=1       余 0
1/2=0       余 1
```

直到商数是 0 为止。记下所得的余数,以最先得到的余数为最低位,最后得到的余数为最高位,则得到结果:1 0 0 1 1 0 1 0 0 1 0。因此,二进制数 10011010010 的值与十进制数 1 234 完全相等。

2. 二进制到十进制转换

将二进制转换成十进制的最简单方法,是将二进制数的各数位进行加数。例如,要将二进制数 1100011001 转换成十进制,可先将各二进制位用其相应的十进制值表示(如表 1.6 所示),然后将所得的全部十进制值相加:

$$512+256+16+8+1=793$$

表 1.6 二进制数 1100011001 转换成十进制数

二进制位数值	2^9	2^8	2^7	2^6	2^5	2^4	2^3	2^2	2^1	2^0
十进制值	512	256	128	64	32	16	8	4	2	1
符号	1	1	0	0	0	1	1	0	0	1
相应的十进制值	512	256	0	0	0	16	8	0	0	1

3. 二进制缩为十六进制

在网络中,十六进制常用作简化计数系统,可将 4 个二进制位缩写为 1 个十六进制符号,如表 1.7 所示。

表 1.7 十进制、二进制和十六进制符号

十进制	0	1	2	3	4	5	6	7
二进制	0000	0001	0010	0011	0100	0101	0110	0111
十六进制	0	1	2	3	4	5	6	7
十进制	8	9	10	11	12	13	14	15
二进制	1000	1001	1010	1011	1100	1101	1110	1111
十六进制	8	9	A	B	C	D	E	F

此时,每 4 位二进制地址单独由其相应的十六进制值表示,而不是将八位组的整个 8 位二进制数转换其对应的十六进制数。例如:

二进制 1111 = 十六进制 F

二进制 0000 = 十六进制 0

11110000 = F0

10101111 00000101 = AF 05

为了读起来方便,二进制八位组之间和十六进制数对之间通常空有一定的间隙。当然,计

算机处理的仍然是连续的二进制数流。

4. 二进制与十六进制的相互转换

当用十六进制作为一个简化的计数系统（不是真正的数制）时，二进制和十六进制之间的转换更为容易。只需将二进制数从右到左每 4 位分成一组（最左边不足 4 位则补零），然后将每组转换成十六进制数即可。例如，将 1011001001 转换成十六进制数的方法如下：

  二进制数   1011001001
  每 4 位分组   10 1100 1001
  前面补零   0010 1100 1001
  十进制数   2 12 9
  十六进制数   2 C   9
  补零成对   02 C9

若将十六进制数转换成二进制数，只需将上述过程倒过来。例如，将 56 F2 C1 转换成二进制，其方法如下：

  十六进制数 5 6 F 2 C 1
  十进制数   5 6 15 2 12 1
  二进制数   0101 0110 1111 0010 1100 0001

与 IP 寻址有关的十进制到二进制转换

在网络应用中，人们使用的 IP 地址是采用点分十进制表示的，当计算机处理 IP 地址，特别是建立子网时，需要将十进制 IP 地址转换为二进制 IP 地址，或者将二进制 IP 地址转换为十进制 IP 地址。

【例 1-1】 将地址 64.16.8.32 转换为二进制 IP 地址，即分别将每个用点隔开的八位位组表示为二进制形式。方法是将 4 个十进制数分别转换成二进制数，再串接起来。

第 1 个八位位组（字节）：
  64÷2=32，余 0
  32÷2=16，余 0
  16÷2=8，余 0
  8÷2=4，余 0
  4÷2=2，余 0
  2÷2=1，余 0
  1÷2=0，余 1
  计算结果：01000000

注意：一定要在前面位加入 0，以保证得到的二进制数永远是 8 位字符。

第 2 个八位位组：
  16÷2=8，余 0
  8÷2=4，余 0
  4÷2=2，余 0
  2÷2=1，余 0
  1÷2=0，余 1

计算结果：00010000

第 3 个八位位组：

8÷2=4，余 0

4÷2=2，余 0

2÷2=1，余 0

1÷2=0，余 1

计算结果：00001000

第 4 个八位位组：

32÷2=16，余 0

16÷2=8，余 0

8÷2=4，余 0

4÷2=2，余 0

2÷2=1，余 0

1÷2=0，余 1

计算结果：00100000

因此，转换后得到的二进制 IP 地址为：

01000000.00010000.00001000.00100000

【例 1-2】将二进制 IP 地址 10001000.00100000.01000000.00000111 转换为十进制 IP 地址，即分别将每个八位位组转换为对应的十进制数。

第 1 个八位位组：

2 的次幂	2^7	2^6	2^5	2^4	2^3	2^2	2^1	2^0
二进制数字	1	0	0	0	1	0	0	0
对应的十进制数值	128	0	0	0	8	0	0	0

$$10001000 = 128 + 0 + 0 + 0 + 8 + 0 + 0 + 0 = 136$$

第 2 个八位位组：

2 的次幂	2^7	2^6	2^5	2^4	2^3	2^2	2^1	2^0
二进制数字	0	0	1	0	0	0	0	0
对应的十进制数值	0	0	32	0	0	0	0	0

$$00100000 = 0 + 0 + 32 + 0 + 0 + 0 + 0 + 0 = 32$$

第 3 个八位位组：

2 的次幂	2^7	2^6	2^5	2^4	2^3	2^2	2^1	2^0
二进制数字	0	1	0	0	0	0	0	0
对应的十进制数值	0	64	0	0	0	0	0	0

$$01000000 = 0 + 64 + 0 + 0 + 0 + 0 + 0 + 0 = 64$$

第 4 个八位位组：

2 的次幂	2^7	2^6	2^5	2^4	2^3	2^2	2^1	2^0
二进制数字	0	0	0	0	0	1	1	1
对应的十进制数值	0	0	0	0	0	4	2	1

$$00000111 = 0 + 0 + 0 + 0 + 0 + 4 + 2 + 1 = 7$$

由此得到对应的十进制 IP 地址：136.32.64.7。

码制

各种数据在计算机中的表示形式称为机器数，其特点是采用二进制计数值，数的符号用 0、1 表示，小数点则隐含表示而不占位置。真值是机器数所代表的实际数值。机器数有无符号数和带符号数两种。无符号数表示正数，没有符号位。对于无符号数，若约定小数点的位置在机器数的最低位之后，则是纯整数；若约定小数点位置在最高位之前，则是纯小数。带符号数的最高位是符号位，其余表示数值。同样，若约定小数点的位置在机器数的最低位之后，则是纯整数；若约定小数点位置在最高位之前（符号位之后），则是纯小数。

为方便运算，计算机内带符号的机器数可采用原码、反码和补码 3 种编码方法。这些编码方法称为码制。

原码表示法

所谓原码，就是计算机中一种对数字的二进制定点表示方法，即最高位为符号位，"0" 表示正，"1" 表示负，其余位表示数值的大小。例如：

符号位　　　　数值位

$[+7]_{原} =$　0　　　0000111 B

$[-7]_{原} =$　1　　　0000111 B

注意，数 0 的原码有两种形式：

$[+0]_{原} = 00000000B$

$[-0]_{原} = 10000000B$

8 位二进制原码的表示范围：$-127 \sim +127$。

原码的优点是简单、直观。例如，用 8 位二进制表示一个数，+11 的原码为 00001011，–11 的原码就是 10001011。

原码的缺点是不能直接参加运算，可能会出错。例如，数学上 1+(-1) = 0，而在二进制中 00000001+10000001=10000010，换算成十进制为–2。显然出错了。

反码表示法

反码是计算机中对数字的一种二进制表示方法。反码表示法规定：正数的反码与其原码相同；负数的反码，其符号位为 "1"，数值部分则按位取反。例如：

符号位　　　　数值位

$[+7]_{反} =$　0　　　0000111 B

$[-7]_{反} =$　1　　　1111000 B

注意，数 0 的反码也有两种形式，即：

$[+0]_{反} = 00000000B$

$[-0]_{反} = 11111111B$

8 位二进制反码的表示范围：$-127 \sim +127$。

补码表示法

补码表示法规定:正数的补码与其原码相同,负数的补码是在其反码的末位加 1。

1. 模的概念

将一个计量单位称为模或模数。例如,时钟是以十二进制进行计数循环的,即以 12 为模。在时钟上,时针加上(正拨)12 的整数位或减去(反拨)12 的整数位,时针的位置不变。14 点在舍去模 12 后,成为(下午)2 点(14=14−12=2)。从 0 点出发逆时针拨 10 格即减去 10 小时,也可看成从 0 点出发顺时针拨 2 格(加上 2 小时),即 2 点(0−10= −10= −10+12= +2)。因此,在模 12 的前提下,−10 可映射为+2。由此可见,对于一个模为 12 的循环系统来说,加 2 和减 10 的效果是一样的。因此,在以 12 为模的系统中,凡是减 10 的运算都可以用加 2 来代替,这就把减法问题转化成加法问题了(注:计算机的硬件结构中只有加法器,所以大部分的运算都必须最终转换为加法)。10 和 2 对模 12 而言互为补数。

同理,计算机的运算部件与寄存器都有一定字长的限制(假设字长为 8),因此它的运算也是一种模运算。当计数器计满 8 位也就是 256 个数后会产生溢出,又从头开始计数。产生溢出的量就是计数器的模,显然,8 位二进制数的模为 2^8=256。在计算中,两个互补的数称为"补码"。

2. 补码的表示

正数的补码和原码相同。负数的补码则是符号位为"1",并且这个"1"既是符号位,也是数值位;负数补码的数值部分是原码按位取反后再在末位(最低位)加 1,也就是"反码+1"。

例如:

符号位　　　　数值位
$[+7]_补$＝0　　0000111 B
$[−7]_补$＝1　　1111001 B

补码在微型机中是一种重要的编码形式,需要注意:

▶ 采用补码后,可以方便地将减法运算转化成加法运算,运算过程得到简化。正数的补码即是它所表示的数的真值,而负数的补码的数值部分却不是它所表示的数的真值。采用补码进行运算,所得结果仍为补码。

▶ 与原码、反码不同,数值 0 的补码只有一个,即$[0]_补$＝00000000B。

▶ 若字长为 8 位,则补码所表示的范围为−128～+127。在进行补码运算时,应注意所得结果不应超过补码所能表示数的范围。

定点数与浮点数

在计算机中,小数点不用专门的器件表示,而是按约定的方式标出。共有两种方法来表示小数点的存在,即定点表示和浮点表示。定点表示的数称为定点数,浮点表示的数称为浮点数。

定点表示法

定点表示法就是小数点固定在某个位置上。小数点固定在某一位置的数为定点数。为了简

单,在定点计算机中通常将小数点定在最高位(即纯小数)或将小数点定在最低位(即纯整数)。通常有以下两种格式:

- 当小数点位于数符和第一数值位之间时,机器内的数为纯小数;
- 当小数点位于数值位之后时,机器内的数为纯整数。

采用定点数的机器叫作定点机。数值部分的位数 n 决定了定点机中数的表示范围。若机器数采用原码,则小数定点机中数的表示范围是 $-(1-2^{-n})\sim(1-2^{-n})$,整数定点机中数的表示范围是 $-(2^n-1)\sim(2^n-1)$。

在定点机中,由于小数点的位置固定不变,故当机器处理的数不是纯小数或纯整数时,必须乘上一个比例因子,否则会产生"溢出"。

浮点表示法

浮点表示法就是小数点的位置并不固定。浮点数在计算机中通常的表示形式为"浮点数＝2 的正/负阶码次方×尾数",其中阶码是个正整数,尾数是个小数。通常规定尾数的区间为 [0.5,1),如果尾数不在此区间,则可以通过调节阶码来满足区间,此方法称为规格化。

实际上,计算机中处理的数不一定是纯小数或纯整数(如圆周率 3.1416),而且有些数据的数值范围相差很大(电子的质量 9×10^{-28} g,太阳的质量 2×10^{33} g),它们都不能直接用定点小数或定点整数表示,但均可用浮点数表示。浮点数即小数点的位置可以浮动的数,如:

$$352.47=3.5247\times10^2=3524.7\times10^{-1}=0.35247\times10^3$$

显然,这里小数点的位置是变化的,但因为分别乘上了不同的 10 的方幂,故其值不变。通常,浮点数被表示成:

$$N=S\times r^j \qquad (1\text{-}1)$$

式中:S 为尾数(可正可负),j 为阶码(可正可负),r 是基数(或基值)。在计算机中,基数可取 2、4、8 或 16 等。以基数 $r=2$ 为例,数 N 可写成下列不同形式:

$N=11.0101$

$=0.110101\times2^{10}$

$=1.10101\times2^1$

$=1101.01\times2^{-10}$

$=0.00110101\times2^{100}$

为了提高数据精度和便于浮点数的比较,在计算机中规定浮点数的尾数用纯小数形式,故上例中 0.110101×2^{10} 和 0.00110101×2^{100} 形式是可以采用的。此外,将尾数最高位为 1 的浮点数称为规格化数,即 0.110101×2^{10} 为浮点数的规格化形式。浮点数表示成规格化形式后,其精度最高。

为了提高浮点数的精度,其尾数必须为规格化数。如果不是规格化数,就要通过修改阶码并左右移尾数的办法,使其变成规格化数。将非规格化数转换成规格化数的过程叫作规格化。对于基数不同的浮点数,因其规格化数的形式不同,规格化过程也不同。

注意:浮点数在数的表示范围、数的精度、溢出处理和程序编程方面(不取比例因子)均优于定点数,但在运算规则、运算速度及硬件成本方面又不如定点数。因此,究竟选用定点数还是浮点数,应根据具体应用综合考虑。一般来说,通用的大型计算机大多采用浮点数,或同时采用定、浮点数;小型机、微型机及某些专用机、控制机,则大多采用定点数。当需要进行浮点运算时，可通过软件实现，也可外加浮点扩展硬件（如协处理器）来实现。

信息的几种编码

由于计算机内部采用的是二进制计数方式，因此输入计算机的各种数字、文字、符号或图形等数据都是用二进制数编码的。不同类型的字符数据，其编码方式是不同的，编码的方法也很多。下面介绍最常用的 BCD 码、ASCII 码和汉字编码。

BCD 码

在日常生活中人们使用十进制数,而计算机又只能处理二进制数，因此引进了 BCD 码。BCD 码是用若干位二进制数码表示 1 位十进制数的编码，简称二—十进制编码。

二—十进制编码的方法很多，使用最广泛的是 8421 码。8421 码采用 4 位二进制数表示 1 位十进制数，即每 1 位十进数用 4 位二进制编码表示，这 4 位二进制数各位权由高到低分别是 2^3、2^2、2^1、2^0，即 8、4、2、1。例如，将十进制数 3 879 转换为 BCD 码：

   十进制数：   3   8   7   9

   对应的 BCD 码：0011 1000 0111 1001

即二进制数 3 879 的 BCD 码为：0011 1000 0111 1001。

ASCII 码

除了数值数据外，计算机还可处理人们常用的符号,如字母、标点符号等。在计算机中，这些符号是用 ASCII 码来表示的。ASCII 码是由美国国家标准局（ANSI）制定的美国标准信息交换码，它已被国际标准化组织（ISO）定为国际标准，称为 ISO 646 标准。ASCII 码适用于所有拉丁文字字母，它有 7 位码和 8 位码两种形式。ASCII 码表是目前计算机中用得最广泛的字符集及其编码。

在计算机内部，所有的信息最终都表示为一个二进制的字符串。每个二进制位有 0 和 1 两种状态，因此 8 个二进制位就可以组合出 256 种状态，这被称为 1 字节。也就是说，1 字节一共可以用来表示 256 种不同的状态，每个状态对应一个符号，就是 256 个符号，从 0000000 到 11111111。

ASCII 码一共规定了 128 个字符的编码，比如空格"SPACE"是 32（二进制 00100000），大写的字母 A 是 65（二进制 01000001）。这 128 个符号（包括 32 个不能打印出来的控制符号），只占用了一个字节的后面 7 位，最前面的 1 位统一规定为 0。

注意：在计算机的存储单元中，一个 ASCII 码值占 1 字节（8 个二进制位），其最高位（b7）用作奇偶校验位。所谓奇偶校验，是指在代码传输过程中用来检验是否出现错误的一种方法，一般分奇校验和偶校验两种。奇校验规定：正确的代码一个字节中 1 的个数必须是奇数，若非奇数，则在最高位 b7 添 1；偶校验规定：正确的代码一个字节中 1 的个数必须是偶数，若非偶数，则在最高位 b7 添 1。

汉字编码

字符必须编码后才能被计算机处理。计算机使用的默认编码方式是计算机的内码。早期的计算机使用 7 位的 ASCII 编码，为了处理汉字，人们设计了用于简体中文的 GB 2312 和用于繁体中文的 Big5。

GB 2312（1980 年）一共收录了 7 445 个字符，包括 6 763 个汉字和 682 个其他符号。汉字区的内码范围，高字节从 B0 到 F7，低字节从 A1 到 FE，占用的码位是 72×94＝6 768。其中有 5 个空位是 D7FA～D7FE。

GB 2312 支持的汉字较少。1995 年的汉字扩展规范 GBK1.0 收录了 21 886 个符号，它分为汉字区和图形符号区，其中汉字区包括 21 003 个字符。

从 ASCII、GB 2312 到 GBK，这些编码方法是向下兼容的，即同一个字符在这些方案中总是有相同的编码，后面的标准支持更多的字符。在这些编码中，英文和中文可以统一处理。区分中文编码的方法是高字节的最高位不为 0。GB 2312、GBK 都属于双字节字符集(DBCS)。

2000 年颁布的 GB 18030 是取代 GBK1.0 的正式国家标准。该标准收录了 27 484 个汉字，同时还收录了藏文、蒙文、维吾尔文等主要的少数民族文字。GB 18030 在 GB 13000.1 的 20 902 个汉字的基础上增加了 CJK（中日韩三国语言中的文字统一编码方案）扩展的 6 582 个汉字（Unicode 码 0x3400～0x4db5）。

练习

1．若某整数的 16 位补码为 $FFFF_H$（H 表示十六进制），则该数的十进制值为（　　）。
    a．0　　　　　b．–1　　　　　c．$2^{16}-1$　　　　　d．$-2^{16}+1$

【提示】正数的最前面一位是符号位，0 表示正，1 表示负。FFFF 的符号位是负数，而负数的原码等于负数的补码再次求补。因此去掉符号位，7FFF 再次求补码只要按位取反后加 1 即可。因此是 000 0000 0000 0000+1 得到 000 0000 0001，即–1。参考答案是选项 b。

2．计算机中常采用原码、反码、补码和移码表示数据，其中与±0 编码相同的是（　　）。
    a．原码和补码　　b．反码和补码　　c．补码和移码　　d．原码和移码

【提示】原码：将最高位用作符号位（0 表示正数，1 表示负数），其余各位代表数值本身绝对值的表示形式。例如，+0 的原码为$(00000000)_2$，而–0 的原码为$(10000000)_2$。反码：正数的反码与原码相同，负数的反码符号位为 1，其余各位为该数绝对值的原码按位取反。例如，+0 的反码为$(00000000)_2$，–0 的反码为$(11111111)_2$。补码：正数的补码与原码相同，负数的补码是该数的反码加 1，这个加 1 就是"补"。例如，+0 的补码为$(00000000)_2$，–0 的补码为$(00000000)_2$。移码：移码的符号表示和补码相反，1 表示正数，0 表示负数。也就是说，移码是在补码的基础上把首位取反得到的，这样使得移码非常适合于阶码的运算，所以移码常用于表示阶码。例如，+0 的移码为$(10000000)_2$，–0 的移码为$(10000000)_2$。参考答案是选项 c。

3．二进制是什么数制?（　　）
    a．基数为 2　　　b．基数为 8　　　c．基数为 4　　　d．基数为 16

4．在十六进制数 FC 中，"F"的十进制值是多少（　　）?
    a．15×10，即 150　　b．16×16，即 256　　c．15×16，即 240　　d．15×15，即 225

5．写出与下列二进制数等价的十进制形式。
    a．1000 1111　　　b．1101 1001　　　c．1010 1010　　　d．0101 0101

6．写出与下列十进制数等价的二进制形式。

　　　　a. 2　　　　　　　b. 64　　　　　　c. 69　　　　　　d. 222　　　　　e. 319
　7．写出与下列二进制数等价的十六进制形式。
　　　　a. 1000 1111　　　b. 1101 1001　　　c. 1010 1010　　d. 0101 0101
　8．写出与下列十进制数等价的十六进制形式。
　　　　a. 2　　　　　　　b. 64　　　　　　c. 69　　　　　　d. 222　　　　　e. 319
　9．写出与下列十六进制数等价的二进制形式。
　　　　a. A3　　　　　　b. FF　　　　　　c. 0A　　　　　　d. 01　　　　　　e. FF 89
　10．写出与下列十六进制数等价的十进制形式。
　　　　a. A3　　　　　　b. FF　　　　　　c. 0A　　　　　　d. 01　　　　　　e. FF 89
　11．什么是原码、补码和反码？分别写出下列各数的原码、补码和反码。
　　　　a. 11001　　　　　b. 11111　　　　　c. 10101
　12．在计算机中如何表示小数点？什么是定点表示法和浮点表示法？
　13．浮点数的表示分为阶和尾数两部分。两个浮点数相加时，需要先对阶，即（　　　）。（n 为阶差的绝对值）
　　　　a. 将大阶向小阶对齐，同时将尾数左移 n 位
　　　　b. 将大阶向小阶对齐，同时将尾数右移 n 位
　　　　c. 将小阶向大阶对齐，同时将尾数左移 n 位
　　　　d. 将小阶向大阶对齐，同时将尾数右移 n 位

　　【提示】浮点数加、减运算一般包括对阶、尾数运算、规格化、舍入和判别溢出。对阶就是使两个数的阶码相等，对阶的原则是小阶向大阶看齐，即阶码小的数尾数右移，每右移 1 位，阶码加 1，直到两个数的阶码相等为止。参考答案是选项 d。

　14．什么是 BCD 码？什么是 ASCII 码？
　15．什么是汉字输入码、汉字内码、汉字字形码、汉字交换码和汉字地址码？它们各用于什么场合？

补充练习

　1．将下列 IP 地址从点分十进制转换成二进制。
　　　　a. 192.44.168.93　　　　　b. 10.0.12.3　　　　　　c. 127.0.0.1
　　　　d. 172.168.153.255　　　　e. 36.244.45.199
　2．将下列二进制地址转换成点分十进制地址。
　　　　a. 10000010 10101010 10100110 11110000　　b. 00010100 01110001 01010010 11001110
　　　　c. 01100111 10011001 00001100 00011010　　d. 00111110 10111100 11000100 11111111
　　　　e. 11011000 00111100 10110100 01111100

第三节　中央处理器（CPU）

　　中央处理器（CPU）是整个计算机的核心，它包括运算器和控制器。本节在介绍 CPU 的功能和组成的基础上，着重讨论指令系统、流水线技术以及双核与多核处理器，包括流水线的工作原理、流水线的指令执行时间，以及影响流水线执行的一些因素。

学习目标

- 掌握 CPU 的组成及其主要功能；
- 熟悉流水线技术；
- 了解指令系统。

关键知识点

- 流水线技术是通过并行硬件来提高计算机系统性能的常用方法；
- 指令是指挥计算机完成各种工作的基本命令。

CPU 的功能

CPU 是所有计算机的大脑，它对整个计算机系统的运行是极其重要的。若用计算机来解决某个问题，首先要为这个问题编制解题程序，而程序又是指令的有序集合。按照"存储程序"的概念，只要把程序装入内存后，即可由计算机自动完成取指令和执行指令的任务。在程序运行过程中，在计算机的各部件之间流动的指令和数据形成了指令流和数据流。CPU 运行计算机程序，并且决定计算机不同部件之间的信息流向，其主要功能是：

- 程序控制——CPU 通过执行指令来控制程序的执行顺序。
- 操作控制——一条指令的功能实现是由若干操作信号来完成的，CPU 产生每条指令的操作信号并将其送往不同的部件，控制相应部件的操作。
- 时序控制——CPU 通过时序电路产生的时钟信号进行定时，以控制各种操作按指定时序进行。
- 数据处理——完成对数据的加工处理。

CPU 的组成

CPU 主要由运算器、控制器和寄存器等部件组成。

运算器

运算器的任务是对信息进行加工处理，完成算术运算、逻辑运算和移位操作。主要部件有算术逻辑单元（ALU）、累加器（ACC）、标志寄存器、寄存器组、多路转换器和数据总线等。

控制器

控制器是计算机的神经中枢。控制器按照计算机的工作节拍（主频）产生各种控制信号，以指挥整个计算机有条不紊地自动执行程序。控制器主要由指令寄存器（IR）、程序计数器（PC）、指令译码器、状态/条件寄存器、时序产生器、微操作信号发生器组成。

- 指令寄存器（IR）——用于寄存当前正在执行的指令。
- 程序计数器（PC）——当程序顺序执行时，每取出一条指令，PC 内容自动增加一个值，指向下一条要取的指令。
- 指令译码器——用于对当前指令进行译码。

- ▶ 状态/条件寄存器——用于保存指令执行完成后产生的条件码。另外，还保存中断和系统工作状态等信息。
- ▶ 时序产生器——用于产生节拍电位和时序脉冲。
- ▶ 微操作信号发生器——根据指令提供操作信号。

寄存器

寄存器用于暂存寻址和计算过程的信息。CPU 中的寄存器通常分为存放数据的寄存器、存放地址的寄存器、存放控制信息的寄存器、存放状态信息的寄存器和其他寄存器等类型。

- ▶ 累加器——一个数据寄存器，在运算过程中暂时存放被操作数和中间运算结果。
- ▶ 通用寄存器组——CPU 中的一组工作寄存器。运算时用于暂存操作数或地址。
- ▶ 标志寄存器——也称状态寄存器，用于记录运算过程中产生的标志信息。
- ▶ 指令寄存器——用于存放正在执行的指令。
- ▶ 地址寄存器——包括程序计数器、堆栈指示器、变址寄存器、端地址寄存器等。
- ▶ 其他寄存器，如用于程序调试的调试寄存器、用于存储管理的描述符寄存器等。

指令系统

指令系统是指计算机所能执行的全部指令的集合，它描述了计算机内全部的控制信息和"逻辑判断"能力。不同计算机的指令系统，所包含的指令种类和数目也不同，一般均包含算术运算型、逻辑运算型、数据传输型、判定和控制型、输入和输出型等指令。指令系统是表征一台计算机性能的重要因素，它的格式与功能不仅直接影响到机器的硬件结构，而且也直接影响到系统软件，影响到机器的适用范围。

指令及其格式

计算机的指令格式与机器的字长、存储器的容量及指令的功能都有很大关系。从便于程序设计、增加基本操作并行性、提高指令功能的角度来看，指令中应包含多种信息。但在有些指令中，由于部分信息可能无用，这将浪费指令所占的存储空间，并增加访存次数，也许反而会影响速度。因此，如何合理、科学地设计指令格式，使指令既能给出足够的信息，又使其长度尽可能与机器的字长相匹配，以节省存储空间，缩短取指令时间，提高机器的性能，是指令格式设计中的一个重要问题。

计算机是通过执行指令来处理各种数据的。为了指出数据的来源、操作结果的去向及所执行的操作，一条指令必须包含下列信息：

- ▶ 操作码——它具体说明了操作的性质及功能。一台计算机可能有几十条至几百条指令，每一条指令都有一个相应的操作码，计算机通过识别该操作码来完成不同的操作。
- ▶ 操作数的地址——CPU 通过该地址就可以取得所需的操作数。
- ▶ 操作结果的存储地址——把对操作数的处理所产生的结果保存在该地址中，以便再次使用。
- ▶ 下条指令的地址——执行程序时，大多数指令按顺序依次从主存中取出执行，只有在遇到转移指令时，程序的执行顺序才会改变。为了压缩指令的长度，可以用一个程序计数器（PC）存放指令地址。每执行一条指令，PC 的指令地址就自动加 1（设该指令只占一个主存单元），指出将要执行的下一条指令的地址。当遇到执行转移指令时，则用转移地址修改 PC 的内容。由于使用了 PC，指令中就不必显地给出下一条将要执行指令的地址。

一条指令就是机器语言的一个语句，它是一组有意义的二进制代码。指令的基本格式为：

操作码字段	地址码字段

其中，操作码（OP）用来表示该指令所要完成的操作（如加、减、乘、除、数据传输等），其长度取决于指令系统中的指令条数。地址码用来描述该指令的操作对象，它或者直接给出操作数，或者指出操作数的存储器地址或寄存器地址（即寄存器名）。

各计算机公司设计生产的计算机，其指令的数量与功能、指令格式、寻址方式、数据格式都有差别，即使是一些常用的基本指令，如算术逻辑运算指令、转移指令等也是各不相同的。因此，尽管各种型号计算机的高级语言基本相同，但将高级语言程序编译成机器语言后，其差别也是很大的。因此，将用机器语言表示的程序移植到其他机器上去几乎是不可能的。从计算机的发展过程已经看到，由于构成计算机的基本硬件发展迅速，计算机的更新换代是很快的，这就存在软件如何跟上的问题。大家知道，一台新机器推出交付使用时，仅有少量系统软件（如操作系统等）可提交用户，大量软件是不断充实的，尤其是应用程序，有相当一部分是用户在使用机器时不断产生的，这就是所谓第三方提供的软件。为了缓解新机器的推出与原有应用程序的继续使用之间的矛盾，1964 年在设计 IBM360 计算机时所采用的系列机方式较好地解决了这一问题。从此以后，各个计算机公司生产的同一系列的计算机尽管其硬件实现方法可以不同，但指令系统、数据格式、I/O 系统等保持相同，因而软件完全兼容（在此基础上，产生了兼容机）。当研制该系列计算机的新型号或高档产品时，尽管指令系统可以有较大的扩充，但仍保留了原来的全部指令，保持软件向上兼容的特点，即低档机或旧机型上的软件不加修改即可在比它高档的新机器上运行，以保护用户在软件上的投资。

根据地址域所涉及的地址数量，常见的指令格式有以下几种：

▶ 三地址指令——一般地址域中 A1、A2 分别确定第一、第二操作数地址，A3 确定结果地址。下一条指令的地址通常由程序计数器按顺序给出。

▶ 二地址指令——地址域中 A1 确定第一操作数地址，A2 同时确定第二操作数地址和结果地址。

▶ 单地址指令——地址域中 A 确定第一操作数地址；固定使用某个寄存器存放第二操作数和操作结果，因而在指令中隐含了它们的地址。

▶ 零地址指令——在堆栈型计算机中，操作数一般存放在下推堆栈顶的两个单元中，结果又放入栈顶，地址均被隐含，因而大多数指令只有操作码而没有地址域。

▶ 可变地址数指令——地址域所涉及的地址的数量随操作定义而改变。例如，有的计算机的指令中的地址数可少至 0 个，多至 6 个。

寻址方式

根据指令内容确定操作数地址的过程称为寻址。完善的寻址方式可为用户组织和使用数据提供方便。

▶ 直接寻址——指令地址域中表示的是操作数地址。

- 间接寻址——指令地址域中表示的是操作数地址的地址，即指令地址码对应的存储单元所给出的是地址 A，操作数据存放在地址 A 指示的主存单元内。有的计算机的指令可以多次间接寻址，如 A 指示的主存单元内存放的是另一地址 B，而操作数据存放在 B 指示的主存单元内，这称为多重间接寻址。
- 立即寻址——指令地址域中表示的是操作数本身。
- 变址寻址——指令地址域中表示的是变址寄存器号 i 和位移值 D。将指定的变址寄存器内容 E 与位移值 D 相加，其和 E+D 为操作数地址。许多计算机具有双变址功能，即将两个变址寄存器的内容与位移值相加，得操作数地址。变址寻址有利于数组操作和程序共用。同时，位移值长度可短于地址长度，因而指令长度可以缩短。
- 相对寻址——指令地址域中表示的是位移值 D。程序计数器内容（即本条指令的地址）K 与位移值 D 相加，得操作数地址 K+D。当程序在主存储器浮动时，相对寻址能保持原有程序的功能。

此外，还有自增寻址、自减寻址、组合寻址等寻址方式。寻址方式可由操作码确定，也可在地址域中设标志，指明寻址方式。

指令的执行过程

计算机工作时，有以下两种信息在流动：

- 数据信息——指原始数据、中间结果、结构数据、源程序等。这些信息从存储器读入运算器进行运算，计算结果再存入存储器或传输到输出设备。
- 指令控制信息——由控制器对指令进行分析、解释后向部件发出的控制命令，它指挥各部件协调工作。

图 1.5 所示是一条指令的执行过程。其中，左半部是控制器，包括指令寄存器、指令计数器、译码器和操作控制线路等；右上部是运算器，包括累加寄存器、算术与逻辑运算部件等；右下部是内存储器，其中存放程序和数据。为简单起见，数据用十进制表示，指令操作码和地址码用八进制表示，带有数字的圆圈表示指令执行的步骤。

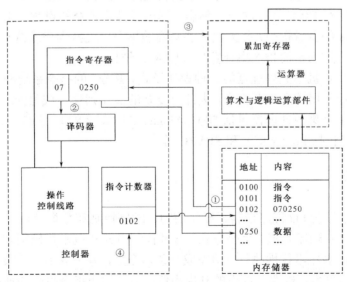

图 1.5　指令的执行过程

指令的执行过程可分为以下步骤：
- 取指令——按照指令计数器中的地址（图 1.5 中为 0102）从内存中取出指令（图 1.5 中为 070250），并送往指令寄存器。
- 分析指令——对指令寄存器中存放的指令（图 1.5 中为 070250）进行分析，由操作码（07）确定执行什么操作，由地址码（0250）确定操作数的地址。
- 执行指令——根据分析的结果，由控制器发出完成其指令操作所需的一系列控制信息，去完成该指令所要求的操作。
- 准备下一条指令——上述步骤完成后，指令计数器加 1，为执行下一条指令做好准备。如果遇到转移指令，则将转移指令送入指令寄存器。

复杂指令集计算机（CISC）

长期以来，计算机性能的提高往往是通过增加硬件的复杂性来获得的。随着集成电路技术特别是 VLSI（超大规模集成电路）技术的迅速发展，为了软件编程方便和提高程序的运行速度，硬件工程师采用的办法是不断增加可实现复杂功能的指令和多种灵活的编址方式，甚至某些指令可支持高级语言语句归类后的复杂操作，致使硬件越来越复杂，造价也相应提高。为实现复杂操作，微处理器除向程序员提供类似各种寄存器和机器指令功能外，还通过存储于只读存储器（ROM）中的微程序来实现其极强的功能，微处理器在分析每一条指令之后执行一系列初级指令运算来完成所需的功能。这种设计形式称为复杂指令集计算机（CISC）结构。

CISC 计算机包含有实现各种功能的指令或微指令，一般所含的指令数目至少 300 条。在 CISC 指令集的各种指令中，其使用频率相差悬殊：大约有 20%的指令会被反复使用，占整个程序代码的 80%；而余下的 80%的指令却不经常使用，在程序设计中约占 20%。

精简指令集计算机（RISC）

采用复杂指令系统的计算机有着较强的处理高级语言的能力，这对提高计算机的性能是有益的。但当研究指令系统的合理性时，开始感到日趋庞杂的指令系统不但不易实现，而且还可能降低系统性能。针对 CISC 存在的一些弊病，提出了精简指令的设想：指令系统中应当只包含那些使用频率很高的少量指令，并提供一些必要的指令以支持操作系统和高级语言。按照这个原则设计的计算机称为精简指令集计算机（RISC）结构。

精简指令集是计算机中央处理器的一种设计模式。RISC 的指令系统相对简单，它只要求硬件执行很有限且最常用的那部分指令，大部分复杂的操作则使用成熟的编译技术，由简单指令合成。常用的精指令集微处理器包括 DEC Alpha、ARC、ARM、AVR、MIPS、PA-RISC、Power Architecture（包括 PowerPC）和 SPARC 等。

流水线技术

CPU 的主要功能是进行程序控制、操作控制、时序控制和数据处理。对于指令的执行，有以下几种控制方式：顺序方式、重叠方式、线性控制方式和流水线控制方式。顺序控制方式是各条机器指令之间顺序串行地执行，即完成一条指令后，方可取出下一条指令来执行。这种方式控制简单，但速度慢，机器各部件的利用率低。为了加快指令执行的速度，充分利用计算机系统的硬件资源，提高机器的吞吐率，计算机中常采用重叠方式、线性控制方式和流水线控制方式,尤其流水线控制方式得到了广泛应用。

流水线技术是通过并行硬件来提高系统性能的常用方法;这是一种任务分解技术,即把一个较为复杂的任务分解为若干顺序执行的子任务,不同的子任务由不同的执行机构来负责执行。这些执行机构可以同时并行工作,其工作原理示意图如图 1.6 所示。例如,将一条指令的执行过程分成取指令、指令译码、取操作数和执行 4 个子任务,分别由 4 个功能部件来完成。可见,在流水线技术中,流水线处理机的性能非常重要。

图 1.6 流水线工作原理示意图

流水线处理机的性能指标

设某流水线技术分为 n 个基本操作,操作时间分别是 Δt_i($i=1,2,\cdots,n$)。

- 操作周期——取决于基本操作时间最长的一个,即操作周期为:

$$\Delta t = \max\{\Delta t_1, \Delta t_2, \cdots, \Delta t_i\} \tag{1-2}$$

- 吞吐率——流水线的吞吐率为:

$$\rho = 1/\Delta t = 1/\max\{\Delta t_1, \Delta t_2, \cdots, \Delta t_i\} \tag{1-3}$$

- 流水线建立的时间,即第一条指令完成的时间:

$$T_1 = n \times \Delta t = n \times \max\{\Delta t_1, \Delta t_2, \cdots, \Delta t_i\} \tag{1-4}$$

- 执行 m 条指令的时间:

$$T = n \times \Delta t + (m-1) \times \Delta t = (n+m-1) \times \max\{\Delta t_1, \Delta t_2, \cdots, \Delta t_i\} \tag{1-5}$$

该公式给出了流水线处理机执行时间的计算方法。假定有某个类型的任务可分成 N 个子任务,每个子任务需要的时间为 Δt,则完成该任务所需的时间为 $N \times \Delta t$。若以传统的方式,则完成 k 个任务所需的时间是 $k \times N \times \Delta t$,使用流水线技术执行的时间是 $N \times \Delta t + (k-1) \times \Delta t$。也就是说,除了第 1 个任务需要完整的时间外,其他任务都通过并行技术节省了大量的时间,只需一个子任务的单位时间即可。

需要注意的是,如果每个子任务所需的时间不同,则其速度取决于其执行顺序中最慢的那一个(流水线周期值等于最慢的那个指令的周期),要根据实际情况进行调整。例如,若指令流水线把一条指令分为取指令、分析和执行 3 部分,且 3 部分的时间分别是取指令 2 ns、分析 2 ns 及执行 1 ns,那么最长的是 2 ns,因此 100 条指令全部执行完毕所需的时间就是 (2 ns+2 ns+1 ns)+(100−1)×2 ns = 203 ns。

另外,还应该理解几个关键的术语,如流水线的吞吐率(任务数/完成时间)和加速比(未采用流水线的执行时间/采用流水线的执行时间)。

影响流水线执行的主要因素

由图 1.6 可知,流水线的关键在于"重叠执行"。因此,如果这个条件不能够满足,流水线就会被破坏,这种破坏主要来自如下几种情况:

- 转移指令——因为前面的转移指令还没有完成,流水线无法确定下一条指令的地址,因此也就无法在流水线中添加这条指令。从这里的分析可以看出，无条件跳转指令是不会影响流水线的。
- ▶ 共享资源访问的冲突——后一条指令需要使用的数据与前一条指令发生冲突，或者相邻的指令使用了相同的寄存器，这也会使得流水线失败。
- ▶ 响应中断——当有中断请求时流水线也会停止，这种情况有两种响应方式：一是立即停止，即精确断点法，这种方法能够立即响应中断；二是流水线中的指令继续执行，不再新增指令到流水线，即不精确断点法。

中央处理器的性能

指中央处理器（CPU）从雏形出现到发展壮大的双核、多核处理器。由于制造技术越来越先进，其集成度越来越高，内部的晶体管数达到几百万个。虽然从最初的 CPU 发展到现在其晶体管数增加了几十倍，但是 CPU 的内部结构仍然可分为控制单元、逻辑单元和存储单元三大部分。CPU 的性能大致上反映出了它所配置的计算机性能，因此 CPU 的性能指标十分重要。CPU 性能主要取决于其主频和工作效率，体现在其运行程序的速度上。影响运行速度的性能指标主要为 CPU 的工作频率、缓存（Cache 容量）、指令系统和处理技术，包括流水线技术、多线程、对称多处理结构（Symmetric Multi-Processing，SMP）等。

主频

主频也叫时钟频率，单位是兆赫（MHz）或吉赫（GHz），用来表示 CPU 的运算、处理数据的速度。通常，主频越高，CPU 处理数据的速度就越快，可以表示为：

$$CPU 的主频 = 外频 \times 倍频系数 \qquad (1-6)$$

1. 外频

外频是 CPU 的基准频率，单位是 MHz。CPU 的外频决定着整块主板的运行速度。通俗地说，在台式机中所说的超频，都是超 CPU 的外频（一般情况下，CPU 的倍频都是被锁住的）。但对于服务器 CPU 来讲，超频是绝对不允许的。

注意：主频和实际的运算速度存在一定的关系，但并不是一个简单的线性关系。所以，CPU 的主频与 CPU 实际的运算能力是没有直接关系的，主频表示在 CPU 内数字脉冲信号震荡的速度。在 Intel 的处理器产品中，也可以看到这样的例子：1 GHz Itanium 芯片能够表现得差不多跟 2.66 GHz Xeon（至强）/Opteron 一样快，或是 1.5 GHz Itanium 2 大约跟 4 GHz Xeon/Opteron 一样快。CPU 的运算速度还要看 CPU 的流水线、总线等各方面的性能指标。因此，还涉及总线频率的概念。

总线频率［前端总线（FSB）频率］直接影响着 CPU 与内存直接数据交换速度。前端总线（FSB）是将 CPU 连接到北桥芯片的总线。有一条公式可以计算，即数据带宽=（总线频率×数据位宽）/8，数据传输最大带宽取决于所有同时传输的数据的宽度和传输频率。例如，支持 64 位的至强 Nocona，前端总线是 800 MHz，按照公式，它的数据传输最大带宽是 6.4 GB/s。

外频与前端总线（FSB）频率的区别：前端总线的速度指的是数据传输的速度，外频是 CPU 与主板之间同步运行的速度。也就是说，100 MHz 外频特指数字脉冲信号在每秒钟震荡一亿次；而 100 MHz 前端总线指的是每秒钟 CPU 可接收的数据传输量为 100 MHz×64 b÷

8 b/B = 800 MB/s。

2. 倍频系数

倍频系数是指 CPU 主频与外频之间的相对比例关系。在相同的外频下，倍频越高 CPU 的频率也越高。但实际上，在相同外频的前提下，高倍频的 CPU 本身意义并不大。这是因为 CPU 与系统之间数据传输速度是有限的，一味追求高主频而得到高倍频的 CPU 就会出现明显的"瓶颈"效应：CPU 从系统中得到数据的极限速度不能够满足 CPU 运算的速度。一般 Intel 的 CPU 除了工程版之外都是锁了倍频的，少量的如 Intel 酷睿 2 核心的奔腾双核 E6500K 和一些至尊版的 CPU 不锁倍频；而 AMD 之前都没有锁，AMD 推出了黑盒版 CPU（即不锁倍频版本，用户可以自由调节倍频，调节倍频的超频方式比调节外频稳定得多）。

缓存

缓存大小也是 CPU 的重要指标之一，而且缓存的结构、大小对 CPU 速度的影响非常大。CPU 内缓存的运行频率极高，一般是和处理器同频运作，工作效率远远大于系统内存和硬盘。实际工作时，CPU 往往需要重复读取同样的数据块，而缓存容量的增大，可以大幅度提升 CPU 内部读取数据的命中率，而不用再到内存或者硬盘上寻找，以此提高系统性能。但是鉴于 CPU 芯片面积和成本的因素，缓存一般都很小。缓存分为如下三级：

- ▶ L1 Cache（一级缓存）——CPU 第一层高速缓存，分为数据缓存和指令缓存；
- ▶ L2 Cache（二级缓存）——CPU 的第二层高速缓存，分内部和外部两种芯片；
- ▶ L3 Cache（三级缓存）——用以提升大数据量计算时处理器的性能。

双核与多核处理器

双核与多核处理器是指在单个处理器封装中包含两个或多个"执行内核"或计算元件，统一由控制器控制运算，从而提高计算能力。操作系统将每个执行内核视为具有所有相关执行资源的独立处理器，即当 CPU 只处理一件事的时候，也只能是一个 CPU 核心来执行,不能多个核心同时做一件事。多核心 CPU 在多线程的时候才能发挥它的优势。例如，四核的 CPU 主频是 2 GHz，有 4 个工作任务，分别给 4 个核心，对应执行一个任务，它们各自都只能以 2 GHz 的速度去执行工作。显然，多核处理器不能提高 CPU 的工作速度，但是可以提高 CPU 的工作量。

多核处理器有助于为将来更加先进的软件提供卓越的性能。现有的操作系统（如 MS Windows、Linux 和 Solaris）都能够受益于多核心处理器。

典型问题解析

【例 1-3】在 CPU 中，（　　）可用于传输和暂存用户数据，为 ALU 执行算术逻辑运算提供工作区。

  a. 程序计数器   b. 累加寄存器
  c. 程序状态寄存器 d. 地址寄存器

【解析】程序计数器是 CPU 内的一个寄存器，用来保存将要执行的下一条指令的地址。累加寄存器（AC）通常简称为"累加器"，是一个通用寄存器。其功能是当运算器的算术逻辑单元（ALU）执行算术或逻辑运算时为 ALU 提供一个工作区，用于传输和暂存用户数据。程序状态寄存器（PSW）是计算机系统的核心部件——控制器的一部分，用来存放两类信息：一是体现当前指令执行结果的各种状态信息，如有无进位（CF 位）、有无溢出（OF 位）、结果正负（SF 位）、结果是否为零（ZF 位）和奇偶标志位（PF 位）等；二是控制信息，如允许中断（IF 位）和跟踪标志（TF 位）等。有些计算机中将 PSW 称为"标志寄存器"（FR）。地址寄存器用来保存当前 CPU 所访问的内存单元地址。参考答案是选项 b。

【例 1-4】 每条指令都可以分解为取指、分析和执行 3 步，已知取指时间 $t_{取指}=4\Delta t$，分析时间 $t_{分析}=3\Delta t$，执行时间 $t_{执行}=5\Delta t$。如果按串行方式执行 100 条指令，则需要__(1)__Δt；如果按照流水线方式执行，则需要__(2)__Δt。

(1) a. 1 190   b. 1 195   c. 1 200   d. 1 205

(2) a. 504   b. 507   c. 508   d. 510

【解析】（1）按串行方式执行指令，每条指令从取指到执行共耗时 $12\Delta t$，所以 100 条指令共耗时 $12\Delta t \times 100 = 1200\Delta t$。

（2）有以下两种解析方法。

方法 1：采用流水线方式时系统在同一时刻可以取第 $k+2$ 条指令，分析第 $k+1$ 条指令并执行第 k 条指令，所以效率大大提高。流水线的操作周期取决于基本操作中最慢的，这里是 $5\Delta t$，所以操作周期是 $5\Delta t$。在流水线中每一条指令的执行时间并没有减少，而第 1 条指令的执行并没有体现流水线的优势。它在 3 个操作后才能执行完毕，其后每个操作周期都能完成 1 条指令的执行。采用此方法的执行示意图如图 1.7 所示。

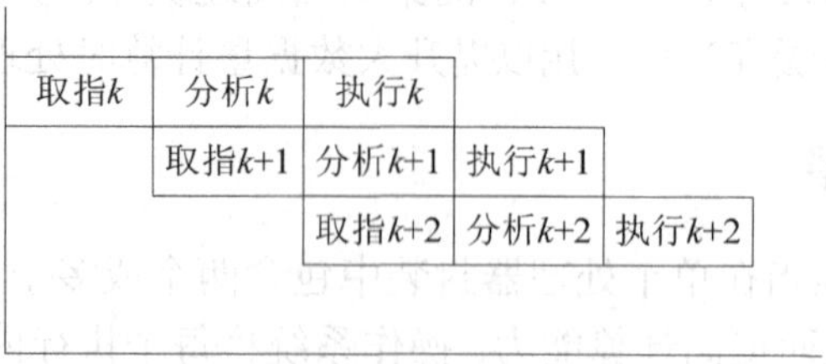

取指k	分析k	执行k		
	取指$k+1$	分析$k+1$	执行$k+1$	
		取指$k+2$	分析$k+2$	执行$k+2$

图 1.7 流水线方法 1 的执行示意图

这样流水线的总时间为 $(n+2) \times$ 周期，因此题中为 $(100+2) \times 5\Delta t = 510\Delta t$。

方法 2：流水线计算公式是第 1 条指令顺序执行时间+(指令条数-1)×周期，其执行示意图如图 1.8 所示。

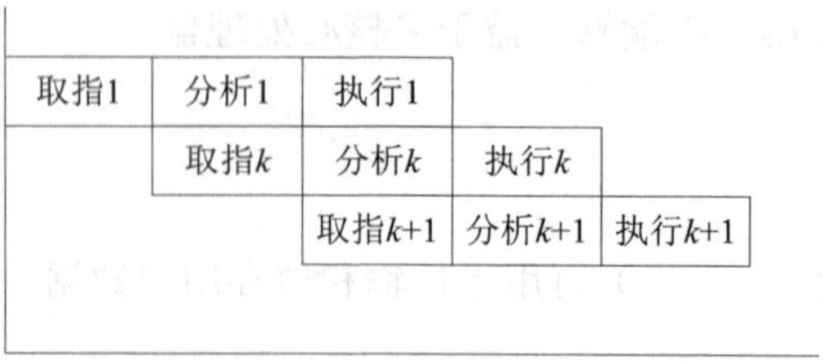

取指1	分析1	执行1		
	取指k	分析k	执行k	
		取指$k+1$	分析$k+1$	执行$k+1$

图 1.8 流水线方法 2 的执行示意图

此题的关键为取指时间为 $4\Delta t$，分析时间为 $3\Delta t$，周期都是 $5\Delta t$。而实际完成取指需要 $4\Delta t$，分析需要 $3\Delta t$ 时间，所以采用流水线的耗时为 $4\Delta t + 3\Delta t + 5\Delta t \times (100-1) + 5\Delta t = 507\Delta t$。

按方法 1 计算，结果为 $510\Delta t$；按方法 2 计算，结果为 $507\Delta t$。

参考答案：（1）为选项 c；（2）为选项 b 或 d。

【例1-5】流水线的吞吐率是指单位时间流水线处理的任务数，如果各段流水的操作时间不同，则流水线的吞吐率是（　　）的倒数。

a. 最短流水段操作时间　　　　　　b. 各段流水的操作时间总和
c. 最长流水段操作时间　　　　　　d. 流水段数乘以最长流水段操作时间

【解析】流水线处理机在执行指令时，把执行过程分为若干个流水级，若各流水级需要的时间不同，则流水线必须选择各级中时间较大者作为流水级的处理时间。在理想情况下，当流水线充满时，每一个流水级时间流水线输出一个结果。流水线的吞吐率是指单位时间流水线处理机输出的结果的数目，因此流水线的吞吐率为一个流水级时间的倒数，即最长流水级时间的倒数。参考答案是选项 c。

练习

1. 计算机指令一般包括操作码和地址码两部分，为分析执行一条指令，其（　　）。
   a. 操作码应存入指令寄存器（IR），地址码应存入程序计数器（PC）
   b. 操作码应存入程序计数器（PC），地址码应存入指令寄存器（IR）
   c. 操作码和地址码都应存入指令寄存器（IR）
   d. 操作码和地址码都应存入程序计数器（PC）

【提示】这是一道基本概念题，考查对 IR 及 PC 等基本寄存器的作用。PC 用于存放 CPU 要执行的下一条指令地址，在顺序执行程序中当其内容送到地址总线后会自动加 1，指向下一条将要运行的指令地址；IR 用来保存当前正在执行的一条指令，而指令一般包括操作码和地址码两部分，因此均存放在 IR 中。参考答案是选项 c。

2. 以下关于 CPU 的叙述中，错误的是（　　）。
   a. CPU 产生每条指令的操作信号并将操作信号送往相应的部件进行控制
   b. 程序计数器（PC）除了存放指令地址，也可以临时存储算术/逻辑运算结果
   c. CPU 中的控制器决定计算机运行过程的自动化
   d. 指令译码器是 CPU 控制器中的部件

【提示】本题考查计算机硬件基础知识。CPU 是整个计算机的控制中心，由运算器、控制器、寄存器组和一些内部总线组成。控制器由程序计数器、指令寄存器、指令译码器、时序产生器和操作控制器组成，完成指挥整个计算机系统的操作。其基本功能包括：在内存中取出一条指令并指出下一条指令的位置；对指令进行译码并产生相应的控制信号，完成规定的动作；控制各种设备之间数据的流动。

PC 是专用寄存器，具有存储和计数两种功能，又称为"指令计数器"。在程序开始执行前将程序的起始地址送入 PC，在程序加载到内存时以此地址为基础，因此 PC 的初始内容即程序第 1 条指令的地址。执行指令时 CPU 将自动修改 PC 的内容，以便使其保持的总是将要执行的下一条指令的地址。由于大多数指令都按顺序执行，因此修改的过程通常只是简单地将 PC 加 1。当遇到转移指令时，后继指令的地址与前指令的地址通过加上一个向前或向后转移的位移量得到，或者根据转移指令给出的直接转移的地址得到。

参考答案是选项 b。

3. 以下关于复杂指令集计算机（CISC）和精简指令集计算机（RISC）的叙述中，错误的

是（　　）。
　　a. 在 CISC 中，其复杂指令都采用硬布线逻辑来执行
　　b. 采用 CISC 技术的 CPU，其芯片设计复杂度更高
　　c. 在 RISC 中，更适合采用硬布线逻辑执行指令
　　d. 采用 RISC 技术，指令系统中的指令种类和寻址方式更少

【提示】CISC 的基本思想是为了增强原有指令系统的功能，用更为复杂的新指令取代原先由软件子程序完成的功能，以实现软件功能的硬件化，所以导致了指令系统非常复杂。CISC 计算机一般所含有的指令数目至少 300～500 条。而 RISC 的基本思想是通过精简指令总数和指令功能，以降低硬件设计的复杂度，使指令能单周期执行。参考答案是选项 a。

4. 某指令流水线由 5 段组成，其中第 1 段、第 3 段和第 5 段所需的时间均为 Δt，第 2 段和第 4 段所需的时间分别为 $3\Delta t$ 及 $2\Delta t$，如图 1.9 所示。那么，连续输入 n 条指令时的吞吐率（单位时间内执行的指令个数）TP 为（　　）。

　　a. $\dfrac{n}{5\times(3+2)\Delta t}$　　　　　　b. $\dfrac{n}{(3+3+2)\Delta t + 3(n-1)\Delta t}$

　　c. $\dfrac{n}{(3+2)\Delta t + (n-3)\Delta t}$　　　d. $\dfrac{n}{(3+2)\Delta t + 5\times 3\Delta t}$

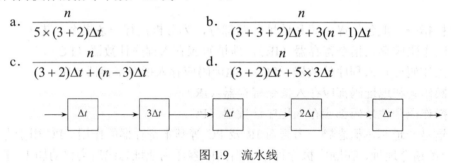

图 1.9　流水线

【提示】本题考查流水线的时间计算，这是一个最基本的题型。从题目可以知道，当连续输入 n 条指令时，第 1 条指令需要的时间为 $(1+3+1+2+1)\Delta t$。之后每隔 $3\Delta t$ 再完成 1 条指令，由此即可以计算出 n 条指令执行完的总时间为 $(1+3+1+2+1)\Delta t + (n-1)\times 3\Delta t$。

因此 TP = $n/[(1+3+1+2+1)\Delta t + (n-1)\times 3\Delta t]$。参考答案是选项 b。

补充练习

Intel 公司是最著名的微处理器开发与制造商，访问网站 http://www.intel.com，了解微处理器的最新发展。

第四节　存储器系统

存储器系统是由几个容量、速度和价格各不相同的存储器构成的系统。设计一个容量大、速度快、成本低的存储器系统是计算机发展的一个重要课题。按照存储介质的不同，存储器系统有半导体存储器、磁存储器、光存储器及相变存储器之分；按照其组织结构，存储器系统可分主存储器、辅助存储器、高速缓冲存储器和虚拟存储器等。本节重点讨论存储器系统的组成，包括存储器的存取方式、性能、种类、组成和地址编码。

学习目标

▶　了解存储器系统的特征，包括主存储器、高速缓冲存储器和辅助存储器；

- ▶ 掌握主存储器的种类、组成和地址编码；
- ▶ 熟悉 Cache 的工作原理和映射机制；
- ▶ 掌握磁盘存储器的常见技术指标。

关键知识点

- ▶ 存储器是计算机能够实现"存储程序控制"的基础。

存储器系统的组成

存储器是用来存放程序和数据的部件，它是一个记忆装置，也是计算机能够实现"存储程序控制"的基础。在计算机系统中，规模较大的存储器往往分成若干级，称为存储器系统。图 1.10 所示是最常见的三级存储器系统的层次结构。

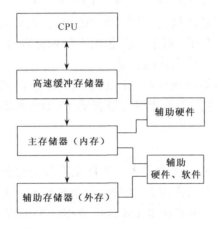

图 1.10　存储系统的层次结构

存储器的存取方式

存储器的基本存取方式如表 1.8 所示。

表 1.8　存储器的基本存取方式

存取方式	读写装置	数据块标识	访问特性	代表产品
顺序存取	共享读写装置	无	特定线性顺序	磁带
直接存取	共享读写装置	数据分块，每块一个唯一标识	可直接移到特定数据块	磁盘
随机存取	每个可寻址单元专有读写装置	每个可寻址单元均有一个唯一地址	随时访问任何一个存储单元	主存储器
相联存取（属随机存取）	每个可寻址单元专用读写装置	每个可寻址单元均有一个唯一地址	根据内容（而非地址来选择读写点）	Cache

存储器的性能

- ▶ 存取时间——对于随机存取，存取时间是完成一次读/写所用的时间；对于非随机存取，存取时间是将读写装置移动到目的位置所用的时间。
- ▶ 存储器带宽——每秒的访问位数。通常，存储器周期为纳秒（ns）级，因此计算公式是"存储器带宽=（1/存储器周期）×每周期可访问的字节数"。例如，存储器周期是 200 ns，每个周期可访问 4 B，则带宽=1/(200 ns)×(4 B×8)=160 Mb/s。
- ▶ 数据传输率——每秒输入输出的数据位数。随机存取的传输率 $R=1/$存储器周期，非随机存取读写 N 位所需的平均时间=平均存取时间+N 位/数据传输率。

主存储器

主存储器简称内存或主存，可由 CPU 直接访问，它存取速度快，但容量较小，一般用来存放 CPU 当前正在执行的程序和数据。

内存是系统内部主板上的计算机存储区域，也称为物理内存。术语"内存"定义了数据存储的形式，可以是芯片，也可以是插接模块（如 SIMM、DIMM）。大多数计算机还使用虚拟内存，即映射到硬盘上的物理内存。对于那些超出物理内存容量的应用程序而言，虚拟内存通过将旧的数据转移到硬盘上来扩展内存的总量。

每台计算机都有一定数量的物理内存，即通常所说的主存储器或 RAM（Random Access Memory），因此一台具有 1 MB 内存的计算机能容纳 $1×10^6$ 字节的信息。

主存的类型

- ▶ RAM（随机存储器）——主存储器，为随机存取记忆体，是与 CPU 直接交换数据的内部存储器，也叫主存（内存）。RAM 单独使用时，是指读/写存储器，也就是说既能向 RAM 写入数据，也能从 RAM 读取数据。大多数 RAM 是易失的，也就是说需要一直有电流才能保持其内容；一旦断电，RAM 中的内容就都丢失了。RAM 通常是作为操作系统或其他正在运行程序的临时存储介质（可称作系统内存）。RAM 可以进一步分为静态 RAM（SRAM）和动态内存（DRAM）两大类。DRAM 由于具有较低的单位容量价格，所以被大量地用于系统的主记忆。
- ▶ ROM（只读存储器）——ROM（Read Only Memory）的全名为只读记忆体，几乎所有的计算机都有少量的只读内存，用来存储启动计算机的指令。ROM 数据不能随意更新，但是在任何时候都可以读取。即使断电，ROM 也能够保留数据；但资料一旦写入，就只能用特殊方法更改或根本无法更改。因此，ROM 常在嵌入式系统中用于存放作业系统。与 RAM 不同的是，ROM 在初始化编程后不能再次写入数据。
- ▶ PROM（可编程只读存储器）——一个内存芯片，可以在其内存储一个程序。PROM 一旦完成编程，就不能擦除它而重新编程。
- ▶ EPROM（可擦可编程只读存储器）——一种特殊类型的 PROM，可通过紫外线照射或加电来擦除掉其中的内容。在清除了原先的内容之后，EPROM 可以再次编程使用。
- ▶ EEPROM（电擦除可编程只读存储器）——可用电信号擦除和再次编程。
- ▶ Flash ROM（快擦编程只读存储器）——一种更快的 EEPROM，如现在的 U 盘就是这种存储器，可以快速写入。

主存的组成

实际的存储器由一片或多片存储器配以控制电路构成,其容量为 $W×B$,这里 W 是存储单元(Word,字)的数量,B 表示每个 Word 由多少位(b)组成。如果某一芯片的规格为 $w×b$,则组成 $W×B$ 的存储器需要用$(W/w)×(B/b)$片这种芯片,如图 1.11 所示。

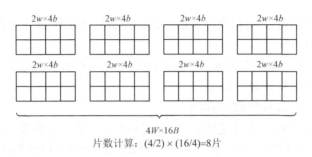

图 1.11 主存储器的组成

地址编码

主存储器采用随机存取方式,需要对每个数据块进行编码,数据块以 Word 为单位来标识,即每个字一个地址,通常采用十六进制表示。例如,按字节编址,地址从 A4000H 到 CBFFFH,则表示有 [(CBFFF–A4000)+1] 字节,即 28000H(163 840)字节,等于 160 KB。

注意:编址的基础可以是字节,也可以是字(字由 1 个或多个字节组成)。要计算地址位数,首先应计算要编址的字数或字节数,然后求 2 的对数即可得到。

虚拟存储器

为了有效管理存储器并且少出错,现代操作系统提供了一种对主存的抽象,叫作虚拟存储器,也称为虚拟内存(Virtual Memory)。虚拟内存是被应用程序所意识和使用的。也就是说,它是被抽象出来的、虚拟出来的主存。所以,从应用程序的层面,程序看到的和使用的虚拟地址都是属于虚拟存储器的。虚拟存储器提供了三个重要作用:

- 将主存看成是磁盘的一个高速缓存,在主存中只保留活动的区域,并根据需要在磁盘和主存之间传输数据,进而高效地利用有限的主存。
- 为每个程序提供了一致的地址空间(虚拟地址空间),简化了存储器管理。例如,加载、链接和共享因虚拟存储器而变得简单。
- 保护每个进程的地址空间不被其他进程破坏。每个进程的地址空间是私有的,即使所有进程的地址空间范围是一样的,访问的地址也可能相同,但虚拟存储器管理着进程能访问到的真实内存,假如程序访问不存在或使用错误权限访问都将返回错误。

虚拟存储器充当一种中间转换的角色,把虚拟地址对应的主存转换到真实的主存上面。

1. 虚拟地址和物理地址

CPU 生成一个虚拟地址来访问主存,这个虚拟地址经过地址翻译生成适当的物理地址。物理存储器每个字节都被一个物理地址标识。

2. 虚拟寻址和物理寻址

程序使用虚拟寻址，物理内存使用物理寻址。

程序执行是产生一条虚拟地址，通过 MMU（内存管理单元）转换为物理地址，使用该物理地址访问物理内存，取得数据。

3. 地址空间

地址空间包括虚拟地址空间和物理地址空间。假如一个存储器的容量是 $N=2^n$ 字节，那么它有 N 个地址，n 位的地址空间。

CPU 产生的地址是虚拟地址，属于虚拟地址空间。现代操作系统有 32 位和 64 位地址空间，这个地址空间就是虚拟地址空间。

物理地址空间是用来寻址物理内存的。

地址空间的概念很重要，它清楚地区分了数据对象（字节）和它们的属性（地址）。那么可以将其推广，允许每个数据对象有多个独立的地址，其中每个地址都选自一个不同的地址空间。这也是虚拟存储器的基本思想。虚拟存储器是由硬件和操作系统自动实现存储信息调度和管理的。

高速缓冲存储器（Cache）

当 CPU 速度很高时，为了使访问存储器的速度能与 CPU 的速度相匹配，在内存和 CPU 之间增设了一级 Cache（高速缓冲存储器），简称"高速缓存"。Cache 的存取速度比内存更快，但容量很小，用来存放当前最急需处理的程序和数据，以便快速向 CPU 提供指令和数据。由于 Cache 为高速缓存，需要频繁访问内存中的数据，因此与 Cache 单元地址转换需要稳定且高速的硬件来完成。

1. 原理、命中率和失效率

使用 Cache 改善系统性能的主要依据是程序的局部性原理，即一段时间内执行的命令通常集中于某个局部。通过将访问集中的内容放在速度更快的 Cache 中，CPU 在需要数据时先查找 Cache，未找到再访问内存。

如果 Cache 的访问命中率为 h（通常 $1-h$ 就是 Cache 的失效率），访问周期是 t_1，主存储器的访问周期是 t_2，则整个系统的平均访存时间是：

$$t_3 = h \times t_1 + (1-h) \times t_2 \tag{1-7}$$

从中可以看出系统的平均访存时间与命中率有密切的关系，灵活地应用这个公式可以计算出所有情况下的平均访存时间。例如：假设某流水线计算机主存的读/写时间为 100 ns；有一个指令和数据合一的 Cache，其读/写时间为 10 ns，取指令的命中率为 98%，取数据的命中率为 95%，并且在执行某类程序时约有 1/5 指令需要存/取一个操作数；再假设指令流水线在任何时刻都不阻塞。在此情况下设置 Cache 后每条指令的平均访存时间约为多少？这是应用上述公式的一个简单数学计算问题：

$$(2\% \times 100 \text{ ns} + 98\% \times 10 \text{ ns}) + (5\% \times 100 \text{ ns} + 95\% \times 10 \text{ ns}) \times 1/5 = 14.7 \text{ ns}$$

2. 映射机制

分配给 Cache 的地址存放在一个相联存储器（CAM）中，CPU 发生访存请求时会先让该存储器判断所要访问的字的地址是否在 Cache 中。如果在，则直接使用。这个判断的过程就是 Cache 地址映射，其速度应该尽可能快。常见的映射方法有直接映射、全相联映射和组相联映射 3 种，其原理如图 1.12 所示。

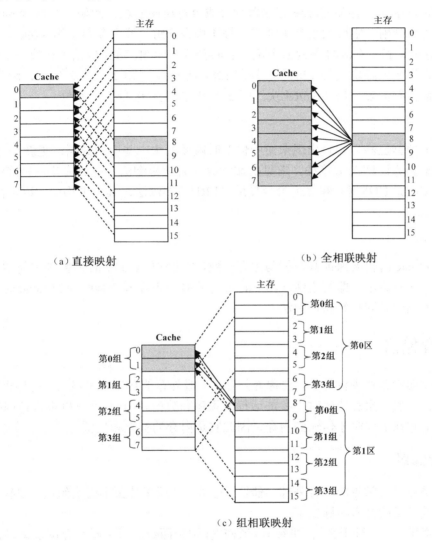

图 1.12 常见的 Cache 映射方法原理

▶ 直接映射——一种多对一的映射关系，但一个主存块只能够复制到 Cache 的一个特定位置。Cache 行号 i 和主存块号 j 的函数关系为 $i=j/m$（其中 m 为 Cache 的总行数）。例如，某 Cache 容量为 16 KB（即可用 14 位表示），每行的大小为 16 B（即可用 4 位表示），则说明它可分为 1024 行（可用 10 位表示）。主存地址的最低 4 位为 Cache 的行内地址，中间 10 位为 Cache 行号。如果内存地址为 1234E8F8H，那么最后 4 位就是 1000（对应 16 进制数的最后一位），而中间的 10 位则应从 E8F（111010001111）中获取，即 1010001111。

▶ 全相联映射——将主存中一个块的地址和内容一起保存在 Cache 的行中，任意一个主存块能映射到 Cache 中任意行（主存块的容量等于 Cache 行容量）。全相联映射速度更快，但控制复杂。
- 组相联映射——是前两种方式的折中方案，它将 Cache 中的块再分成组。通过直接映射方式决定组号，然后通过全相联映射的方式决定 Cache 中的块号。

在 Cache 映射中主存和 Cache 存储器均分成容量相同的块。例如，容量为 64 块的 Cache 采用组相联方式映射，字块大小为 128 字，每 4 块为一组。若主存容量为 4 096 块，且以字编址，那么主存地址和主存区号各为多少位？要回答这个问题，首先根据主存块与 Cache 块的容量必须一致，得出内存块也是 128 字，共有 $128 \times 4\,096$ 字（即 $2^7 \times 2^{12} = 2^{19}$ 字），因此需要 19 位主存地址；而内存需要分为 4096/64 块（即 2^6），因此主存区号需要 6 位。

3. 淘汰算法

当 Cache 数据已满，并且出现未命中情况时就要淘汰一些旧的数据，更新一些新的数据。选择淘汰数据的方法即淘汰算法。常见的淘汰算法有随机淘汰、先进先出（FIFO）淘汰（淘汰最早调入 Cache 的数据）和最近最少使用（LRU）淘汰法，其中平均命中率最高的是 LRU 算法。

4. 写操作

在使用 Cache 时需要保证其数据与主存一致，因此在写 Cache 时需要考虑与主存的同步问题。通常使用 3 种方法，即写直达（写 Cache 时同时写主存）、写回（写 Cache 时不立即写主存，而是等其淘汰时回写）和标记法。

辅助存储器

辅助存储器设置在主机外部，也称为外存。一般外存的存储容量很大，价格也较低，但存取速度较慢，一般用来存放暂时不参加运行的程序和数据。CPU 不可以直接访问外存，外存中的程序和数据在需要时才传输到内存，因此它是内存的补充和后援。

磁盘存储器

磁盘存储器是最常见的一种外部存储器，它由一片或多片圆形磁盘组成，磁盘的结构如图 1.13 所示。其常见的技术指标如下：
- 磁道数——（外半径−内半径）×道密度×记录面数。对于磁盘存储器来说，磁盘的第 1 面与最后一面用于保护，要减去，如 3 个双面的盘片的记录面数是 3×2−2=4。
- 非格式化容量——位密度×π×最内圈直径×总磁道数。注意，每道的位密度不同，但容量相同。0 道是最外面的磁道，其位密度最小。

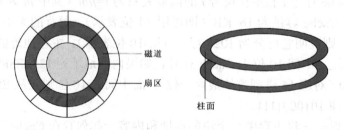

图 1.13　磁盘结构

- 格式化容量——每道扇区数×扇区容量×总磁道数。
- 平均数据传输速率——每道扇区数×扇区容量×盘片转数。
- 存取时间——寻道时间+等待时间。寻道时间指磁头移动到磁道所需的时间,等待时间为等待读/写的扇区转到磁头下方所用的时间。

光盘存储器

光盘存储器是一种采用光存储技术存储信息的存储器,它采用聚焦激光束在盘式介质上非接触地记录高密度信息,以介质材料的光学性质(如反射率、偏振方向)的变化来表示所存储信息的"1"或"0"。由于它具有容量大、价格低、携带方便和交换性好等特点,光盘存储器已成为计算机中一种重要的辅助存储器,也是现代多媒体计算机不可或缺的存储设备。

按光盘的可擦写性,有只读型光盘、可擦写型光盘两大类型:

- 只读型光盘——所存储的信息是由光盘制造厂家预先用模板一次性将信息写入,以后只能读出而不能再写入任何数据。按照盘片内容所采用的数据格式,又可将盘片分为CD-DA、CD-I、Video-CD、CD-ROM、DVD 等。
- 可擦写型光盘——由制造厂家提供空盘片,用户可使用刻录光驱将自己的数据刻写到光盘上。此类光盘包括 CD-R、CD-RW 和相变光盘及磁光盘等。

光盘存储器的优点是存储量很大且盘片易于更换,缺点是存储速度比硬盘低一个数量级。

USB 移动硬盘和 USB 闪存盘

USB 移动硬盘是一种移动存储设备。它用一个专门的控制芯片实现 USB 接口与 IDE 接口之间的通信。在这个芯片的基础上可以通过安装不同容量的硬盘,并利用 USB 进行移动存储。

USB 闪存盘简称 U 盘,全称为 USB 闪存驱动器。U 盘是一种使用 USB 接口、无须物理驱动器驱动的微型高容量移动存储产品;它通过 USB 接口与计算机连接,实现即插即用。U 盘的称呼最早来源于朗科科技(公司)生产的一种新型存储设备,名曰"优盘",使用 USB 接口进行连接。U 盘连接到计算机的 USB 接口后,其中的资料可与计算机交换。而后来生产的类似技术的设备由于朗科已进行专利注册而不能再称之为"优盘",而改称谐音的"U 盘";这个称呼反而因其简单易记而广为人知。

独立冗余磁盘阵列(RAID)

独立冗余磁盘阵列(Redundant Array of Independent Disks,RAID)是一种把多块独立的硬盘(物理硬盘)按不同的方式组合起来形成一个硬盘组(逻辑硬盘),从而提供比单个硬盘更高的存储性能和提供数据备份技术。在用户看起来,组成的磁盘组就像是一个硬盘,用户可以对它进行分区、格式化等操作。对磁盘阵列的操作与单个硬盘一模一样,不同的是,磁盘阵列的存储速度比单个硬盘高很多,而且可以提供自动数据备份。将 RAID 技术用于存储系统的优点是:

- 通过把多个磁盘组织在一起作为一个逻辑卷提供磁盘跨越功能;
- 通过把数据分成多个数据块(Block)并行写入/读出多个磁盘以提高访问磁盘的速度;
- 通过镜像或校验操作提供容错能力。

通常,将组成磁盘阵列的不同方式称为 RAID 级别(RAID Levels),现在已拥有从 RAID 0

到 RAID 7 八种基本的 RAID 级别。另外，还有一些基本 RAID 级别的组合形式，如 RAID10（RAID 0 与 RAID 1 的组合）、RAID 50（RAID 0 与 RAID 5 的组合）等。不同 RAID 级别代表着不同的存储性能、数据安全性和存储成本，但最为常用的 RAID 形式为：RAID 0、RAID 1、RAID 0+1、RAID 3 和 RAID 5。

相变存储器

相变存储器（Phase-Change Memory, PCM）或称 PRAM（Phase Change Random Access Memory），是一种新兴的非易失性计算机存储器设备，它利用材料的可逆转的相变来存储信息。

20 世纪 60 年代末，奥拂辛斯基（Stanford R. Ovshinsky）最早提出了材料的相变特性并随后很快提出了相变存储器（PRAM）的概念。同一物质可以在诸如固体、液体、气体、冷凝物和等离子体等状态下存在，这些状态都称为相。所谓相变是指物体的化学性质与成分完全相同的情况下，其物理性质发生了变化的两种不同的状态，例如常温下的氮气在 70K 以下时变成了液氮，这就是一种相变的过程。而相变存储器就是利用了材料在结晶状态和非结晶状态时所表现出来的不同来存储数据信息的。相变存储器从 20 世纪 70 年代发展至今，已经得到了 Intel、Samsung 和 Hitachi 等国际知名大公司的垂青，它与 Flash 存储器一样，数据的保存都不需要供电来维持，但其擦写速度是 Flash 存储器的 30 倍，其寿命也比 Flash 存储器要高很多。

相变存储器兼有 NOR-type Flash、Memory NAND-type Flash Memory 和 RAM 或 EEPROM 相关的属性。相变存储器是一种很有发展前景的存储技术，但是相变存储器有很多问题需要解决，最大的难题在于材料的晶态与非晶态的转换。近年来再次引起了研究人员的注意。PCM 利用电脉冲诱导相变材料在高阻的非晶态与低阻的晶态之间进行可逆转变，实现信息的写入和擦除，通过电阻变化实现数据的读写。2015 年《自然·光子学》杂志公布了世界上第一个或可长期存储数据且完全基于光的相变存储器。

上海微系统所宋志棠科研团队在新型相变存储材料方面取得重大突破，创新提出一种高速相变材料的设计思路，即以减小非晶相变薄膜内成核的随机性来实现相变材料的高速晶化。2017 年 11 月 9 日的《科学》（10.1126/science.aao3212 (2017)）杂志以"Reducing the stochasticity of crystal nucleation to enable subnanosecond memory writing"为题，在线发表了这一重要研究成果。新型钪锑碲(Sc-Sb-Te)相变存储材料的重大发现，尤其是在高密度、高速存储器上的应用验证，使基于相变存储器的 3D XPOIN 存储技术获得突破性进展，这对于我国突破国外技术壁垒、开发自主知识产权的存储器芯片具有重要的价值，对我国的存储器跨越式发展、信息安全与战略需求具有重要意义。据报道，第一个中国完全自主知识产权的 32 层 3D NAND Flash 芯片于 2018 年 10 月实现量产。

练习

1. 高速缓存与主存间采用全相联地址映射方式，其容量为 4 MB，分为 4 块，每块为 1 MB；主存容量为 256 MB。若主存读/写时间为 30 ns，高速缓存的读/写时间为 3 ns，平均读/写时间为 3.27 ns，则该高速缓存的命中率为 (1) %；若地址变换如表 1.9 所示，则当主存地址为 8888888H 时，高速缓存地址为 (2) H。

（1）a. 90　　　　　　b. 95　　　　　　c. 97　　　　　　d. 99

(2) a. 488888　　　　b. 388888　　　　c. 288888　　　　d. 188888

表1.9　地址变换

0	38H
1	88H
2	59H
3	67H

【提示】"（1）"是一个简单的计算题，设高速缓存的命中率为 t，则 $30\times(1-t)+3t=3.27$，解方程得 $t=0.99$。所以高速缓存的命中率为99%。因此参考答案为选项d。

对于（2），由于高速缓存的容量为4 MB，分为4块，每块为1 MB，所以把高速缓存的22位长地址划分为两部分，块号为2位，而块内地址为20位。主存容量为256 MB，所以主存地址长度为28位。这样主存的块号为8位，块内地址为20位。此时先将主存地址写成"*88* 88888H"，其中斜体88H为块号，加粗部分88888H为块内地址。查表1.9得到高速缓存对应块号为1H，所以其地址为188888H。参考答案为选项d。

2. （　　）是指按内容访问的存储器。

　　a. 虚拟存储器　　b. 相联存储器　　c. 高速缓存（Cache）　　d. 随机访问存储器

【提示】相联存储器也称按内容访问存储器。它是一种不根据地址而根据存储内容进行存取的存储器。写入信息时按顺序写入，不需要地址。读出时，要求CPU给出一个相关联的关键字，用它和存储器中所有单元中的一部分信息进行比较；若它们相等，则将此单元中余下的信息读出。这是实现存储器并行操作的一种有效途径。参考答案是选项b。

3. 若内存按字节编址，用存储容量为 32K×8b 的存储器芯片构成地址编号 A0000H～DFFFFH 的内存空间，则至少需要（　　）片。

　　a. 4　　　　　　b. 6　　　　　　c. 8　　　　　　d. 10

【提示】此题的解题思路是先计算出地址编号 A0000H～DFFFFH 的内存空间，然后除以芯片容量得到芯片数量。在这个过程中运算单位及数制的一致性特别需要注意，在运算之前一定要化成相同的单位。运算过程为：DFFFFH–A0000H+1 = 40000H，十进制值为 2^{18}。由于内存是按字节编址的，所以空间大小应为 2^8 KB，即 256 KB。由于 32K×8b 的芯片即 32K×1B 的芯片，所以 256 KB/32 KB=8。参考答案为选项c。

4. 在CPU与主存之间设置高速缓冲存储器 Cache，其目的是（　　）。

　　a. 扩大主存的存储容量　　　　　　b. 提高CPU对主存的访问效率
　　c. 既扩大主存容量，又提高存取速度　　d. 提高外存储器的存取速度

【提示】通常CPU的运算速度非常快，而主存的存储速度相对于它来说非常慢，因此可以使用Cache来提高访问的效率。Cache速度快，价格昂贵，但容量通常都很小（相对于主存）；而外存储器的存取速度是固定的。参考答案是选项b。

5. 如何区别存储器和寄存器？两者是一回事的说法对吗？

6. 存储器的主要功能是什么？为什么要把存储器系统分成若干个不同层次？主要有哪些层次？

7. 有哪几种只读存储器？它们各自有什么特点？

8. 说明存储周期和存取时间的区别。

补充练习

1. 辅助存储器技术日新月异,访问某专业网站,获取最新的技术。
2. DVD 家庭娱乐系统是电器市场的新贵,计算机的辅助存储设备 DVD-ROM 也是新宠。访问某专业网站,描述什么是 DVD,它与 CD 相比有哪些优缺点?

第五节　输入输出系统

现代计算机系统的外围设备种类繁多,各类设备都有着各自不同的组织结构和工作原理,与 CPU 的连接方式也各有所异。计算机系统的输入输出(I/O)系统有两个基本功能,一是为数据传输操作选择输入输出设备,二是在选定的输入输出设备和 CPU(或主存储器)之间交换数据。通常,计算机或输入输出设备厂商根据各种设备的输入输出要求,设计和生产了各种适配卡,然后通过插入主板上的扩展槽连接外部设备。本节主要介绍 I/O 接口和控制方式(中断、DMA、通道)、系统总线技术以及常用接口,包括串行端口、并行端口、加速图形端口、USB、IEEE 1394 等。

学习目标

- 初步掌握程序输入输出控制方式,包括中断控制、DMA 和通道方式;
- 初步掌握系统总线技术;
- 熟悉 I/O 接口标准,包括串行/并行端口、USB、IEEE1394,以及 SCSI 等;
- 了解输入输出设备的类型和特征。

关键知识点

- CPU 与外设之间交换数据的方式影响着计算机系统的性能。

输入输出原理

计算机的输入输出是由称为 BIOS 的系统程序控制的。该程序包含最基本的计算机指令,并永久驻留在 ROM 中。对于工作速度、方式和性质不同的外部设备,通常要采用不同的输入输出控制方式。常用的输入输出方式有以下 3 种:

- 程序控制输入输出;
- 中断输入输出;
- 直接存储器访问(DMA)。

程序控制输入输出

程序控制输入输出又称应答输入输出、查询输入输出、条件驱动输入输出等。在这种控制方式下,输入输出完全由 CPU 控制。在整个 I/O 过程中 CPU 必须等待其完成,因而限制了其高速能力。不过,由于程序主动查询外设,完成主机与外设间的数据传输,所以该方式简单且硬件开销小。在这种方式下需要对 I/O 设备进行编码,其主要编码方式有如下两种:

- 存储器映射——I/O 设备和主存储器统一编址，使用相同的机器指令来访问内存和外设。在这种方式下，CPU 根据地址的不同来区分访问的是外设还是存储器。
- 独立编址——I/O 设备和主存储器的地址空间相互独立，CPU 使用专门的 I/O 指令来访问外设。

当需要查询外设时，常采用以下两种方式：
- 串行点名——CPU 依次查询所有的外设，不过每次只查询一台。
- 并行查询——把各个外设的状态位集中起来，由 CPU 通过一个专用的端口来读取，每一次可以同时查询多台外设的状态。

程序中断输入输出

所谓中断，是指当出现来自系统外部、机器内部甚至处理机本身的任何例外时，CPU 暂停执行现行程序，转去处理这些事件，等处理完成后再返回来继续执行原先的程序。中断处理的一般过程如下：
- CPU 收到中断请求信号后，如果 CPU 的中断允许触发器为 1，则在当前指令执行完成后，响应中断；
- CPU 保护好被中断的主程序的断点（即现场信息）；
- CPU 根据中断类型码从中断向量表中找到对应的中断服务程序的入口地址，并进入中断服务程序；
- 中断服务程序执行完毕后，CPU 返回中断点处继续执行刚才被中断的程序。

在 I/O 控制中引入中断，是为了克服程序控制方式中 CPU 低效等待的缺点。采用该方式，CPU 无须定期查询 I/O 系统的状态而处理其他事务。当 I/O 系统完成后，则以中断信号通知 CPU。然后 CPU 保存正在执行程序的现场，如程序计数器（PC），接着转入 I/O 中断服务程序完成数据交换。在收到中断请求后停止正在执行的代码而保存现场的时间，称为"中断响应时间"；这个时间应该尽可能短。

当系统中有多个中断源时，常见的处理方法如下：
- 多中断信号线法——为每个中断源"拉一根电话线"，以"专线专用"；
- 中断软件查询法——CPU 收到中断后转到中断服务程序，由该程序来确认中断源；
- 雏菊链法——所有的 I/O 模块共享一条中断请求线，也称硬件查询法；
- 总线仲裁法——一个 I/O 设备在发出中断请求前必须首先获得总线控制权，由总线仲裁机制来决定有权发出中断信号的设备；
- 中断向量表法——中断向量表用来保存各个中断源的中断服务程序的入口地址，当外设发出中断后由中断控制器确定其中断号。

直接存储器访问（DMA）

中断方式虽然比程序控制方式更加有效，但由于中断由软件来完成，因此难以满足高速传输的要求。DMA 方式在外部设备与主存储器之间建立直接数据通路，使用 DMA 控制器（DMAC）来控制和管理数据传输，DMAC 与 CPU 共享系统总线并具有独立访问存储器的能力。DMA 方式主要用来连接高速外部设备，如磁盘和磁带存储器等。

在执行 DMA 时，CPU 放弃对系统总线的控制，改由 DMAC 控制总线，由其提供存储器地址及必需的读写控制信号，实现外设与存储器的数据交换。实现 DMA 的基本步骤如下：
- 向 CPU 申请 DMA 传输；
- 获得 CPU 允许后 DMA 控制器接管系统总线的控制权；
- 存储器和外设之间在 DMA 控制器的控制下传输数据，在传输过程中无须 CPU 参与，只是在开始时需要提供传输数据的长度和起始地址；
- 传输结束后向 CPU 返回 DMA 操作完成信号。

DMAC 获取系统总线的控制权，可以采用暂停方式（CPU 交出控制权，直到 DMA 操作结束）、周期窃取方式（在 CPU 空闲而暂时放弃总线时插入一个 DMA 周期）以及共享方式（在 CPU 不使用系统总线时由 DMAC 来完成 DMA 传输）。

扩展槽和适配卡（网卡）

计算机系统有独立体系结构和开放体系结构两种。独立体系结构是指制造商生产的机器不允许用户进行扩展，即用户不能通过简单的方式增加新设备。而开放体系结构允许用户通过系统主板上提供的扩展槽增加新设备。其方法是将适配卡插入系统主板扩展槽，然后通过适配卡的端口和连接电缆连接适配卡和新的外部设备。

适配卡又称扩展卡、控制卡或者接口卡。常用的适配卡有如下几种：
- 网络适配卡（Network Interface Card，NIC）；
- 小型计算机接口卡；
- TV 调谐卡；
- PC 卡；
- 其他适配卡，如 CD-ROM 卡、Modem 卡、声卡等。

在网络环境下，网络适配卡（也称为网络适配器、网络接口卡，常简称网卡）是非常重要的一种适配卡，它是计算机与传输介质的接口，用于将 PC 或工作站物理连接到网络。NIC 的控制器可以集成在主板上，或者采用独立的网络接口卡插在主板 I/O 总线上的一个扩展插槽内。NIC 不仅能实现与局域网传输介质之间的物理连接和电信号匹配，还负责向网络发送和接收信息，即数据帧的发送与接收、帧的封装与拆封、介质访问控制、数据的编码与解码以及数据缓存等功能。通过 NIC 传输数据的速率取决于多种因素：I/O 总线带宽、处理器速度、NIC 本身的设计和其部件的质量、计算机所使用的操作系统以及网络类型等。图 1.14 所示为 NIC 连接到网络的示意图。

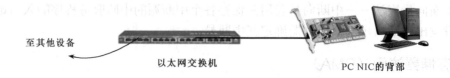

图 1.14　NIC 连接到网络的示意图

从物理上讲，一块 NIC 由一块电路板构成，电路板的一侧有一个插头，它正好与计算机的总线向匹配；另一侧有一个连接器，能适配于某种指定局域网的插头。大多数计算机都安装有一块 NIC，但 NIC 又是独立于计算机的其他部分，而且用户可以在不做其他改变的情况下选择替换这块 NIC。

不同的网络，不同的 NIC

有多种类型的 NIC，每种 NIC 都是根据特定类型的传输介质（线缆、无线电信号或光纤）和网络传输方法来设计的。这样，计算机为了在铜线网络上传输电信号需要的是一种 NIC，而在光纤系统上传输光脉冲则需要另一种 NIC。

在铜线网络上，NIC 根据数据比特流改变线路的幅度电平；在光纤网络上，NIC 将输出比特流转换为光脉冲；在无线网络上，NIC 通过改变无线电波传输比特流。对于以上每一种情况，NIC 接收随幅度、光脉冲或无线电波等而改变的输入信号，并将这些信号转换成计算机能处理的电信号形式。

不管网络使用何种物理介质，NIC 的主要工作是产生和接收信号（二进制 1 和 0）。这些信号必须精确定时，所以发射和接收定时电路必须协调一致。

每个网络结点（计算机、打印机或其他设备）与其他结点直接通信时必须有一 NIC。如果没有 NIC，网络结点如打印机之类的设备可以通过带有 NIC 的计算机间接地连接到网络，然后将该计算机设置为其他网络结点可以"共享"的资源。这样，所有到打印机的业务必须先经过该计算机，而不是直接到打印机。

每块 NIC 都具有唯一的 ID 号

每块 NIC 都含有用于标识唯一性的 ID 号，称为 MAC 地址（即物理地址），有时也称为 LAN 地址或链路地址。MAC 址是局域网在介质访问控制子层上使用的地址，是网络结点在全球唯一的标识符，与其物理位置无关。计算机制造商的核心组织 IEEE 负责协调 ID 号的分配，以确保每一 ID 号在世界任何地方只被一块 NIC 所使用。因此，如果用户购置了一块 NIC，那么该 NIC 就包含了一个唯一的 MAC 地址，该地址是在制造这个 NIC 时分配的。这样，NIC 也就唯一地标识了含有它的设备。

IEEE 并不分配单个 MAC 地址，而是给每个设备制造商分配一个地址块，并允许制造商为他们制造的每个 NIC 分配一个唯一的 MAC 地址值。在 IEEE 编址方案中，每个 MAC 地址由 48 位的二进制值组成。48 位的地址被划分成两个 3 字节地址块，第一个 3 字节块为机构唯一标识符（OUI）用以标识设备制造商，第二个 3 字节地址块用以标识一个特定的网络接口控制器（NIC）。通常，将 48 位的二进制 MAC 地址用 12 个十六进制数表示，每 2 个十六进制数之间用冒号隔开，如 9C:4E:36:16:1F:E5 就是一个 MAC 地址。

系统总线

计算机的输入输出（I/O）是通过总线来完成的。总线是 CPU 与外部设备之间传输信息的一组信号线，也是 CPU 与外部硬件接口的核心。

总线的分类

一般 PC 系统的总线分为以下几种：
- 芯片内总线——CPU 内部各功能单元的连接线，延伸到 CPU 外部，又称 CPU 总线。
- 片总线——PC 主板上以 CPU 为核心与各部件之间的直接连接线。

- 内总线——计算机各组成部分（CPU、内存和外设接口）间的连接线，又称系统总线。系统总线按信号功能可分为数据总线、地址总线和控制总线。
- 外总线——PC 与相应的外设或 PC 间通信的数据线，又称 I/O 总线或通信总线。它是计算机对外的接口。

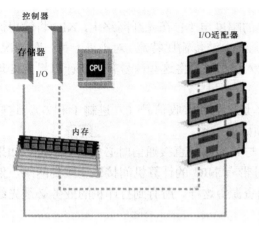

图 1.15　计算机 I/O 总线

在上述几种总线中，CPU 总线和片总线在系统主板上；由于不同的计算机系统所采用的芯片组不同，所以这些总线也不完全相同，相互间没有互换性。而系统总线则不同，它是与输入输出扩展槽相连接的，扩展槽中可以插入各种各样的适配卡与外部设备连接；因此，要求系统总线必须有统一的标准，以便按照这些标准来设计各类适配卡。

仅就台式机而言，总线通常指内总线。通过内总线可以把计算机的内部元件和 CPU、内存连接起来，而扩展插槽将各种扩展卡（如内部调制解调器或网络接口卡）连接到外总线（I/O 总线），如图 1.15 所示。

常见的内总线基本类型有：
- ISA 总线——数据线 16 位，地址线 24 位。
- EISA 总线——ISA 总线的扩展，现用在服务器上。其数据线为 32 位，与 ISA 总线兼容。
- PCI 总线——目前微型机上广泛采用的内总线。PCI 总线的工作与处理机的工作是并行的，该总线上的设备可即插即用。

常见的外总线基本类型有：
- 串行总线——一次只能传输一位数据。RS-232 就是一种国际通用的串行通信接口标准。
- 并行总线——其大小（即宽度）是很重要的，因为总线宽度决定了一次能传输多少数据。例如，32 位总线一次可传输 32 位数据，而 64 位总线一次可传输 64 位数据。SCSI 就是一条并行外部总线标准，广泛用于连接软/硬磁盘、光盘、扫描仪等。

总线的性能指标

总线的性能指标主要包括总线宽度、总线工作频率和单个数据传输周期。
- 总线宽度——一次可以传输数据的位数，例如 ISA 为 16 位，PCI-2 可达 64 位。总线宽度不会超过 CPU 外部数据总线的宽度。
- 总线工作频率——总线信号中有一个 CLK 时钟信号，CLK 越高每秒所传输的数据量越大。例如，EISA 为 8 MHz，PCI 为 33.3 MHz。
- 单个数据传输周期——不同的传输方式，每个数据传输所用 CLK 周期数不同。例如，ISA 要 2 个周期，PCI 用 1 个周期。这决定了总线最高数据传输率。

简单地说，每根总线都有一个用 MHz 标度的时钟速率。总线速率越高，允许数据传输的速度就越快，从而使得应用系统就运行得越快。在 PC 上，16 位 ISA 总线已被 32 位 PCI 总线所代替，64 位 PCI 总线也已广泛应用。当今的 PC 都有一个局部总线，用来传输要求高速传输的数据，如视频数据。局部总线是直接连接到处理器的高速通道。表 1.10 是一些常见的总线技术及其相关的性能。

表 1.10　常见的总线技术及其相关性能

总线类型	宽度/b	速率/MHz	带宽/(MB/s)
8 位 ISA	8	8.33	8.3
16 位 ISA	16	8.33	16.6
EISA	32	8.33	33.3
PCI	32	33	132
64 位 PCI	64	66	528

带宽是指总线每秒可承载的最大比特数，具体是这样计算得到的：将总线宽度乘以总线时钟速率，再将乘积除以一个字符中的比特数目（8），得到的结果用 MB/s 表示。例如，PCI 总线的带宽是 32 b × 33 MHz = 1056 Mb/s，把结果除以 8 b，得到的总线带宽就是 132 MB/s。

注意：以上给出的是瞬时的数据突发传输速率，平均带宽要低得多。

I/O 接口

CPU 通过 I/O 接口寄存器或特定电路与外设进行数据传输，这些寄存器或特定电路又称之为端口，如并行端口、串行端口等。

- ▶ 串行端口——主要用于串列式逐位元数据传输，也称串列埠、序列埠、串口。常见的串行端口有一般计算机采用的 RS-232（使用 25 针或 9 针连接器），工业电脑采用的半双工 RS-485 和全双工 RS-422。
- ▶ 并行端口——又称平行埠、并列埠、并口，是计算机上的数据以并行方式传递的端口，也就是说至少应该有两条连接线用于传递数据。与只使用一根线传递数据（这里没有包括用于接地、控制等的连接线）的串行端口相比，并行端口在相同的数据传输速率下，可以更快地传输数据。所以在 21 世纪之前，在需要较大传输速度的地方（如打印机），并口得到广泛使用。但是随着速度迅速提高，并口上导线之间数据同步成为一个很难处理的难题，导致并口在速度竞赛中逐渐被淘汰。目前 USB 等改进的串口逐渐代替了并口。
- ▶ 加速图形端口（AGP）——一种用于主机板上的全新图形插槽，其最大功能是支持高速图像和其他视频输入。这是一种新的接口标准，在物理结构上与 PCI 有显著区别，它是专为图形控制器设计的。
- ▶ 通用串行总线（USB）接口——一种连接外部设备的串口总线标准，是串行和并行口的最新替代技术。USB 接口已在计算机上广泛使用，但也可以用在机顶盒和游戏机上，其补充标准（On-The-Go）使其能够在便携设备之间直接交换数据。
- ▶ IEEE 1394 总线——IEEE 制定的一项具有视频数据传输速率的串行接口标准，又称火线口（FireWire）。IEEE 1394 标准定义了两种总线模式，即 Backplane 模式和 Cable

模式。其中 Backplane 模式支持 12.5 Mb/s、25 Mb/s、50 Mb/s 的传输速率，Cable 模式支持 100 Mb/s、200 Mb/s、400 Mb/s 的传输速率。火线口是一种最新的连接技术，用于连接高速打印机、数字相机、DVD 播放机等到系统单元，可以实现即插即用式操作，而且其速度比 USB 更快。

小型计算机系统接口（SCSI）

小型计算机系统接口（Small Computer System Interface, SCSI）是一种用于计算机和智能设备之间（硬盘、软驱、光驱、打印机、扫描仪等）系统级接口的独立处理器标准。SCSI 是一种智能的通用接口标准，它具有如下功能：

- ▶ SCSI 接口是一个通用接口，在 SCSI 母线上可以连接主机适配器和 8 个 SCSI 外设控制器，外设可以包括磁盘、磁带、CD-ROM、可擦写光盘驱动器、打印机、扫描仪和通信设备等。
- ▶ SCSI 是个多任务接口，设有母线仲裁功能。挂在一个 SCSI 母线上的多个外设可以同时工作。SCSI 上的设备平等占有总线。
- ▶ SCSI 接口可以同步或异步传输数据，同步传输速率可以达到 10 MB/s，异步传输速率可以达到 1.5 MB/s。
- ▶ SCSI 接口接到外置设备时，它的连接电缆可以长达 6 m。

练习

1. 在输入输出控制方法中，采用（　　）可以使得设备与主存间的数据块传输无须 CPU 干预。

　　a．程序控制输入输出　　b．中断　　c．DMA　　d．总线控制

【提示】DMA 技术通过硬件控制将数据块在内存和输入输出设备间直接传输，不需要 CPU 的任何干涉，只需 CPU 在过程开始启动时和过程结束时处理，实际操作由 DMA 硬件直接执行完成，CPU 在传输过程中可做别的事情。参考答案是选项 c。

2. 关于在 I/O 设备与主机间交换数据的叙述，（　　）是错误的。

　　a．中断方式下，CPU 需要执行程序来实现数据传输任务
　　b．中断方式和 DMA 方式下，CPU 与 I/O 设备均可同步工作
　　c．中断方式和 DMA 方式下，快速 I/O 设备更适合采用中断方式传递数据
　　d．若同时接到 DMA 请求和中断请求，CPU 优先响应 DMA 请求

【提示】中断控制方式下仍需要用较多的 CPU 时间处理中断，而且能够并行操作的设备台数也受到中断处理时间的限制。中断次数增多导致数据丢失，因此相当快速的 I/O 设备更适合采用 CPU 干预较少的 DMA 方式传递数据。参考答案是选项 c。

3. 处理机主要由处理器、存储器和总线组成。总线包括（　　）。

　　a．数据总线、地址总线、控制总线　　b．并行总线、串行总线、逻辑总线
　　c．单工总线、双工总线、外部总线　　d．逻辑总线、物理总线、内部总线

【提示】计算机系统中的总线通常可分为 4 类：芯片内总线，用于在集成电路芯片内部各部分的连接；片总线（也称元件级总线），用于连接一块电路板内的各元器件；内总线（又称

"系统总线"），用于构成计算机系统中组成部分的连接；外总线（又称"通信总线"），用计算机与外设或计算机与计算机的连接或通信。连接处理机的处理器、存储器及其他部件的总线属于上述系统总线；而总线上所传输的内容通常是数据和地址以及控制信号，因此分别对应为数据总线、地址总线和控制总线。参考答案是选项a。

4．当用户通过键盘或者鼠标进入某个应用系统时，通常最先获得键盘或鼠标输入信息的是（　　）程序。

a.命令解释　　　　b. 中断处理　　　　c.用户登录　　　　d.系统调用

【提示】I/O 设备管理软件一般分为中断处理程序、设备驱动程序、与设备无关的系统软件和用户级软件 4 层。至于一些具体细节上的处理是依赖于系统的，没有严格的划分，只要有利于设备独立这一目标即可，可以为了提高效率而设计不同的层次结构。I/O 软件的所有层次及每一层的主要功能如图 1.16 所示。

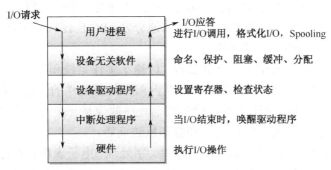

图 1.16　IP 软件的所有层次及每一层的主要功能

图 1.16 中的箭头给出了 I/O 部分的控制流。当用户通过键盘或鼠标进入某应用系统时，通常最先获得输入信息的程序是中断处理程序。参考答案是选项 b。

5．计算机运行过程中，遇到突发事件，要求 CPU 暂时停止正在运行的程序，转去为突发事件服务，服务完毕，再自动返回原程序继续执行，这个过程称为 (1)，其处理过程中保存现场的目的是 (2)。

（1）a. 阻塞　　　　b. 中断　　　　c. 动态绑定　　　　d. 静态绑定

（2）a. 防止丢失数据　　　　　　　　b. 防止对其他部件造成影响

c. 返回去继续执行原程序　　　　d. 为中断处理程序提供数据

【提示】通常在程序中安排一条指令，发出 START 信号来启动外围的设备，然后机器继续执行程序。当外围设备完成数据传输的准备后，便向 CPU 发"中断请求信号"。CPU 接到请求后若可以停止正在运行的程序，则在一条指令执行完后，转而执行"中断服务程序"，完成传输数据的工作；通常传输一个字或者一个字节，传输完毕后仍返回原来的程序。

参考答案：（1）选项 b；（2）选项 c。

6．设计用来满足视频需求的总线是（　　）。

a. EISA　　　　b. ISA　　　　c. PCI　　　　d. PCMCIA

7．什么是计算机的输入输出系统？

8．什么是 I/O 接口？I/O 接口有哪些特点、功能和类型？

9．并行端口和串行端口实质上的区别是什么？各有什么特点？

10．程序控制方式、中断方式和 DMA 方式的各自适用范围是什么？

补充练习

1. 利用网络检索工具，如网站搜索引擎，查找输入输出系统有哪些新的控制方式。
2. 利用 Web 搜索工具查找适配卡的新产品。概述所找到的新产品的性能和技术参数。

本 章 小 结

本章从存储程序、程序控制的概念入手，讨论了计算机的基本组成与工作原理，目的是让读者对于网络环境下的计算机系统有一个简单的整体概念，为后面深入学习奠定良好基础。

首先，介绍了计算机系统的基本组成、部件和功能。通过引入计算机的大小、处理能力和带宽等概念，对计算机进行了分类。需要指出的是：各种类型的计算机一般都有区别于其他类型计算机的独特应用目标。服务器负责信息的本地分发。PC 广泛应用于用户界面和访问终端。大型机提供了大容量存储和高端处理能力。

为进一步深入研究计算机的内部运转情况，讨论了操作系统和设备驱动程序。计算机的操作系统是管理应用程序、用户接口、存储器以及内部和外部附件的一组软件。操作系统可执行多任务，对于用户的命令是无缝连接的。设备驱动程序就像是一个内部附件和外部附件的微型操作系统，负责管理磁盘访问、网络连接和打印机访问等。

应用程序是可以让用户自己创造内容的软件。字处理、电子表格和数据库是最常见的应用程序。一些应用程序专供单用户使用，其他一些可供网络上的多用户使用。位于最底层的是应用程序与用户端计算机的接口。应用程序是可见的，而操作系统和设备驱动程序却是在后台运行的。应用程序运用底层的操作系统完成更低一级的操作，如文件访问和管理。管理和公用软件是与应用程序明显不同的一类特殊软件，网络和系统管理员用这些软件来管理和访问网络或者计算机操作系统。这方面的例子有：监视数据流、存储备份、远程访问和病毒防护等。

其次，讨论了计算机的运算基础。由于计算机处理的是二进制数，所以必须了解二进制数的知识和使用方法。当使用二进制数时，许多常用的网络进程和任务理解起来就容易得多；当不使用二进制数时，要做某些工作是不可能的。例如，网际协议（IP）的子网掩码是以点分十进制格式表示的，如 255.255.240.0，其中每个十进制数表示一个 8 位二进制数或八位组。将每个十进制数都转换成二进制数时，则 32 位的子网掩码模式很容易看出来；但以点分十进制格式表示时，则子网掩码模式就不明显。反过来，当设计一个子网掩码时，将用二进制形式算出它的位模式；但为了向人们或计算机应用程序表示此模式，就必须将二进制值转换成点分十进制数。

最后，重点讨论了计算机硬件系统主要部件的组成和功能，包括中央处理器（CPU）、存储系统、输入输出系统。计算机内部部件有各种各样的能力和功能规范。CPU、内存和总线是计算机通过 NIC 向外界发送信息的内部元件。CPU 处理信息的速度取决于计算机的带宽和时钟速度。总线是计算机内部处理的输入/输出干线，它负责计算机内部部件之间的信息传输。与 CPU 相似，输入输出接口的种类和性能特征也是多种多样的。计算机存储信息的多少，是根据信息量和信息需要传输的频度决定的。网卡（NIC）是连接计算机和传输介质的接口，不仅能实现与传输介质之间的物理连接和电信号匹配，还涉及帧的发送与接收、帧的封装与拆封、介质访问控制、数据的编码与解码以及数据缓存的功能等。当计算机内部系统的一个部件失效时，不要仅仅指责网络的某项性能不佳，也有可能是计算机硬件部分的原因。

小测验

1. 按照各种类型计算机处理能力的顺序，列出 4 种计算机类型。
2. 列举便携式计算机的 4 种功能。
3. 计算机系统的 4 个通用部件是什么？
4. I/O（输入/输出）代表什么意思？
5. 列举操作系统的 4 种类型。
6. 列举至少 2 种基于图形用户界面（GUI）的操作系统。
7. 设备驱动程序的最主要目的是什么？
8. RAM 和 ROM 的区别是什么？
9. 二进制数 0010 中字符 "1" 的十进制值是多少？
10. 二进制数 0010 1001 相应的十进制数是多少？
11. 与十进制数 127 和 492 相应的二进制数分别是多少？
12. 与二进制数 1101 0001 1001 相应的十六进制数是多少？
13. 十六进制数 CC F0 9D E8 相应的二进制数是什么？
14. 将地址 "198.64.255.1" 转换成二进制。
15. 下列哪些是由操作系统所管理的？（　　　）
    a. 键盘输入　　　b. 屏幕显示　　　c. 文件输入输出　　　d. 外设控制
16. NIC 的作用是（　　　）。
    a. 存储　　　b. 处理　　　c. 收发信号　　　d. 存储器
17. 如果你购买了计算机，你会选择支持下列（　　　）方式的视频显示器？
    a. VGA　　　b. CGA　　　c. SVGA　　　d. EGA
18. CPU 执行算术运算或者逻辑运算时，常将源操作数和结果暂存在（　　　）中。
    a. 程序计数器（PC）　　　b. 累加器（AC）
    c. 指令寄存器（IR）　　　d. 地址寄存器（AR）
19. 已知数据信息为 16 位，最少应附加（　　　）位校验位，才能实现海明码纠错。
    a. 3　　　b. 4　　　c. 5　　　d. 6
20. 数字语音的采样频率定义为 8 kHz，这是因为（　　　）。
    a. 语音信号定义的频率最高值为 4 kHz　　b. 语音信号定义的频率最高值为 8 kHz
    c. 数字语音传输线路的带宽只有 8 kHz　　d. 声卡的采样频率最高为 8 kHz
21. 使用图像扫描仪以 300DPI 的分辨率扫描一幅 3×4 英寸的图片，可以得到（　　　）像素的数字图像。
    a. 300×300　　　b. 300×400　　　c. 900×4　　　d. 900×1200
22. （　　　）不属于计算机控制器的部件。
    a. 指令寄存器（IR）　　　b. 程序计数器（PC）
    c. 算术逻辑单元（ALU）　　　d. 程序状态寄存器（PSW）

【提示】构成计算机控制器的部件主要有指令寄存器（IR）、程序计数器（PC）、程序状态寄存器（PSW），时序产生器和微操作信号发生器等；算术与逻辑单元（ALU）不是构成控制器的部件,它属于运算部件。参考答案是选项 c。

23. 设指令由取指、分析、执行 3 个子部件完成,每个子部件的工作周期均为 Δt,采用常规标量单流水线处理机。若连续执行 10 条指令,则共需时间( )Δt。

  a. 8   b. 10   c. 12   d. 14

【提示】采用常规标量单流水线处理机,连续执行 10 条指令所需的时间为:

$$T = \sum_{i=1}^{n} \Delta t_i + (m-1) \times \Delta t = 3\Delta t + (10-1)\Delta t = 12\Delta t$$

参考答案是选项 c。

24. 现有 4 级指令流水线,分别完成取指、取数、运算和传输结果共 4 步操作。若完成上述操作的时间分别为 9 ns、10 ns、6 ns 和 8 ns,则流水线的操作周期应设计为( )ns。

  a. 6   b. 8   c. 9   d. 10

【提示】本题考查流水线处理。如果流水线的每个子任务所需的时间不同,则执行速度取决于执行顺序中最慢的一个,即流水线周期值等于执行时间最长的子任务的执行时间。本题中的 4 步操作中执行时间最长的是取数(10 ns),因此流水线的操作周期应设置为 10 ns。参考答案是选项 d。

25. Cache 用于存放主存数据的部分副本,主存单元与 Cache 单元地址之间的转换由( )完成。

  a. 硬件   b. 软件   c. 用户   d. 程序员

【提示】Cache 用来保存频繁访问内存的数据,因此它与 Cache 单元地址的转换需要稳定而高速的硬件来完成。参考答案是选项 a。

26. 允许用户在不切断电源的情况下,更换存在故障的硬盘、电源或板卡等部件的功能是( )。

  a. 热插拔   b. 集群   c. 虚拟机   d. RAID

【提示】热插拔功能允许用户在不切断电源的情况下,更换存在故障的硬盘、板卡等部件,从而提高协议应对突发事件的能力。参考答案是选项 a。

第二章　计算机网络的基本概念

在过去的 3 个世纪中，每个世纪都有一种新技术占主导地位：18 世纪伴随着工业革命而到来的，是伟大的机械时代；19 世纪是蒸汽机时代；在 20 世纪的发展历程中，关键的技术是信息收集、处理和分发，其他方面的发展包括遍布全球的电话网络技术，无线广播和电视的发明，计算机工业的诞生及其超出想象的发展，以及通信卫星的发射上天，当然还有互联网。

与其他工业相比，计算机工业还非常年轻。尽管如此，计算机技术却在很短的时间内有了惊人的发展。尤其是计算机与通信技术的结合，对计算机系统的组织方式产生了深远的影响。过去那种用户必须带着任务到一个放置了大型计算机的地方进行数据处理的计算模式已经完全过时，取而代之的是大量相互独立但彼此连接的计算机共同完成计算任务的模式，通常把这样的计算系统称为计算机网络。

本书使用"计算机网络"这一术语来表示一组通过单一技术相互连接的自主计算机集合。如果两台计算机能够交换信息，则称这两台计算机是相互连接的。这种连接不一定非要通过铜线和光纤，微波、红外线和通信卫星也都可以用来建立连接。网络可以有不同的大小、形状和形式。这些网络可以连接在一起，组成更大的网络。因特网就是最著名的网络的网络。

本章从计算机网络的诞生与发展开始，解释计算机网络的概念，给出计算机网络的定义、概念和组成。然后探讨计算机网络的各种物理布局或拓扑，说明信号流如何取决于网络的拓扑；并描述在网络中常用的物理传输介质——铜缆、光缆和无线通信（无线电波），并介绍信号在这些介质中的传播及其优缺点。最后通过网络实例简单介绍互联网的发展趋势。

对拓扑和传输介质的选择是根据网络类型和物理环境而确定的。地理覆盖范围是网络的一个重要度量参数，因为不同规模的网络需要采用不同的网络技术。因此，按照计算机网络覆盖的地理范围进行分类，可以很好地反映不同类型网络的技术特征。在本书中，将主要关注具有不同覆盖距离的网络，根据网络的覆盖距离来讨论和介绍计算机网络。

本章内容旨在使读者对计算机网络有一个初步的认识。

第一节　何谓计算机网络

自 20 世纪 70 年代世界上出现第一个远程计算机网络开始，到 80 年代的局域网，90 年代的综合业务数字网……计算机网络得到了异常迅猛的发展。计算机网络的规模不断扩大，功能也不断增强，今天已经形成了覆盖全球的互联网，并向着全球智能信息网发展。从某种意义上讲，计算机网络的发展水平不仅反映了一个国家计算机科学和通信技术的水平，同时也是衡量其国力和现代化程度的重要标志之一。

本节主要讨论计算机网络的诞生与发展，计算机网络的定义、主要功能和组成结构，并解释计算机网络的主要技术特征。

学习目标

▶　了解计算机网络的发展简史；

- ▶ 掌握计算机网络的定义、主要功能和组成结构；
- ▶ 理解为什么要建立计算机网络。

关键知识点

- ▶ 计算机网络是由"计算机集合"加"通信设施"组成的系统。

计算机网络的诞生与发展

自从 1946 年冯·诺依曼发明第一台存储程序电子计算机以来，计算机技术的研究和应用取得了异常迅猛的发展，计算机的应用渗透到了各技术领域和社会的各个方面。社会的信息化、数据的分布式处理和各种计算机资源共享等种种应用需求，推动了计算机技术和通信技术紧密结合。计算机网络技术就是这种结合的结果。早在 1951 年，美国麻省理工学院林肯实验室就开始为美国空军设计称为 SAGE 的半自动化地面防空系统，该系统于 1963 年建成，可以看成是计算机技术与通信技术的首次结合。SAGE 系统是一个专用网，整个系统分为 17 个防区，每个防区指挥中心配置 2 台 IBM 公司当时的 AN/FSQ-7 计算机（每台计算机有 58 000 只电子管，耗电 1 500 kW）；由小型计算机构成的前置通信处理机（FEP），通过通信线路连接防区内各雷达观测站、机场、防空导弹和高炮阵地，形成终端联机计算机系统。

计算机通信技术应用于民用系统，最早的是由美国航空公司与 IBM 公司在 20 世纪 50 年代初期开始联合研制、60 年代投入使用的联机飞机票预订系统——SABRE-I。

20 世纪 60 年代初，美国国防部高级研究计划局（DARPA）组织研究了一种受到攻击仍能有效实施控制和指挥的计算机系统。1964 年研究小组在提交的研究报告中指出：这样的网络必须是分布式的，能够连接不同类型的计算机；各网络结点（Node）平等独立，每个结点上的计算机都能生成、接收和发送信息；在网络上传输的信息应分解成小包，从源结点沿不同路线传输到目的结点后重新组装。1969 年 DARPA 建成了这种计算机网络，并按该组织名称命名为 ARPANET，其示意图如图 2.1 所示。ARPANET 采用崭新的"存储转发分组交换"原理及传输控制协议/网际协议（TCP/IP），成功地连接了 4 台计算机系统。ARPANET 中提出的一些概念和术语至今仍被引用，为计算机网络的发展奠定了基础。

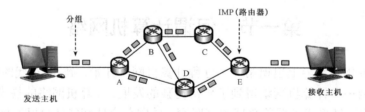

图 2.1　ARPANET 的存储转发分组交换网示意图

20 世纪 70 年代中期，随着计算机技术、通信技术的发展和应用领域的扩大，计算机网络技术一直在迅速发展。为了在更大范围内实现计算机资源的共享，将众多的局域网（LAN）、广域网（WAN）互连起来，形成了规模更大的、开放的互联网络，即常说的因特网（Internet）。

纵观计算机网络的发展过程，是一个计算机技术与通信技术的融合过程：20 世纪 60 年代计算机网络技术开始萌芽；70 年代兴起，以试验网络为主，出现了计算机局域网；80 年代，国际标准化组织（ISO）制定了计算机网络的开放系统互连（OSI）参考模型，学术网络得到了飞速发展;90 年代以商业网络为主,Internet 空前普及,Web 技术在 Internet/Intranet 中得到广泛应用。现在,计算机网络已发展成为信息社会的重要基础设施。计算机网络的发展可划分为如下几个阶段:

- 面向终端的通信网络——由一台大型计算机和若干台远程终端设备通过通信线路连接起来,构成面向终端的通信网络,解决远程信息收集、计算和处理问题。
- 分组交换网络——1964 年 8 月巴兰(Baran)在德国兰德公司(Rand)讨论分布式通信时提出分组交换的概念;1969 年 12 月,美国的分组交换网络 ARPANET 投入正式运行,实现了以"存储转发、分组交换"为主要技术特征的计算机网络。
- 体系结构标准化网络——以 1984 年颁布的"开放系统互连(OSI)参考模型"国际标准 ISO/OSI 7498(即著名的 OSI 七层模型)为标志,计算机网络具有了统一的体系结构,网络产品有了统一标准。
- 高速互联网与物联网——将局域网、城域网、广域网通过路由器实现互联互通,实现物联网。用户计算机可以通过局域网方式接入,也可以选择公共电话交换网(PSTN)、有线电视(CATV)网、无线城域网或无线局域网作为地区主干网的城域网。城域网再通过路由器、光纤接入到作为国家或国际区域主干网的广域网。多个广域网互连形成覆盖全球的 Internet 系统。Internet 的大规模接入推动了接入技术的发展,促进了计算机网络、电信通信网络与有线电视网的"三网融合"。随着网络应用的深入普及,数据采集方式开始由人工方式逐步扩展到自动方式,通过射频技术(RFID)、各类传感器与传感器网络,以及光学视频感知与摄录设备,自动地采集各种物品与环境信息,实现人与人、人与物、物与物之间的信息交互,形成物联网。
- 下一代网络(NGN)——基于分组技术的网络。NGN 能够提供包括电信业务在内的多种业务;能够利用多种带宽、有 QoS 支持能力的传输技术;能够为用户提供到多个运营商的无限接入;能够支持普遍的移动性,确保为用户提供一致的、普遍的业务能力。

计算机网络的定义

由计算机网络的发展史可知,早期制造的计算机,一台机器由一人使用;这种使用方式效率非常低,很快被"计算中心"模式取代。在计算中心模式下,一台计算机同时供许多用户使用,以共享计算机系统资源。这是计算机技术应用方式的一次飞跃。但是,计算中心仍然把用户限制在一个地方和一台机器上。为解决这个问题,诞生了计算机网络技术,它把许多计算机或计算中心连接起来,其中每一台计算机都可以通过网络为任何其他计算机上的用户提供服务。计算机网络使用户脱离了地域的分隔和局限,在网络达到的范围内实现了资源共享。

什么是计算机网络呢?多年来对这个问题的定义并没有一个完全统一的描述,所定义的内容随着计算机网络的发展阶段和观点的不同而有所不同。在 ARPANET 建成之后,有人将计算机网络定义为"以相互共享资源(硬件、软件和数据)方式而连接起来,且各自具有独立功能的计算机系统的集合"。这个定义强调了网络建设的目的,但没给出物理结构。计算机网络发展到第二代后,为了与第一代网络相区别,又有人将其定义为:"在网络协议控制下,由多台主计算机、若干台终端、数据传输设备所组成的计算机复合系统"。这个定义过于强调了网络的组成,没有给出网络的本质。计算机网络界权威人士特南鲍姆(Andrew S.Tanenbaum)的定义（1996年）是：计算机网络是一些独立自治的计算机互连起来的集合体。若有两台计算机通过通信线路（包括无线通信）相互交换信息，就认为是互连的。而独立自治或功能独立的计算机是指网络中的一台计算机不受任何其他计算机的控制（如启动或停止）。近年来，随着计算机网络的不断深入研究，按照计算机网络所具有的特性，人们普遍公认如下定义：

计算机网络是利用通信设备和线路将分布在不同地理位置、具有独立功能的多个计算机系统连接起来，在功能完善的网络软件（网络通信协议和网络操作系统等）的控制下，进行数据通信，实现资源共享、互操作和协同工作的系统。

简单地说，计算机网络是由"计算机集合"加"通信设施"组成的系统。由上述定义可以看出，建造网络的目的是资源共享，而技术手段是计算机通信。这是一个广义的定义，在理解时应注意如下一些含义：

- 计算机网络是一互连的计算机系统的群体。这些计算机系统在地理上是分散分布的，可能在一个房间内或一个单位的楼群里，也可能在一个或几个城市里，甚至在全国乃至全球。
- 计算机网络中的计算机是功能独立的，或称之为"自主(Autonomous)"的。也就是说，自主的计算机系统由硬件和软件两部分构成，能完整地实现计算机的各种功能。即每台计算机是独立的，在网络协议控制下协同工作，没有明显的主从关系。
- 系统互连要通过通信设施（网）来实现。通信设施一般由通信信道以及相关的传输、交换设备等组成。
- 系统通过通信设施进行数据传输、数据交换、资源共享、互操作和协同处理，实现各种应用要求。互操作和协同处理是计算机网络应用中更高层次的要求。它需要有一种机制能支持互联网环境下异种计算机系统之间的进程通信、互操作，实现协同工作和应用集成。
- 集合体是指所有用通信信道和互连设备连接起来的自主计算机系统的集合。
- 联网计算机之间的通信必须遵守共同的网络协议。

随着计算机网络、通信网络与有线电视网"三网融合"技术的发展，联网计算机的概念又开始发生新的变化。联网计算机的类型已经从大型计算机、个人计算机、PDA，逐步扩展到移动终端设备、智能手机、传感器、控制设备、电视机、家用电器等各种智能设备。但是，无论接入网络的终端设备类型如何变化，这些设备都具有一个相同的特点，即内部都有CPU、操作系统与执行网络协议的软件，都属于端系统中的设备。不同之处是，由于应用领域与功能的不同，接入设备使用的CPU、操作系统与网络软件的性能、规模与功能可能有区别。

计算机网络的功能

计算机网络是一个复合系统，它是由各自具有自主功能而又通过各种通信手段连接起来，以便进行信息交换、资源共享或协同工作的计算机系统集合体。由此可知，建立计算机网络的基本目的是实现数据通信和资源共享。由于不同的计算机网络是根据不同需求设计组建的，所提供的服务和功能也有所不同。而且，在计算机网络中含有各具特色的计算机系统，随着计算机应用范围的不断扩大，计算机网络的功能和所提供的服务也在不断增加，很难全面综述，一般将其归纳为数据通信、资源共享和分布式处理等。

数据通信

数据通信是计算机网络最基本的功能之一。该功能用来快速传输计算机与终端、计算机与计算机之间的各种数据信息，包括文本、图形、图像、音频、视频等。目前，计算机网络的数据通信功能主要有：

- 信息查询与检索，如 WWW、Gopher 等；
- 文件传输与交换，如 FTP、电子邮件（E-mail）等；
- 远程登录与事务处理，如 Telnet 等；
- 新闻服务（News）、电子公告牌（BBS）、微信、微博等；
- 办公自动化（OA）、管理信息系统（MIS）等；
- 电子数据交换（Electronic Data Interchange，EDI），即一种新型的电子贸易工具，通过计算机网络将贸易、运输、保险、银行和海关等行业信息表现为国际公信的标准格式，实现公司之间的数据交换和处理，完成以贸易为中心的整个交易过程；
- 信息点播、虚拟现实，如视频点播（VOD）等；
- CAD/CAM/CAE、计算机协同工作（CSCW）等；
- 远程教育、远程医疗、网络计算、网络视频会议、监视控制、云计算等；
- 计算机集成制造系统（CIMS）。

资源共享

充分利用计算机网络中所提供的资源，是组建计算机网络的主要目的。所谓"资源"，是指构成系统的所有要素，包括硬件、软件和数据。在计算机网络中，网络资源主要包括：

- 数据。通常指保存在数据库、磁存储介质、光盘以及网络中的原始数据。
- 信息。信息是指与能量、物质相提并论的战略资源，是网络中最重要的财富。信息来源于对数据的处理。
- 软件。网络（特别是大型网络），包含有大量共享应用软件，允许网络上的多个用户同时使用，不必担心侵犯版权和数据的完整性，从而节省大量的软件投资。
- 硬件。网络共享的硬件，通常是指那些价值比较昂贵的设备，如超级大型计算机、UNIX 超级工作站、海量存储器、高速激光打印机、大型绘图仪以及一些特殊的外设等。计算机的许多资源是十分昂贵的，由于受经济和其他因素的制约，不可能为每个用户所拥有。"共享"指的就是网络中的用户都能够部分或全部地享受这些资源。例如，某些地区或单位的数据库（如机票订票系统、数字图书馆等）可供全网使用，某些单位设计的软件可供需要的地方有偿调用或办理一定手续后使用。如果不能实现资源共享，则各用户都需要有完整的软硬件和数据资源，这将大大增加系统的投资费用。资源共享既可以使用户减少投资，又可以提高计算机资源的利用率。

分布式处理

分布式处理是近年兴起的计算机应用重点课题之一。当某台计算机负担过重，或者该计算机正在处理某项工作时，网络可将新任务转交给空闲的计算机来完成。分布式处理能均衡各计算机的负载，提高处理问题的实时性。对大型综合性问题，可将任务分散到网络中不同的计算机上进行处理，扩大计算机的处理能力，即增强实用性。对解决复杂问题来讲，多台计算机联合并构成高性能的计算机体系协同工作、并行处理，要比单独配置高性能的大型计算机便宜得多。

面对越来越复杂的计算机网络应用需求，云计算技术已在悄悄地影响着计算机网络的应用模式。所谓云计算，就是一种基于互联网的商业计算模型，它是分布式处理、并行处理和网格计算等技术的发展和商业实现。

计算机网络的功能远不止以上所述。例如，借助冗余和备份手段提高系统可靠性，也是计算机网络的一个重要功能。在一些用计算机进行实时控制和要求高可靠性的场合，通过计算机网络实现备份，可以提高系统的可靠性。当一台计算机出现故障时，可立即由计算机网络中的另一台计算机来代替它完成所承担的任务。例如，空中交通管理、工业自动化生产线、军事防御系统、电力供应系统等，都可以通过计算机网络设置备用的计算机系统，以保证实时性管理，提高不间断运行系统的安全性和可靠性。

另外，多媒体通信也已经成为计算机网络的显著特征之一，这主要表现在：
- 数据库的多媒体化，如 Oracle8 等；
- Web 的多媒体化，例如利用 VRML 创建虚拟的 Web 世界等；
- 网络应用的多媒体化，如多媒体办公自动化系统和多媒体会议系统等；
- 电子商务的多媒体化，如虚拟商场、虚拟企业等。

计算机网络的组成

早期的计算机网络是联机系统，后来随着 ARPANET 的研究与发展而产生了分组交换网。可以说，分组交换网才称得上是真正的计算机网络。由于计算机和通信技术的进步，计算机网络也在不断变化，但所采用的交换方式仍然以分组交换为主，因此，在这里仅讨论分组交换网的基本组成。

按照分组交换计算机网络所具有的数据通信和数据处理功能，可以将其划分为通信子网和资源子网两部分。一个包括路由器、链路和主机的典型计算机网络组成结构如图 2.2 所示。

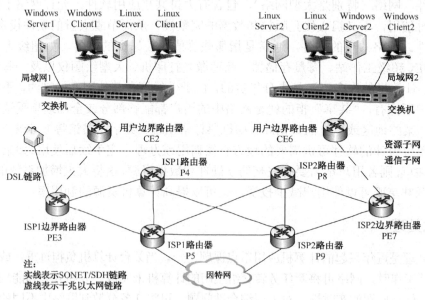

图 2.2　典型的计算机网络组成结构

图 2.2 所示的网络由 4 个主要部分组成：①在顶部是位于不同地点、由运行着 Windows、Linux 不同操作系统的主机组成的两个以太局域网（LAN1、LAN2）系统，而且拥有不同的因特网服务提供商（ISP1、ISP2）；这些系统成对部署，即可作为客户机（用户使用的系统）也可作为服务器（系统管理员使用的系统）。②用户边界路由器使用千兆以太网链路分别连接到 ISP1 和 ISP2，进而通过点到点同步光纤网络（SONET/SDH）链路连接到其他路由器。这是广域网的（WAN）链路的一种类型。③两个 ISP 直接相互连接，并连接到因特网。④除了到达因特网的链路，还有到达基于家庭无线网络的数字用户线（DSL）链路。为便于讨论，图中用一条虚线将所示网络划分为资源子网和通信子网两个部分。

本丛书将主要使用图 2.2 所示网络，讨论和介绍运行在主机和路由器网络上的不同 TCP/IP 如何形成互联网。各分册有时将从主机、局域网的角度进行研究，有时将从服务提供商的角度进行探索。综合起来，将清楚地呈现网络是如何组建的，以及它是如何在内部和外部工作的。

资源子网

资源子网主要是对数据信息进行收集、加工和处理，面向用户提供入网的途径以及各种网络资源与网络服务。它包括访问网络和处理数据的软硬件设施，主要有主计算机系统（主机）、端系统、计算机外设，以及有关的软件与可共享的数据资源（如公共数据库）等。

- 主机——可以是大型机、小型机，也可以是局域网中的台式桌面微型计算机、便携式计算机，或者移动电话、个人数字助理（PDA）等，在此是指一台运行 TCP/IP 的终端或终端系统设备。主机是网络中的主要资源，也是数据和软件资源的拥有者，一般都通过高速线路将它们和通信子网的结点相连。
- 端系统——直接面向用户的一些交互设备，可以是由键盘和显示器组成的简单终端，也可以是微型计算机系统和一些非常规终端，如 PDA、TV、智能手机等。
- 计算机外设——主要指网络中的一些共享设备，如超大容量的硬盘、高速打印机、绘图仪等。

通信子网

通信子网主要负责计算机网络内部信息流的传输、交换和控制，以及信号的变换和通信中的相关处理，间接地服务于用户。它主要包括网络结点以及连接这些结点的通信链路等软硬件设施。

- 网络结点——也称为中间系统或结点，一般是指具有交互功能的路由器。结点的作用主要有两个：一是作为通信子网与资源子网的接口，负责管理和收发本地主机和网络所交换的信息；二是作为发送、接收、交换和转发数据的通信设备，负责接收其他分组交换结点传输来的数据，并选择一条合适的链路发送出去，完成数据的交换和转发。常用的结点设备有路由器、网桥或交换机等，具体应用取决于网络通信的需要。
- 通信链路——连接两个结点之间的一条通信信道，包括通信线路和有关设备。链路的传输介质可以是有线介质，如双绞线、同轴电缆、光纤等；也可以是无线传输介质，如微波、卫星等。一般在大型网络中和相距较远的两结点之间的通信链路，均利用现有公共数据通信线路，如同步光纤网络（SONET/SDH）链路等。
- 信号变换设备——其功能是对信号进行变换，以适应不同传输介质的要求。这些设备有：将数字信号变换为模拟信号的调制解调器，无线通信接收和发送器，用于光纤通信的编码解码器等。

练习

1. 计算机网络共享的资源是（　　）。
   a. 路由器、交换机　　　　　b. 域名、网络地址与 MAC 地址
   c. 计算机的文件与数据　　　d. 计算机的软件、硬件与数据
2. 早期 ARPANET 所使用的 IMP，从功能上看相当于目前广泛使用的（　　）。
   a. 集线器　　　　b. 网桥　　　　c. 路由器　　　　d. 基站
3. 在下列关于计算机网络的标志性成果的描述中，错误的是（　　）。
   a. ARPANET 的成功运行证明了分组交换理论的正确性
   b. OSI 参考模型为网络协议的研究提供了理论依据
   c. TCP/IP 的广泛应用为更大规模的网络互联奠定了基础
   d. E-mail、FTP、微信、微博等应用展现了网络技术广阔的应用前景
4. ARPANET 最早推出的网络应用是（　　）。
   a. Telnet　　　　b. E-mail　　　　c. DNS　　　　d. FTP
5. 以下是关于计算机网络定义的要点，其中错误的描述是（　　）。
   a. 互联网的计算机系统是自治的　　　b. 联网计算机之间的通信必须遵守 TCP/IP
   c. 网络体系结构遵循分层结构模型
   d. 组建计算机网络的主要目的是实现计算机资源共享

补充练习

利用 Web 查询计算机网络的定义描述，并讨论之。

第二节　网络的类型

计算机网络种类繁多、性能各异，很难用单一的标准统一分类，也没有一种被普遍接受的分类方法。对于一个计算机网络，可以从不同的角度对其进行不同的分类，既可以从地理覆盖距离、传输介质、拓扑结构、数据传输交换方式或协议进行分类，也可以按照网络组建属性或用途等加以分类。其中，按照传输交换技术和网络覆盖距离是比较重要的两种分类方法。本节介绍几种计算机网络分类的方法，以便更好地理解计算机网络，并重点讨论按照地理覆盖距离分类的个域网、局域网、城域网和广域网的基本概念。

学习目标

▶ 了解网络的常用分类方法，熟悉按照传输技术和覆盖距离分类的方法；
▶ 掌握局域网、城域网和广域网等几种常见网络的技术特征。

关键知识点

▶ 地理覆盖距离是局域网、城域网和广域网的主要技术特征之一。

网络的分类方法

计算机网络的分类方法有多种,一般是按照地理覆盖距离、传输技术、传输介质、数据传输交换方式或协议等进行分类。

按地理覆盖距离分类

按照计算机系统之间互连距离和分布范围,可将计算机网络分成如下 4 类:
- 个域网(PAN);
- 局域网(LAN);
- 城域网(MAN);
- 广域网(WAN)。

图 2.3 所示为按网络覆盖距离进行分类的示意图。

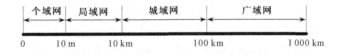

图 2.3 按网络覆盖距离进行分类的示意图

按照覆盖距离从小到大排列:连接用户计算机身边 10m 之内计算机、打印机、PDA 与智能手机等数字终端设备的网络,称为个人区域网络(PAN),简称个域网;覆盖距离 10 m～10 km 的网络称为局域网(LAN);覆盖距离 10～100 km 的网络称为城域网(MAN);覆盖距离 100～1000 km 甚至更大范围的网络称为广域网(WAN)。当然,这里给出的数值只是一些参考值,这之间没有严格的界限。因为按照实际的联网需求,一个 5 km 范围的工业区可能采用了城域网组网技术与产品,家庭范围 10 m 之内的台式计算机、便携式计算机、打印机、手机的联网可能采用无线局域网 IEEE 802.11 技术和产品。重要的是,目前从局域网到城域网、广域网,许多技术是相通的,尤其是高速局域网技术(如千兆以太网、万兆以太网)的发展与应用,使得局域网、城域网、广域网之间的界限越来越模糊了。

按传输技术分类

从广义上讲,目前普遍使用的传输技术有两种,即广播式链路和点到点链路。因此,若按照传输技术分类,可以将网络分成广播式网络和点对点网络。
- 广播式网络——在一个广播式网络中,通信信道被网络上的所有机器所共享,任何一台机器发出的数据包能被所有其他任何机器收到。每个数据包的地址字段指定了预期的接收方。无线网络就是广播式链路网络的一个常见例子。一个覆盖区域内的通信由所有该区域内的机器共享,而该区域的划分取决于无线信道和传输机制。有些广播系统还支持给一组机器发送数据包,这种传输模式称为组播。
- 点对点网络——在一个由点到点链路组成的网络中,为了从远端到接收方,数据包必须先访问一个或多个机器。通常在网络中存在多条不同长度的路由,因此,找到一条好的路由对点对点网络非常重要。点对点传输方式只有一个发送方和一个接收方,有时也称为单播。

按传输介质分类

按组建网络所使用的传输介质，计算机网络可以划分为有线网络和无线网络两种。

1. 有线网络

采用同轴电缆、双绞线、光纤等物理传输介质来连接的计算机网络，称为有线网络。

同轴电缆网是较为常见的一种连网方式。它比较经济，安装较为便利；但传输速率和抗干扰能力一般，传输距离较短。

双绞线网是目前最常用的一种连网方式。它价格便宜，安装方便；但易受干扰，传输速率较低，传输距离比同轴电缆要短一些。

光网络采用光导纤维做传输介质。光纤传输距离长，传输速率高，可达数吉比特/秒，抗干扰能力强，不会受到电子监听设备的监听，是高安全性网络的理想选择。

2. 无线网络

采用微波、红外线和无线电波作为传输介质组建的计算机网络，称为无线网络。为简单明晰起见，通常将无线网络按照通信距离划分为无线个域网、无线局域网、无线城域网和无线广域网，如图 2.4 所示。蜂窝移动通信属于无线广域网（WWAN），IEEE 802 标准系列涵盖了 WPAN、WLAN、WMAN 和 WWAN 几个方面。

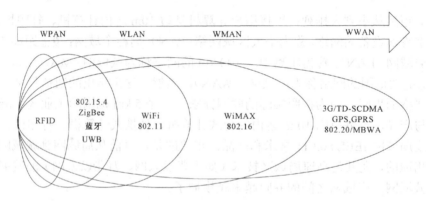

图 2.4　无线网络的分类

▶ IEEE 802.15.4 标准为无线个域网（WPAN）技术标准，覆盖距离一般在 10 m 半径以内。WPAN 是基于计算机通信的专用网，是在个人操作环境下由需要相互通信的装置构成的一个网络。它不需要任何中心管理装置，能在电子设备之间提供方便、快速的数据传输。

▶ IEEE 802.11 标准为无线局域网（WLAN）技术标准，覆盖距离通常在 10～300 m 之间，主要解决"最后一百米"接入问题。WiFi 适于具有较大突发性的业务，可以提供较短的响应时间，最高速率达 54 Mb/s。

▶ IEEE 802.16 标准为无线城域网（WMAN）技术标准，提供了比 WLAN 更宽广的地域范围，覆盖距离可高达 50 km，是一种可与 xDSL 竞争的"最后一公里"无线宽带接入解决方案。

▶ IEEE 802.20 标准为移动宽带无线接入（MBWA）技术标准，也被称为 MobileFi，主要是弥补了 802.1x 协议体系在移动性方面的缺陷。MBWA 在高达 250 km/h 的移动速度下，可实现 1 Mb/s 以上的移动通信能力，非视距环境下单小区覆盖半径为 15 km。

按网络组建属性分类

根据计算机网络的组建、经营和管理方式，特别是数据传输、交换系统的拥有权和用途，可以分为公用计算机网络和专用计算机网络两类。

公用计算机网络简称公网，是为公众提供商业性、公益性通信和信息服务的通用计算机网络，如因特网。任何单位和个体的计算机和终端都可以接入公网，利用所提供的数据通信服务设施来实现相关的网络业务。公网由国家电信部门组建、经营和管理，向签约用户提供服务。提供网络通信服务的公司称为服务提供商。公网必须严格遵守政府的规章，并能够保护通信不被窃听。

专用计算机网络简称专网，是指为政府、企业、行业、个体消费者和小型办公室等提供具有部门特点、特定应用服务功能的计算机网络，如 Intranet。专网往往是由一个政府部门或一个公司等组建经营的，未经许可其他部门和单位不得使用。其组网方式可以利用公网提供的"虚拟网"或自行架设的通信线路实现。通常网络设备供应商把专网划分为消费者网、小型办公/家庭办公网（SOHO）、中小型商务网和大型企业网等四种类型。

个域网

个人区域网（PAN）简称个域网，是随着便携式计算机、智能手机、PDA 与信息家电的广泛应用而产生的一种网络。由于大量智能终端设备的普及使用，自然人们就提出了在自身附近 10m 范围内个人操作空间（POS）移动数字终端设备联网的需求。PAN 允许终端设备围绕一个人进行通信。连接用户 10 m 范围之内的数字移动终端设备的网络，多是采用无线通信技术实现连网设备之间通信的；因此，个域网更准确的含义是无线个人区域网（WPAN）。WPAN 是目前发展较为迅速的领域之一。

WPAN 在协议、通信技术上与无线局域网存在较大的区别。目前，WPAN 主要使用 IEEE 802.15.4、蓝牙与 ZigBee 标准。WPAN 也可以采用其他短程通信技术来搭建，如智能卡和图书馆书籍上的 RFID。因此，将 WPAN 从局域网中独立出来是很有必要的。

局域网

局域网（LAN）是指地理覆盖距离在几米到十千米以内的各种通信设备相互连接起来的计算机通信网络。这里通信设备是广义的，包括计算机和各种外部设备。一般局域网建立在某个机构所属的一个建筑群内或大学的校园内，也可以是办公室或实验室。局域网连接这些用户的微型计算机和作为资源共享的设备（如打印机等）进行数据交换。决定局域网性能的 3 个技术要素是拓扑结构、传输介质、介质访问控制方式。局域网有别于其他类型网络的典型技术特征是：

- 覆盖范围较小，一般覆盖距离在 0.5 m～10 km 之间；
- 信道带宽大，数据传输率高（一般在 10～1 000 Mb/s 之间），数据传输延迟小（几十微秒）、误码率低（10^{-11}～10^{-8}）；
- 拓扑结构简单，一般采用总线、星状和环状结构，易于实现，便于维护。

局域网技术发展迅速，应用日益广泛，是计算机网络中最活跃的领域之一。从局域网采用的介质访问控制方法来看，可以分为共享局域网与交换局域网。当局域网用于公司时，又称之为企业网络。按照局域网所使用的传输介质，局域网可分为有线局域网和无线局域网两大类型。

有线局域网使用了各种不同的传输技术，大多数使用铜线作为传输介质，包括双绞线、同轴电缆，但也有一些使用光纤。许多有线局域网的拓扑结构是以点到点链路为基础的，称为以太网（Ethernet）的 IEEE 802.3 是迄今为止最常见的一种有线局域网。图 2.5（a）所示是一个交换式以太网的拓扑结构示例。每台计算机按照以太网协议规定的方式运行，通过一条点到点链路连接到一个称为交换机的设备上。这也是交换以太网的由来。一个交换机有多个端口，每个端口连接一台计算机。交换机的工作是为与它连接的计算机之间的数据包提供中继，根据每个数据包中的地址来确定这个数据包要发送给哪台计算机。也可以将一个大的物理局域网分成若干个较小的逻辑局域网，称为虚拟局域网（VLAN），以便于管理各自的系统。当然，还有其他形式的有线局域网拓扑结构。事实上，交换式局域网是经典以太网设计的一个现代版本。在最初的以太网中，所有的数据包在一条线性电缆上广播，因而一次至多只有一台机器能够成功发送。为此，需要有介质访问控制方法来解决冲突问题。这类局域网称为共享式以太网（或经典局域网）。

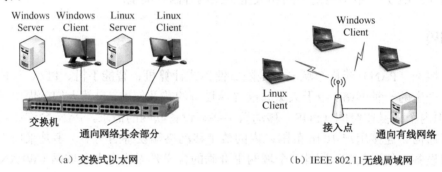

（a）交换式以太网　　　　　　　　　　（b）IEEE 802.11无线局域网

图 2.5　有线局域网和无线局域网

采用无线传输介质的无线局域网（WLAN）正在得到迅速发展应用，尤其是家庭、办公楼等一些安装电缆比较麻烦的场所。在这些系统中，每台计算机与安装在室内某个位置的设备进行通信，如图 2.5（b）所示。这个设备称为接入点（AP）、无线路由器或者基站，它们主要负责无线计算机之间数据包的中继，还负责无线计算机与因特网之间数据包的中继。WLAN 的一个标准称为 IEEE 802.11，俗称 WiFi，已经被广泛使用。它在任何地方都可以以 11 Mb/s 到几百 Mb/s 的速率运行。

城域网

随着光纤技术的发展，出现了称为城域网（MAN）的网络。MAN 具有 LAN 的特性，类似于 LAN 技术，但规模比 LAN 大，地理覆盖距离大多为 10～50 km，介于局域网和广域网之间，一般覆盖一个城市或地区。数据传输率在 30 Mb/s～1 Gb/s 之间，传输介质主要采用光纤。比较典型的城域网实例是许多城市的有线电视网。随着因特网应用的普及，有线电视网开始利用原来的尚未使用的频谱提供双向的因特网服务。这样，有线电视系统就从分发电视节目的单一模式演变为一个城域网。有线电视网并不是唯一的城域网，最近发展的高速无线因特网接入又催生了另一种城域网，并且已经被标准化为 IEEE 802.16，即所谓的 WiMAX。

早期城域网的实现标准是分布式队列双总线（DQDB），这是由 IEEE 802.6 定义的一个标准，其工作范围是 160 km，数据传输速率为 44.736 Mb/s。通常，城域网由政府或大型企业集团、公司组建，如城市信息港。目前，随着信息化技术的进步，很多城市已规划和建设了自己的城市信息高速公路。对于某些大型企业或集团公司，为了连接市内分公司或分厂局域网，建设覆盖较大范围的企业 Intranet 网络，这也是城域网的一种常见应用形式。随着因特网新应用的不断出现，以及计算机网络、广播电视网、电信网的三网融合发展，城域网的业务扩展到几乎能够覆盖的所有信息领域，城域网的概念也随之发生重要的变化，提出了宽带城域网的概念。

宽带城域网是以 IP 为基础，通过三网融合形成覆盖城市区域的网络通信平台，它能为语音、数据、图像、视频传输与大规模的用户接入提供高速与保证质量的服务。宽带城域网的主要技术特征如下：

- 完善的光纤传输网络是宽带城域网的基础，WiMAX 就是一种无线城域网技术；
- 传统电信、有线电视与 IP 业务的融合成为宽带城域网的核心业务；
- 高端路由器和多层交换机是宽带城域网的核心设备；
- 扩大宽带接入的规模与服务质量是发展宽带城域网应用的关键。

广域网

广域网（WAN）又称远程网，其所覆盖的地理距离在 50 km 以上，往往遍布一个国家以至全世界，规模十分庞大而复杂。广域网传输速率比较低，一般为 64 kb/s～2 Mb/s，最高可达 45 Mb/s；但随着通信技术的发展，其传输速率正在不断提高，目前通过光纤传输的速率达到了 155 Mb/s，甚至 2.5 Gb/s。广域网的这些特点决定它具有不同于 LAN 和 MAN 的特性。广域网包含很多用来运行用户应用程序的主机，把这些主机连接在一起就构成了通信子网。在大多数广域网中，通信子网一般包括传输信道和转接设备两部分。传输信道用于在主机之间传输数据；转接设备也称为接口报文处理机（IMP），由专用计算机承担，现多采用路由器用来连接两条或多条传输线。除了使用卫星的广域网之外，几乎所有的广域网都采用存储转发方式。最初，广域网只是为了使物理上广泛分布的计算机能够进行简单的数据传输，主要用于计算机之间文件或批处理作业传输以及电子邮件传输等。

广域网的拓扑结构比较复杂，因此组建广域网的重要问题是 IMP（路由器）互连的拓扑结构设计，可能的几种网络拓扑结构为星状、树状、环状和网状。广域网的另外一种组建方式是卫星或无线网络，每个中间转接点都通过天线接收、发送数据，所有的中间站点都能接收来自卫星的信息，并能同时监听其相邻站点发往卫星的信息。可见，单独建造一个广域网是极其昂贵和不现实的，所以人们常常借助于传统的公共传输网来实现。

广域网主要有以下两个技术特征：

- 广域网是一种公共数据网；
- 广域网研究的重点是宽带核心交换技术。

提到广域网人们自然会想到公用电话网（PSTN）、中国分组交换网（CHINAPAC）、中国数字数据网（CHINADDN）、中国帧中继网（CHINAFRN）和综合业务数字网（ISDN）等，确实这些网络是广域网，但并不是计算机广域网，而可以通过使用这些公用广域网提供的通信线路来组建计算机广域网。例如，CHINANet 就是借助于 CHINADDN 提供的高速中继线路，使用超高速路由器组成的覆盖中国各省市并连通因特网的计算机广域网。

许多广域网使用了大量的无线技术。在卫星系统中,地面上每台计算机都有一个天线,通过它给轨道上的卫星发送数据和接收来自卫星的数据。所有的计算机都可以侦听到卫星的输出,而且在某些情况下,还能侦听到同类计算机向上给卫星的传输。卫星网络实质上是广播式的网络。蜂窝移动电话网络是采用无线技术的一个广域网实例。该系统的研究已经经历了三、四代,而且第五代已在商用实验。第一代是模拟的,只能传输语音;第二代是数字的,也只能传输语音;第三代也是数字的,但可以同时传输语音和视频数据。每个蜂窝基站的覆盖范围大于无线局域网的覆盖距离。基站通过一个骨干网连接在一起,骨干网通常是有线网络,蜂窝网络的数据传输速率一般为 1 Mb/s 左右,远远小于高达 100 Mb/s 的无线局域网。

互联网

目前世界上有许多许多的网络,而不同网络的物理结构、协议和所采用的标准各不相同。如果连接到不同网络的用户需要进行相互通信,就需要将这些不兼容的网络通过称为路由器的设备连接起来,并由路由器完成相应的路由转发。多个网络相互连接构成的集合称为互联网。互联网的最常见形式是多个局域网通过广域网连接起来。如何判断一个网络是广域网还是通信子网,取决于网络中是否含有主机。如果一个网络只含有中间转接结点,即 IMP,则该网络仅仅是一个通信子网;反之,如果网络中既包含 IMP,又包含用户可以运行作业的主机,则该网络就是一个广域网。

通常,通信子网、计算机网络和互联网这三个概念经常混淆。通信子网作为广域网的一个重要组成部分,通常由 IMP 和通信线路组成。例如,电话系统包括用高速线路连接的局间交换机和连到用户端的低速线路,这些线路和设备就构成了电话系统的通信子网。通信子网和主机相结合构成计算机网络;局域网是由传输介质(如电缆、光纤)和主机构成的,没有通信子网;而互联网一般是异构计算机网络的互相连接,如局域网和广域网的连接,两个局域网的互相连接,或者多个局域网通过广域网的连接等。

练习

1. 以下关于计算机网络分类的描述,错误的是(   )。
    a. 连接用户身边 10 m 之内计算机等数字终端设备的网络称为 WSN
    b. 覆盖 10 m~10 km 的网络称为 LAN   c. 覆盖 10~100 m 的网络称为 MAN
    d. 覆盖 100~1 000 km 的网络称为 WAN
2. 以下关于局域网特征的描述,错误的是(   )。
    a. 覆盖有限的地理范围   b. 一般属于一个单位所有,易于建立、维护与扩展
    c. 提供高数据传输速率(1.544~51.84 Mb/s)、低误码率的高质量数据传输环境
    d. 决定性能的三个因素是拓扑、传输介质与介质访问控制方法
3. 以下关于宽带城域网的描述中,错误的是(   )。
    a. 完善的光纤传输网是宽带城域网的基础
    b. 传统电信、有线电视与 IP 业务的融合成为宽带城域网的核心业务
    c. 第二层交换机是宽带城域网的核心设备
    d. 宽带接入的规模与访问质量是发展宽带城域网应用的关键

4. 以下关于广域网特征的描述，错误的是（　　）。
   a. 广域网是一种公共数据通信网　　b. 广域网要为用户提供电信级的服务
   c. 广域网的研究重点是宽带核心交换技术　　d. 广域网的核心技术是线路交换技术
5. 以下关于数据报传输方式的特点的描述，错误的是（　　）。
   a. 同一报文的不同分组可以经过不同的传输路径提供通信子网
   b. 同一报文的不同分组到达目的主机时可能出现乱序、重复与丢失现象
   c. 每个分组在传输过程中都必须带有目的地址与源地址
   d. 数据报方式适用于长报文、会话式通信

补充练习

1. 通过 Web 查找网络类型的信息，试比较不同网络的功能及技术特征。
2. 针对所了解的因特网，解释"三网融合"发展的技术前景。

第三节　传　输　介　质

　　传输介质是指网络连接设备间的中间介质，也就是信号传输的媒体。传输介质的作用是将通信网络系统信号无干扰、无损伤地传输给用户设备。为了使信号到达接收设备并且解码无误，信号在传输介质中传输的可靠性必须得到保证。目前，已经有许多不同的传输介质用来支持不同的网络通信系统。如何对传输介质进行分类通常有两种粗分类方法：
   ▶ 按路径类型——通信可以沿着确切的路径（如导线）传输信号，也可以没有明确的路径（如无线电传输），据此可将传输介质分为导向传输介质和非导向传输介质。
   ▶ 按能量形式——根据用于传输数据的能量形式对物理介质进行分类，可分为电气、光能和电磁波三种类型。电气能量应用于有线传输（双绞线、同轴电缆），无线电波应用于无线传输（地面无线电、卫星），光能应用于光纤、红外线、激光。

　　传输介质的特性主要分为两个方面：一是传输介质的物理特性，如导体的金属材料、强度、柔韧性、防水性以及温度特性等，在出厂时已经确定，对于使用者只是在购买时进行选择而无法用一般的方法进行测试；二是传输介质的电气特性。这两个特性对使用者来说是最重要的，所以应该有所了解。

学习目标

   ▶ 熟悉同轴电缆和双绞线的结构，掌握最流行的铜传输介质类型；
   ▶ 了解光纤光缆的组成，熟悉光在光纤中传输的工作原理；
   ▶ 掌握光纤传输系统的主要组件；
   ▶ 描述无线电波怎样承载数据，解释为什么无线电频谱（RF）是有限的资源。

关键知识点

   ▶ 双绞线是用于网络的最通用的铜线缆；
   ▶ 光纤光缆花费虽高，但它具有许多独特的优点；
   ▶ 无线网络使用低于可见光的 RF 频谱。

双绞线

双绞线也称为双绞电缆、双扭电缆,它是由双绞线对组成的,是最古老但又最常用的导向传输介质之一。

双绞线是由两根具有绝缘层的铜导线按一定密度螺旋状互相绞缠在一起构成的线对。所谓线对,是指一个平衡传输线路的两个导体,一般指一个双绞线对。把一对或多对双绞线对放在一个绝缘套管中便成了双绞线。双绞线中的各线对之间按一定密度反时针相应地绞合在一起,绞距为 2.8114 cm,外面包裹绝缘材料,其基本结构如图 2.6 所示。

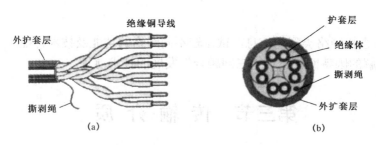

图 2.6 双绞线的基本结构

双绞线的电导线是铜导体。铜导体采用美国线规尺寸系统,即 AWG(American Wire Gauge)标准,如表 2.1 所示。

表 2.1 双绞线导体线规

缆线规格 AWG(美国线规)	线径 /mm	线径 /英寸(in)
19	0.9	0.0359
22	0.64	0.0253
24	0.511	0.0201
26	0.4	0.0159

在双绞线内,不同线对具有不同的扭绞长度,相邻双绞线对的扭绞长度差约为 1.27 cm。线对互相扭绞的目的就是利用铜导线中电流产生的电磁场使邻近线对之间的串扰互相抵消,并减少来自外界的干扰,提高抗干扰性。双绞线对的扭绞密度、扭绞方向和绝缘材料,直接影响它的特征阻抗、衰减和近端串扰等。

常见的双绞线绝缘外皮里面包裹着 4 对共 8 根线,每两根为一对相互扭绞。也有超过 4 线对的大对数电缆,通常用于干线子系统布线。在综合布线系统标准中,双绞线有时也称为平衡电缆,因为它是由一个或多个金属导体线对组成的对称电缆。图 2.7 所示是 4 线对双绞线和 25 线对大对数电缆的外形图。

为了提高双绞线的抗电磁干扰能力,双绞线有两种标准:非屏蔽双绞线(UTP)和屏蔽双绞线(STP)。另外,一些厂家还提出了一种新型双绞线标准:网孔屏蔽双绞线(ScTP)。

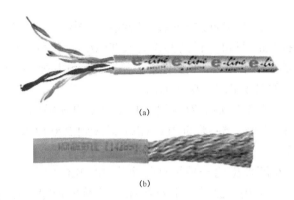

图 2.7 4 线对双绞线（a）和 25 线对大对数电缆（b）的外形图

UTP（非屏蔽双绞线）

UTP 价格便宜，轻便柔韧，易于安装，是局域网布线中最常见的一类电缆。UTP 依靠成对的绞合导线使 EMI/RFI 最小化，所以不用外加屏蔽层。根据电缆类型，每根电缆中有 2～12 双绞合线。UTP 结构如图 2.8 所示。

图 2.8 UTP 结构

虽然从外观上看，UTP 与电话线很相似，但是为了传输数字信号，UTP 必须达到很严格的标准。尤其值得注意的是，在数据网络中禁止使用扁平电话线或未绞合的电缆线。

电子工业协会（EIA）/电信工业协会（TIA）和 Underwriter 实验室（UL）为衡量 UTP 性能，分别制定了两种兼容性标准。两个标准的一个区别是 UL 使用的名词是"level"（级），而 EIA/TIA 则使用"category"（类）；另外一个细微的区别是 UL 制定的标准中含有和 NEC 类似的防火性能标准。除去这些差别，EIA/TIA 的种类划分与 UL 的等级划分可以互换使用。

- ▶ 1 类双绞线——主要用于传输语音（1 类双绞线标准主要用于 20 世纪 80 年代初之前的电话缆线），不适用于数据传输。
- ▶ 2 类双绞线——传输频率为 1MHz，用于语音传输和最高传输速率为 4 Mb/s 的数据传输，常应用于 4 Mb/s、令牌传递协议的令牌网。
- ▶ 3 类双绞线——有 4 对 24AWG 非屏蔽双绞线和 25 对 24AWG 非屏蔽双绞线两种。这类电缆的传输频率为 16 MHz，用于语音传输及最高传输速率为 10 Mb/s 的数据传输，主要适用于 10Base-T。
- ▶ 4 类双绞线——有 4 对 24AWG 非屏蔽双绞线和 25 对 24AWG 非屏蔽双绞线两种。该类双绞线的传输频率为 20 MHz，用于语音传输和最高传输速率为 16 Mb/s 的数据传输，主要适用于基于令牌的局域网和 10Base-T/100Base-T。
- ▶ 5 类双绞线——4 对 24AWG 非屏蔽双绞线、25 对 24AWG 非屏蔽双绞线，增加了绕绞密度，外套一种高质量的绝缘材料，传输频率为 100 MHz，用于语音传输和最高传输速率为 100 Mb/s 的数据传输，主要适用于 100Base-T 和 10Base-T 网络。

- 5e 类双绞线——4 对 24AWG 非屏蔽双绞线；5e 类（Cat 5e）是厂家为了保证通信质量单方面提高的 Cat5 标准，目前并没有被 TIA/EIA 认可。5e 类对现有的 UTP 5 类双绞线的部分性能进行了改善，不少性能参数，如近端串扰（NEXT）、衰减串扰比（ACR）等都有所提高，但带宽仍为 100 MHz。
- 6 类双绞线——一个新级别的双绞线（TIA/EIA 的 6 类标准于 2002 年 6 月 7 日正式颁布），其带宽由 5 类、5e 类的 100 MHz 提高到 200 MHz，为高速数据传输预留了广阔的带宽资源。
- 7 类双绞线——欧洲提出的一种很有前途的 ISO/IEC 电缆标准。7 类双绞线系统可以支持高传输速率的应用，提供高于 600 MHz 的整体带宽，最高带宽可达 1.2 GHz，能够在一个信道上支持数据、多媒体、宽带视频（如 CATV）等多种应用；它安全性极高，线对分别屏蔽，降低了射频干扰，不需要昂贵的电子设备来降低噪声。

非屏蔽双绞线每线对的绞距与所能抵抗的电磁辐射及干扰成正比，它结合滤波与对称性等技术，经由精确的生产工艺而制成，从而可以减少非屏蔽双绞线对之间的电磁干扰。非屏蔽双绞线的特征阻抗为 100 Ω。

非屏蔽双绞线的优点主要有：线对外没有屏蔽层，电缆的直径小，节省所占用的空间；质量小、易弯曲，较具灵活性，容易安装；串扰影响小；具有阻燃性；价格低。但是，它的抗外界电磁干扰的性能较差，在传输信息时易向外辐射，安全性较差，在军事和金融等重要部门的综合布线系统工程中不宜采用。

STP（屏蔽双绞线）

屏蔽是保证电磁兼容性（EMC）的一种有效方法。电磁兼容性一方面要求设备或网络系统具有一定的抵抗电磁干扰的能力，能够在比较恶劣的电磁环境中正常工作；另一方面要求设备或网络系统不能辐射过量的电磁波干扰周围其他设备及网络的正常工作。实现屏蔽的一般方法是在连接器件的外层包上金属屏蔽层，以滤除不必要的电磁波。屏蔽双绞线（STP）就是在普通双绞线的基础上增加了金属屏蔽绝缘层，从而对电磁干扰有较强的抵抗能力。在屏蔽双绞线的护套下面，还有一根贯穿整个电缆长度的漏电线（地线），该漏电线与电缆屏蔽层相连。STP 结构如图 2.9 所示。

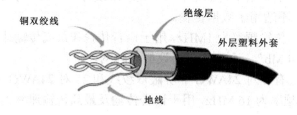

图 2.9　屏蔽双绞线（STP）结构

根据防护要求，屏蔽电缆可分为 F/UTP（电缆金属箔屏蔽）、U/FTP（线对金属箔屏蔽）、SF/UTP（电缆金属编织丝网加金属箔屏蔽）、S/FTP（电缆金属箔编织网屏蔽加上线对金属箔屏蔽）几种结构。这是按照《用户建筑综合布线》ISO/IEC 11801 中推荐的方法进行统一命名的，如图 2.10 所示。

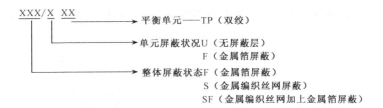

图 2.10 屏蔽电缆命名方法

不同的屏蔽电缆会产生不同的屏蔽效果。一般认为金属箔对高频、金属编织丝网对低频的电磁屏蔽效果为佳。如果采用双重绝缘（SF/UTP 和 S/FTP），则屏蔽效果更为理想，可以同时抵御线对之间和来自外部的电磁辐射干扰，减少线对之间和线对对外部的电磁辐射干扰。因此，屏蔽布线工程有多种形式的电缆可以选择，但为保证良好屏蔽，电缆的屏蔽层与屏蔽连接器件之间必须做到 360°的连接。

屏蔽双绞线与非屏蔽双绞线一样，电缆芯是铜双绞线对，护套层是绝缘塑橡皮，只不过在护套层内增加了金属屏蔽层。目前，在双绞线产品中，通常按增加的金属屏蔽层数量和金属屏蔽层绕包方式，将屏蔽双绞线分为铝箔屏蔽双绞线（FTP）、铝箔铜网双层屏蔽双绞线（SFTP）、独立双层屏蔽双绞线（SSTP）三种形式。

FTP 电缆是在 4 对双绞线对的外面加一层或两层铝箔，利用金属对电磁波的反射、吸收和趋肤效应原理，有效地防止外部电磁干扰进入电缆，同时也阻止内部信号辐射出去干扰其他设备的工作。FTP 屏蔽双绞线结构如图 2.11 所示。

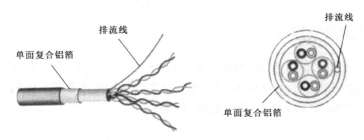

图 2.11 FTP 屏蔽双绞线结构

SFTP 电缆由绞合的线对和在多对双绞线对外纵包铝箔后，再在铝箔外增加一层铜编织网而构成，从而提供了比 FTP 更好的电磁屏蔽特性。SFTP 屏蔽双绞线结构如图 2.12 所示。

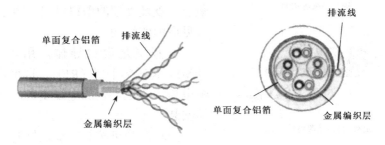

图 2.12 SFTP 屏蔽双绞线结构

SSTP 电缆的每一对线都有一个铝箔屏蔽层，4 对线合在一起还有一个公共的金属编织屏蔽层，可以达到非常好的屏蔽效果。由电磁理论可知，这种结构不仅可以减小电磁干扰，也使线对之间的综合串扰得到有效控制；7 类双绞线就采用了这种结构。图 2.13 示出了 SSTP 屏蔽双绞线结构。

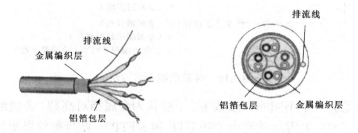

图 2.13　SSTP 屏蔽双绞线结构

从图 2.11～图 2.13 可以看出，非屏蔽双绞线和屏蔽双绞线都有一根用来撕开电缆保护套的拉绳。屏蔽双绞线在铝箔屏蔽层和内层聚酯包皮之间还有一根排流线，即漏电线，把它连接到接地装置上，可泄放金属屏蔽层的电荷，消除线对之间的干扰。

屏蔽双绞线外面包有较厚的屏蔽层，所以它具有抗干扰能力强、保密性好、不易被窃听等优点。屏蔽双绞线价格相对较高，安装时也比非屏蔽双绞线困难一些。在安装时，屏蔽双绞线的屏蔽层应两端接地（在频率低于 1 MHz 时，一点接地即可；当频率高于 1 MHz 时，最好在多个位置接地），以释放屏蔽层的电荷。如果接地不良（接地电阻过大、接地电位不均衡等），就会产生电势差，成为影响屏蔽系统性能的最大障碍和隐患。由于屏蔽双绞线的质量大、体积大、价格贵和不易施工等原因，一般不采用屏蔽双绞线。

ScTP（网孔屏蔽双绞线）

ScTP 由铝箔网孔屏蔽的 4 对铜导线构成，外面包覆着一层聚氯乙烯（PVC）。铝箔屏蔽具有较好的抵御 EMI/RFI 的性能。以成本、性能和安装难易程度来衡量，ScTP 处于 UTP 和 STP 之间。一些厂家也把 ScTP 称为金属箔双绞线（FTP）。

同轴电缆

同轴电缆是最早用于局域网的电缆之一。同轴电缆通常由以下几部分构成：中心被柔韧绝缘体环绕的铜质或镀铜的导线，中间的铜线网屏蔽层，以及外部的塑料包层。图 2.14 示出了这种常见电缆的结构。

屏蔽层是第二导体，用以消除电磁干扰（EMI）和射频干扰（RFI）。这种物理设计使得同轴电缆比其他类型的电缆要贵，一般来说也不容易安装。

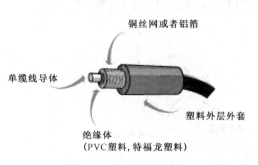

图 2.14　同轴电缆结构

同轴电缆可按其特征阻抗的不同，分为基带同轴电缆和宽带同轴电缆两类。

▶ 基带同轴电缆——特征阻抗为 50 Ω，如 RG-8（细缆）、RG-58（粗缆），利用这种同轴电缆来传输基带信号，其距离可达 1 km，传输速率为 10 Mb/s。基带同轴电缆被用于早期的计算机网络 10Base-2 和 10Base-5

中。目前，这两种电缆已不再用于计算机网络，已被双绞线和光纤所替代。
- 宽带同轴电缆——特征阻抗为 75 Ω，如 RG-59、RG-6，这种电缆主要用于视频和有线电视（CATV）的数据传输，传输的是频分复用宽带信号。当宽带同轴电缆用于传输模拟信号时，其信号频率可高达 300～400 MHz，传输距离可达 100 km。

衡量同轴电缆的主要电气参数有特征阻抗、衰减、传播速度和直流回路电阻。

同轴电缆主要用于对带宽容量需求较大的通信系统。由于早期的光缆和光电子器件的价格过于昂贵，因而数据通信系统和局域网一般采用同轴电缆。现在数据通信系统和局域网都使用 UTP 和光缆作为传输介质。有线电视和视频网络成为同轴电缆的主要应用领域，因为它们需要能够支持高频信号的长距离传输。

同轴电缆的低频串扰和抗外界干扰特性都不如对称电缆。当频率升高时，由于外导体的屏蔽作用加强，同轴管所受的外界干扰及同轴管间的串扰将随频率的升高而降低，因而它特别适合于高频传输。当频率在 60 kHz 以上时，同轴电缆中电波的传输速度可接近光速，且受频率变化影响不大，所以时延失真很小。同轴电缆的下限频率定为 60 kHz，上限频率可达数十兆赫。

同轴电缆的外部设有密闭的金属（铅、铝、钢）或塑料护套，以保护缆芯免遭外界机械、电磁、化学或人为侵害和损伤。同轴电缆具有寿命长、容量大、传输稳定、外界干扰小、维护方便等优点。

光纤光缆

光纤光缆是玻璃或塑胶的细线，包有保护塑胶套。光纤很细，所以玻璃光纤容易弯曲。光流在光纤内受限，光缆本质上是承载光的管道。

光纤光缆支持高数据速率，理论上高达 50 Gb/s。在信号必须增强前，光纤长距离承载光信号（典型距离是 2 km）。因为光不受电磁场影响，所以光信号可以抵抗 EMI/RFI。光纤适合用于电梯和工厂等"嘈杂的"环境，而且也是一种高安全性介质。

光纤光缆的主要缺点是费用高，材料费和安装费相对昂贵。然而，工业上需要大容量和安全特性，所以多一些花费也很值得。例如，长距离电信线路几乎都是光纤光缆。

光纤通信系统

光纤通信系统的基本模型包括发送器、接收器和连接它们的线缆。图 2.15 所示为一个光纤通信系统示意图。在典型的光纤系统中，每台设备既包含发送器，又包含接收器，或者说每台设备都是一台收发器。

1. 发送器

发送器包括如下部件：
- 编码器——将输入信号转化为数字电脉冲（信号）；
- 光源——用于对信号进行调制；
- 连接器——将光源与光缆连接起来，使光信号在光纤中传输。

发送器收到电信号之后对其进行编码。在计算机网络系统中，编码是数字的。光源将数字编码调制为光脉冲，通过光纤传输给接收器。

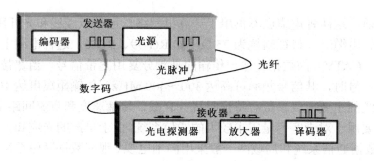

图 2.15 光纤通信系统示意图

光纤系统中有 LED（发光二极管）、激光二极管两种基本光源。LED 光源比激光的功率低，价格便宜。LED 可用于多模光纤，是最常见的光源。LED 能提供大约 250MHz 的带宽。激光二极管光源用于单模光纤，适合于长距离传输。激光功率较大，且为相干光源，光线并行发射，产生的衰减和散射较小。激光二极管可提供很高的带宽（理论上可达 10GHz）。

注意：千万不要用眼睛直接观察光纤中有没有光线。光纤局域网中使用的红外线激光束是不可见的，但对人的视力会产生永久性损伤。

2. 接收器

接收器将已调制的光脉冲还原为电信号并进行解码。位于目的结点计算机系统内的接收器包括：

- 光电探测器，将光脉冲转化为电信号；
- 放大器，根据需要设置；
- 消息译码器。

光缆的结构

光缆包括 3 部分，如图 2.16 所示。

- 内芯——内芯作为光线传输的中心通道。内芯的直径和折射率随光纤的规格不同而各异。内芯具有均匀折射率的光纤，叫作阶跃型折射指数光纤；内芯具有变化折射率的，叫作渐变型折射指数光纤。
- 反射层——反射层设计成可将光反射回内芯，因而使信号损失降至最小。
- 保护层——为光纤提供了一件外衣，以防止光纤受到可能的损伤。

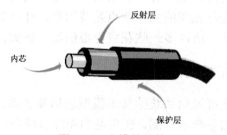

图 2.16 光缆的结构

光纤的尺寸

光纤非常细。衡量光纤内芯和反射层的单位是 μm。最细的光纤（单模）的内芯直径通常只有 5～10μm（0.000005～0.000010 m），粗一些的光纤（多模）内芯直径在 50～100μm 内变化。内芯直径也称为光圈孔径，因为它决定了光纤可以接收光波的最大入射角度。光纤通常用其内芯直径和反射层直径表示。例如，局域网最常用的光纤是 62.5μm/125μm 的光纤，其中 62.5μm 指的是内芯直径，而 125μm 指的是反射层直径。

每条光缆的内芯均只沿一个方向传导光线。因此通常用光纤束连接收发设备。光纤束可以是单股的单工缆线，也可以是包含双股光纤的双工缆线。双工缆线比单工缆线使用得更多一些。

也有由多束内芯构成的光缆。这种光缆多用作校园建筑物之间的户外大容量主干光缆。图 2.17 就描述了这种类型光缆的结构。

图 2.17　多束内芯光缆的结构

光纤的种类

光纤主要有两种：
- 多模光纤——指含有不止一种波长（模）的光信号；
- 单模光纤——指仅含有一种波长的光信号。

1. 多模光纤

通过光纤传输的每一条光束称为一个模。多模光纤比单模光纤宽，因而可提供足够的空间，供不止一束光线在光纤中传输。这些光束有不同的入射角度，在通过反射层反射时，它们有不同的反射角。图 2.18 示出了光在这种光纤中的传输。

图 2.18　光在多模光纤中传输

使用多模信号时，不同的光束所经过的传输距离不一样。一些光束在内芯中笔直地传输，其他的光束必须不断通过反射层的反射，直至到达光纤的远端。由于光速一致，传输的距离不等，所以信号的时域扩散逐渐增加，还可能因光脉冲的重叠而导致数据错误。这个问题称为色散。使用多模光纤时，这个问题十分突出。多模光纤有两种类型：
- 阶跃型折射指数光纤——只由两种透明材料构成：内芯和反射层。这种类型的光纤不补偿信号的色散。
- 渐变型折射指数光纤——反射层由多种透明涂层构成。特定的非均匀折射率可以使多束光以较统一的方式传输到远端。

渐变型折射指数光纤允许光线在内芯中以不同的速度传输。模的传输速度取决于其在光纤中传输的位置。通过内芯中部传输的模的速度比通过反射层传输的模的速度要慢。这样，所有的模就能更统一地到达远端。

最常见的标准光纤是 62.5μm/125μm 多模渐变折射指数光纤。

2. 单模光纤

单模光纤的直径是由所传输的光波波长决定的。典型的单模光纤的内芯直径是 8 μm。当指定波长（如 1.3 μm）的光束在这种光纤中传输时，只有一种模能沿着该内芯直径的光纤传播。由于单模光纤采用更稳定的相干光源，所以传输的距离要比多模光纤远；又由于单模光纤较细，要正确地安装它就比较困难,且费用较高。单模光纤大多数是突变折射率光纤。由于只有一种模在光纤中传输,因此单模光纤不存在多模光纤中的扩散和时延扩展问题。图 2.19 所示的单模光纤给出的是一种由内芯和反射层组成的突变折射率光纤。

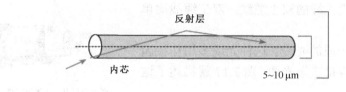

图 2.19　单模光纤

无线传输

无线电波日益用于通过开放空间承载的语音和数据信号。无线传输传统上用在不可能安装固定电缆的地方,如历史建筑物。当消费者要求蜂窝电话和无线数据网络的灵活性和方便性时,基于无线电移动通信的话音和数据爆发性地增长。

术语"无线"通常指信号用无线电技术承载。多数无线传输尽可能地使用基于电缆的电话系统,只有必要时才转移到无线电传输。

无线传输原理

无线话音和数据的传输基本上与无线电台一样工作。发送站传输指定的恒定频率和信号强度的无线电载波。为了发送信号,发送站用信号信息调制载波;调制的载波被放大或加强,然后发送到天线的发射器上;天线通过开放空间辐射出调制波。不同的天线类型可以等效地在所有的方向上辐射或聚焦。图 2.20 所示很好地展示了无线传输。

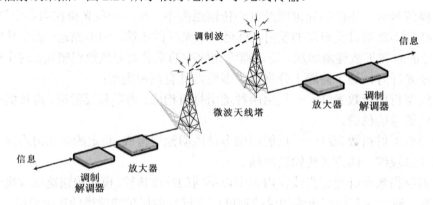

图 2.20　无线传输

当无线电波传播时,大的障碍(如小山)能阻挡它。电波离其源越远,波强度就越弱,正像语音随距离加大而变得衰弱一样。

1. 电磁频谱

无线电波是电磁谱的一部分,它包括所有类型的辐射能量,如无线电波、红外线、可见波和 X 射线等,如图 2.21 所示。

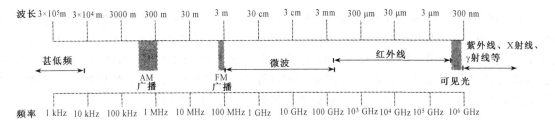

图 2.21　电磁频谱

电磁频谱似乎很宽，但不是所有的都能通过开放空间发送信号。大多数消息在可见光谱中发送；大气吸收紫外光；X 射线和 γ 射线很短，以致它们只是被多数人接受而很少使用。为了传输信号，必须用长于可见光的波长，如紫外线、微波和无线电波。一般称这些波长为"射频谱"。

通常，射频谱由波长和频率标识：

▶ 波长是波峰之间的物理距离，如图 2.22 所示。一些无线电波的波长达 30 km，而红外线波长范围从 3 mm 到 0.003 mm。较短波长用 μm、nm 或 Å（埃）度量，其中 1 Å=10^{-10} m。

▶ 频率是测量一个波每秒从波峰通过波谷再回到波峰的次数。频率以"周/秒"或 Hz 度量，1 Hz 等于 1 周/秒，1 kHz 等于 1 000 Hz，1 MHz 等于 1×10^6 Hz，1 GHz 等于 1×10^9 Hz。

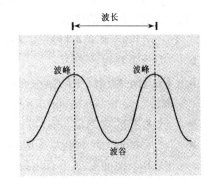

图 2.22　波长

这两种度量方法对于标识射频谱是相同的，因为它们直接相关。当信号的波长较短时，其频率却较高。这样，"100 GHz 频带"和"3 mm 波段"是一回事。

2. 有限射频谱的竞争

射频谱是有限的自然资源。技术改进可利用有限的频率范围来继续扩大无线带宽的可用数量。但是每个新的可用频率仍然是独特的，这样，两个用户可以同时在同一天线上以不同的频率传输。

为避免干扰，每类无线电传输（如从雷达到导航塔等）必须运行在指定的波长和功率电平上。因此每个频率的使用均由公共机构管制，射频谱的竞争是很激烈的。

3. 无线网络应用

无线电传输具有广泛的应用领域，就数据网络的无线传输而言可分成以下几类：

▶ 点对点微波系统；
▶ 卫星；
▶ 蜂窝系统和个人通信业务（PCS）；
▶ 无线 LAN；
▶ 短程紫外线传输。

讨论每种无线应用时，基本上都基于这样一个原理：发射机调制一个载波，接收机检测和解调该载波。

4. 点对点微波系统

微波系统通常使用调频在碟形天线之间传播方向信号。天线一般放在楼顶或天线塔上,用电线或电缆连接到发射和接收设备。连接不同建筑物 LAN 的微波链路大体一样,特别是在密集安放新电缆的城市里。但是,微波传输容易受到空气中水(雨和雾)的影响,并容易受到偷听的攻击。微波的主要缺点是收发天线必须在视线上(排列整齐,能清楚看到所有天线)。延长微波链路需要称为"中继器"的一系列中间天线,并能绕开障碍物。

卫星通信

卫星是一种通信传输设备。卫星接收地面站的信号,加以放大后发射。覆盖范围内的地面站能接收到其发射的信息。卫星传输由单个地面站开始,经过通信卫星,在一个或多个地面站结束。卫星本身是一个活动中继,与地面微波通信中的中继站相似。图 2.23 说明了信号通过卫星传输的路径。

一个卫星包括如下 4 种基本功能:
- 从地面站接收信号;
- 改变所接收信号的频率(上行链路);
- 放大所接收的信号;
- 将所接收信号再次发送到一个或多个地面站(下行链路)。

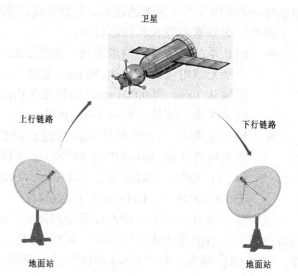

图 2.23 卫星信号路径

1. GEO 卫星

地球同步轨道(GEO)卫星以与地球旋转同样的速度环绕地球,使得卫星位置保持在地球表面的同一点上。

GEO 传输的优点是单个卫星能够覆盖很大的范围。例如,国际移动卫星系统覆盖整个地球,除了南北极,有 4 个主要的卫星(4 个附加的卫星用作备份)。

GEO 传输的缺点是信号传播时间较长。GEO 卫星的轨道距离要求是 35 785 km,相当于地球与月球之间距离的十分之一。这样,信号传输到卫星再返回地球传播的距离约为 $2\times35.8\times10^6$ m。若以光速 3×10^8 m/s 计算,无线电波往返于 GEO 和地球所需的时间为 0.238 s。虽然这个传播时延值看似较小,但对于一些应用来说,近似 0.2 s 的延迟会显得很重要。在视频电话会议中,人能够感觉到 0.2 s 的延迟;对于电子交易例如证券交易限量发行的债券,延迟 0.2 s 就有可能影响交易是否成功。

2. LEO 卫星

低地球轨道(LEO)卫星解决了时延问题,因为它们位于较低轨道上:距地球 700~2 414 km 高。低轨道卫星位置不保持固定,相对于地球表面移动。卫星轨道越低,移动越快,地球能覆盖的区域越小。LEO 系统需要许多卫星(40~70 个)以精确受控方式进入轨道。一个卫星群需要的费用和控制系统的附加复杂性大大地增加了 LEO 卫星的花费。

3. 中继卫星

中继卫星的主要功能是进行天基测控和空天数据中继，相当于把地面测控站搬到距地面 35 785 km 的地球同步轨道上，可为卫星、飞船等航天器提供数据中继和测控服务。

作为在太空中运行的数据"中转站"，中继卫星能使资源卫星、环境卫星等数据实时下传，极大提升各类卫星使用效益和应急能力，因此被形象地称为"卫星的卫星"。

中继卫星系统集跟踪、测控、数据中继等多种功能为一体，是空间信息传输的枢纽和高效的天基测控设施。中继卫星与通信卫星相比，通信卫星的用户主要为地面固定站或速度较低的移动通信站，其星载天线大多指向固定，而中继卫星星间天线大多需要跟踪高速、高动态运动的卫星、飞船等航天器。

中继卫星系统由位于地球同步轨道的中继卫星、地面应用系统和用户终端三部分组成。中继卫星中继往返于地面站和用户目标之间的信号，将地面站发射的遥控指令、测距信号和其他注入数据通过中继卫星转发给用户目标，用户目标则接收、解调出遥控指令，并按照指令规定的内容做出响应，同时将它自身获得的数据反向传输给中继卫星，中继卫星接收到这些信号后，再转发到地面。

建设中继卫星系统，是世界航天强国发展的必由之路，它可为频繁、高强度的航天发射任务带来极大便利。我国从 20 世纪 70 年代开始研究中继卫星，90 年代有关技术论证获得成功。2008 年 4 月，"天链一号 01 星"成功发射并顺利在轨运行，使我国成为继美国、俄罗斯、欧洲和日本之后第五个拥有中继卫星的国家，实现了我国航天测控由陆海基向天基的跨越。2011 年 7 月、2012 年 7 月，先后成功发射"天链一号 02 星、03 星"并与 01 星组网运行，我国成为继美国之后第二个实现中继卫星系统三星在轨组网、全球覆盖的国家，航天测控覆盖率提升到近 100%，从此我国正式建成比较完备的第一代中继卫星系统。

2016 年 11 月 22 日 23 时 24 分，我国自主研制的天链一号 04 星由长征三号丙运载火箭送入太空。这是我国天链中继卫星系统的第四名成员。天链一号 04 星是我国第一代中继卫星系统的备份星。由于 01 星是在 2008 年发射的，设计寿命为 6 年，已在轨超期服役，因此 04 星主要是替代 01 星，确保中继卫星系统由第一代向第二代平稳过渡。

蜂窝系统和个人通信业务（PCS）

像许多无线系统一样，蜂窝电话系统通过常规的地面电话交换网络发送呼叫，只是到用户的最后一公里转移到无线电传输（用无线链路取代铜本地环）。

蜂窝收发器的天线（塔）阵将信号传输到蜂窝电话用户，并接收它们的信号。每个收发器的天线都与有线电话网相连，并将电话信号转换为无线电波，同时也将无线电波转换为电话信号。

每个天线塔所覆盖的区域叫作"蜂窝"。蜂窝的数量和放置关键在于好的性能。因为蜂窝电话传输像其他微波天线一样需要视距传输，物理障碍（如小山或大楼）会引起呼叫堵塞和"盲区"。

PCS 是使用蜂窝传输或 LEO 卫星传输话音和数据的便携设备。PCS 可以说是具有计算机功能的蜂窝电话或具有电话功能的便携式计算机。因此 PCS 包括各种各样的智能设备，如：

▶ 智能手机；
▶ 个人数字助手（PDA），例如掌上型计算机；
▶ 有蜂窝调制解调器的膝上型电脑。

人们使用的这些设备是 PCS 最普通的设备，也用于远端设备的监视和控制，如仪器或科研监视系统。例如，农场工人用蜂窝 PCS 控制远程灌溉系统，而研究员用它监视山顶地震检波器。

练习

1. 判断对错：双绞线主要用于长距离、高比特率传输。
2. 判断对错：双绞线绞合的目的是使线缆更坚固和更容易安装。
3. 判断对错：UTP 电缆广泛应用于数据网络。
4. 星状或环状网络使用什么类型的线缆？
5. 判断对错：光纤对电子噪声不敏感。
6. 判断对错：单模光纤使用激光束产生光信号。
7. 2 GHz 信号的波长短于 2 kHz 信号的波长。判断对错。
8. 无线电发射机使用 1 GHz 频率的载波，该信号的波长是多少？
9. 无线电信号以光速（3×10^8 m/s）传播。信号传输到赤道之上的 GEO 卫星然后返回地球，需要多长时间（假设卫星不增加其自身的处理时间）？
10. 为什么 GEO 卫星总是保持在地球上空相同的位置？
11. 以下关于光纤的说法中，错误的是（　　）。
    a. 单模光纤的纤芯直径更细　　b. 多模光纤比单模光纤的传输距离近
    c. 单模光纤采用 LED 作为光源　d. 多模光纤中光波在光导纤维中以多种模式传播
12. 光纤分为单模光纤和多模光纤，这两种光纤的区别是（　　）。
    a. 单模光纤的数据速率比多模光纤低　　b. 多模光纤比单模光纤传输距离更远
    c. 单模光纤比多模光纤的价格更便宜　　d. 多模光纤比单模光纤的纤芯直径粗

【提示】多模光纤纤芯直径较大，可为 50 μm 和 62.5 μm 两种；单模光纤纤芯直径较小，一般为 9～10 μm。可见，多模光纤比单模光纤的纤芯直径粗。由于单模光纤纤芯直径很小，理论上只能传导一种模式的光，从而避免了模态色散，光在其中无反射地沿直线传播，因此具有较高的数据速率，传输距离较长，但成本较高。相对而言，多模光纤的传输速率较低，传输距离较短。参考答案是选项 d。

13. 关于多模光纤，下面的描述中错误的是（　　）。
    a.多模光纤的芯线由透明的玻璃或塑料制成　　b.光波在纤芯中以多种反射路径传播
    c.多模光纤包层的折射率比芯线的折射率低
    d.多模光纤的数据传输速率比单模光纤的数据传输速率高

【提示】光纤的芯线由纯净的玻璃或塑料制成。包层包围的芯线部分，也是玻璃或塑料的，但它的光密度要比核心部分低，即包层的折射率比芯线的折射率低。进入光纤的光波在两种材料的界面上形成全反射，从而不断地向前传播。在多模光纤中，光波在光导纤维中以多种模式传播，不同的传播模式有不同的电磁场分布和不同的传播路径，而单模光纤只以一种模式传播。相对于单模光纤来讲，多模光纤的模间色散较大，带宽比较窄，数据传输速率较低。参考答案是选项 d。

补充练习

1. 找到下列类型电缆的样品，仔细观察并分别讨论它们的特征：
    a. 100Base-T 以太网　　　　　　　　b. 10Base-2 同轴电缆

c. 第 5e 类 UTP   d. 第 6 类 UTP
2．观察细同轴电缆、粗同轴电缆、STP（屏蔽双绞线）、UTP 和光缆，并讨论它们的特性。
3．访问 Web 站点或者网络电缆制造商，查询产品信息。

第四节　网络拓扑结构

网络的物理结构（或其"拓扑"）所描述的是线路、连接器和其他设备的物理分布。网络拓扑对网络的运行和效率有很大的影响。

网络就像道路、高速公路系统一样。长期以来，人们已开发出不同类型的道路系统，以适应各类运输需要。例如，郊外附近的曲折互连的街道是为各家庭用户之间低速穿行而设计的。相反，直而宽的高速公路提供了城市之间的高速行进通道。同样，人们已开发出不同的网络拓扑以适应各种通信需要。本节介绍用于数据网的主要拓扑。单一的网络可以基于这些拓扑的一种或几种拓扑的组合。

学习目标

▶ 画出总线网络、星状网络、环状网络、网状网络的拓扑示意图；
▶ 掌握信号在总线拓扑中传输的方式；
▶ 理解物理拓扑和逻辑拓扑的差别，以及环状拓扑和星环状拓扑的差别。

关键知识点

▶ 大部分局域网使用星状拓扑。

总线拓扑

总线拓扑是最简单的网络设计之一，是用在局域网的第一个拓扑。总线是连接所有网络设备的单一电缆（虽然总线可能是由许多独立的电缆线构成的）。总线拓扑结构如图 2.24 所示。设备连接到总线的点叫作"分接点"。分接点用不同的硬件和方法制成，取决于总线所用电缆的类型。

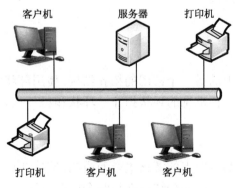

图 2.24　总线拓扑结构

当一个结点传输数据时，信号沿着总线在两个方向上传播。当信号通过该连接点时，连接到总线的每个结点接收信号。但是，结点会丢弃不是明确地寻址到它的任何信号。因为在总线上的每个结点都"侦听"由任何别的结点传输的每个信息，所以认为总线拓扑是广播网络。

总线拓扑简单而易懂。但是，如果总线电缆断了，整个网络就会失去通信能力。此外，要改变总线网络上结点的数量和位置是比较困难的。

星状拓扑

星状拓扑是局域网中最常用的拓扑。如果所有计算机都连接到一个中心结点，网络即形成星状拓扑。因为星状拓扑网络很像车轮子的轮毂（英文单词是 Hub），所以它的中心结点通常被称为集线器（Hub）。典型的集线器其实就是这样一种电子设备：它能够发送计算机数据，然后再把数据转发到合适的目的计算机。现在，作为星状拓扑结构中心结点的设备多为交换机，如图 2.25 所示。

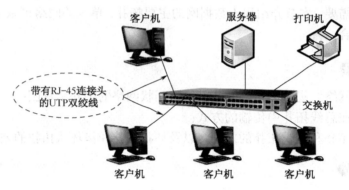

图 2.25　星状拓扑

与总线拓扑一样，星状拓扑网络也可认为是广播网络。当计算机要将信息传输到别的计算机时，信号首先传输到交换机，然后交换机将信号复制到与它相连接的所有计算机上。交换机执行了与总线电缆同样的功能。如果交换机出现故障，整个网络就失去通信能力。星状网络与总线网络相比具有以下优点：

- ▶ 集线器、交换机具有检测有缺陷电缆和设备的功能；
- ▶ 从网络中增加或删除结点较为容易；
- ▶ 网络出现问题易于检修。

环状拓扑

环状拓扑是计算机网络中的另一个常用的拓扑结构。使用环状拓扑的网络把计算机连接成一个封闭的圆环。网络中有两种常见的环状拓扑：环状和星环状。

环状

纯粹的环是由许多独立的点对点的链路集合而成的。连接在环上的每一个结点都有一个输入连接点和一个输出连接点，所以每个结点都与两个链路相连。

在许多环中，当结点在输入连接点上接收信号时，结点立刻把它传递到输出连接点上。这样数据只在一个方向流动，如图 2.26 所示。与星状或总线网络上的结点一样，环状网络结点只复制寻址到它的信号。每个结点都能够把一些新的数据放到环上以发送消息。

如果某一个结点发生故障（如掉电），就不能把输入端接收到的信号转发出去。一旦一个结点失去这个功能，整个环就会被破坏；只有等到被破坏的结点恢复或移走后，环上数据才能重新进行传输。一些环状拓扑结构采用了双环，以防结点或链路万一发生故障时能够恢复。

环状网通常是网络的主干网。环状主干网可为多层建筑的不同楼层之间或者城域网（MAN）中不同建筑物之间提供系统互连。

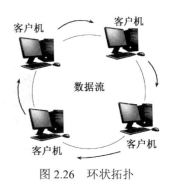

图 2.26　环状拓扑

星环设计

将环状拓扑和星状拓扑相结合，可以得到可靠、耐用的星环网络配置。每个结点都通过一条线连接到一个中心集线器上。集线器又叫多站接入单元（MAU）或配线集线器（Wring Hub）。

星环状网络在物理上是星状结构，但是它的结点到结点之间的信息传输路线却是一个逻辑环。连接到中心集线器的每个结点依次接收信息，直到所有连接到 MAU 的结点都接收到了信息为止。正因为这种网络在物理上看来是星状结构，但信息却是在一个逻辑环上流动的，所以称为星环状网。

实现一个星环状拓扑结构所需的连线，比纯环状或总线拓扑结构的网络要多，但星环状网络可以解决纯环状网络存在的缺陷。

广域拓扑

当两个或两个以上局域网由点对点通信链路连接时，形成 WAN 或 MAN。当互连的局域网数量增加时，一些网络演化成为广域星状拓扑结构，所有的分支办公室连接到一个中央总部位置。然而，一些组织需要他们的每个位置能直接与任何别的位置通信而不要通过中心点路由所有的通信。以下广域拓扑可以适应这些需求：

▶ 网状拓扑；
▶ 网格（Mesh）网络拓扑；
▶ 网络云。

网状拓扑

若干个点对点的链路用以连接多个站点的网络结构，称为网状拓扑。随着新的站点加入整个网络，网状网络就建立起来了。图 2.27 所示为网状拓扑结构示例。

理解网状网相当简单。点对点链路的数量随着位置数的增加而快速地增加。例如，3 个站的网状网需要 3 条链路，4 个站需要 6 条链路，5 个站需要 10 条链路。如此下去，不需要多久网状网的费用就会变得非常之高。

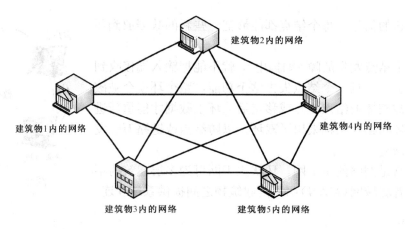

图 2.27 网状拓扑结构示例

网格（Mesh）网络拓扑

无线 Mesh 网络是一种与传统无线网络完全不同的网络。在传统无线接入技术中，主要采用点对点或者点对多点的拓扑结构。这种拓扑结构一般都存在一个中心结点，例如移动通信系统中的基站、802.11 WLAN 中的 AP 等。中心结点一方面与各个无线终端通过单跳无线链路相连，控制各无线终端对无线网络的访问；另一方面，中心结点又通过有线链路与有线骨干网相连，提供到骨干网的连接。在无线 Mesh 网络中，各网络结点通过相邻的其他网络结点以无线多跳方式相连，即任何无线结点都可以同时作为 AP 和路由器，网络中的每个结点都可以发送和接收信号，每个结点都可以与一个或者多个对等结点进行直接通信。在这种无线 Mesh 网络结构中，目前认为无线 Mesh 网络包含以下两类网络结点：

- Mesh 路由器——Mesh 路由器除了具有传统的无线路由器的网关/中继功能外，还支持 Mesh 网络互连的路由功能。Mesh 路由器通常具有多个无线接口，这些无线接口可以基于相同的无线接入技术构建，也可以基于不同的无线接入技术。与传统的无线路由器相比，无线 Mesh 路由器可以通过无线多跳通信，以更低的发射功率获得同样的无线覆盖范围。
- Mesh 终端——Mesh 终端也具有一定的 Mesh 网络互连和分组转发功能，但是一般不具有网关桥接功能。通常，Mesh 终端只具有一个无线接口，其实现复杂度远小于 Mesh 路由器。

根据各个结点功能的不同，无线 Mesh 网络结构分为 3 类：骨干网 Mesh 结构（分级结构）、客户端 Mesh 结构（平面结构）、混合结构。

骨干网 Mesh 结构是由 Mesh 路由器网状互连形成的，无线 Mesh 骨干网再通过其中的 Mesh 路由器与外部网络相连。Mesh 路由器除了具有传统的无线路由器的网关、中继功能外，还具有支持 Mesh 网络互连的路由功能，可以通过无线多跳通信，以低得多的发射功率获得同样的无线覆盖范围。

客户端 Mesh 结构是由 Mesh 用户端之间互连构成一个小型对等通信网络，在用户设备间提供点对点的服务。Mesh 网用户终端可以是便携式计算机、手机、PDA 等装有无线网卡、天线的用户设备。这种结构实际上就是一个 Ad Hoc 网络，可以在没有或不便使用现有网络基础设施的情况下提供一种通信支撑。

综合以上两种无线 Mesh 网络结构，Mesh 客户端可以通过 Mesh 路由器接入骨干 Mesh 网络，形成 Mesh 网络的混合结构。这种结构提供了与其他一些网络的连接，如因特网、WLAN、WiMAX、蜂窝和无线传感器网络。在无线 Mesh 网络混合结构中，可以利用客户端的路由能力为无线 Mesh 网络增强连接性，扩大网络覆盖范围。

网络云

不是所有的网络都使用点对点的链路连接，网络云就是在网络拓扑中常见的另一种拓扑。网络云其实不是一种实际的拓扑结构,而代表了一种未知的拓扑,通常是指网络服务提供商（如电信公司）提供的一种服务。网络云如图 2.28 所示。

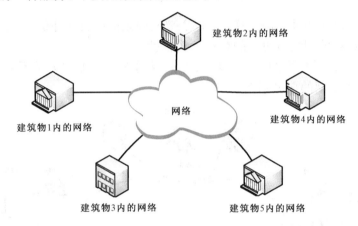

图 2.28　网络云

在网络云配置类型中,不同的网络是通过一种服务而不是一系列的点对点的链路进行连接的。将这个交换网络画成云状的原因，是网络内部的运行对于使用服务的用户是不可见的。只有服务提供者才知道建立站点间通路的拓扑和连接详情。每个单独的网络仅仅是预订服务，而且要求建立一条连接到服务的链路。从端用户的角度看，大大减少了网络的复杂程度。

网络云与网状网相比主要有以下几个优点：
- 费用——正如在网状拓扑图上所看到的，提供 5 个位置的全连接网络需要 10 条点对点链路。用网络云，连接 5 个站只需 5 条点对点链路。每个新位置加入网络云仅需要 1 条链路，网络使用费只按比例增加。再者，即使不使用，公司也必须支付点对点连接的费用。而多数的网络云使用费仅取决于它们承载的业务量。
- 简单的网络管理——网络云服务的提供者（非用户）负责维护和升级网络物理交换系统。对用户机构，可减少维护广域网的费用。
- 灵活性——即使很小的网状网，要改变其配置也是很不方便的，但对网络云来说，增加带宽或增加接入点的数目很容易做到。

网络主干

小型网络可由单一的总线、单一的环或基于单一中心交换机的星状拓扑组成。当单位规模扩大时，常常需要将一些简单的网络拓扑连接形成较为复杂的网络。例如，图 2.29 示出了一个单位的三个以太局域网，为实现跨越整个单位的网络通信，将三个星状网络由称为主干的拓扑连接在一起了。

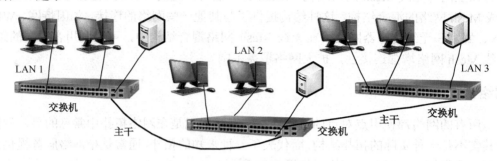

图 2.29　三个以太局域网

网络主干的功能就像高速公路一样，提供主要网段之间的直接通信。这样，主干网必须比连接单个计算机工作组的网络有更高的数据承载容量。

环状网通常作为大型网络的主干。环状主干网通常连接多层大楼不同楼层的局域网，图 2.30 所示是环状主干网的典型示例。

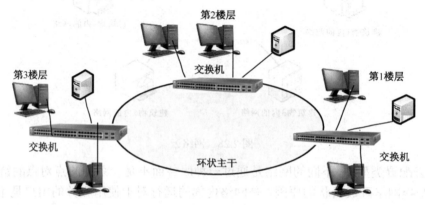

图 2.30　环状主干网典型示例

与用于 LAN 的以 MAU 为中心的星环状拓扑不同，环状主干网通常使用点对点链路连接分隔网络的"真"环。

练习

1. 总线网络的每个结点将信号传播到总线的下一个结点，接收结点从总线上接收信号。判断对错。
2. 在环状网中，信号依次传播到环上每一结点。判断对错。
3. 因特网使用什么拓扑？
4. 画出配置 4 个结点的 4 端口集线器，命名为结点 A、B、C 和 D。如果结点 B 传输数据到结点 D，请圈出接收该数据的结点。
5. 画出配置 5 个结点的逻辑环状子网（为了绕环状网一周），命名为结点 A、B、C、D 和 E，画出描述从 A 到 B、B 到 C 等的数据流方向箭头。
6. 如果结点 D 传输到结点 C，信号被转发多少次？

补充练习

纯环状或星环状拓扑易维护和故障检修吗？请详细解释。

第五节 网络实例

计算机网络这一主题涵盖了许多不同种类的网络，规模有大有小，不同的网络具有不同的目标、规模和技术。随着网络技术的发展，网络硬件日趋多样化，且功能更强，结构也更为复杂。本节将结合一些具体的网络实例，包括因特网、第四代移动电话网、RFID 和传感网、云计算以及软件定义网络（SDN），介绍网络的基本组成及其发展趋势，以期对计算机网络领域中的典型网络有一个初步认识和了解。

学习目标

- 了解几种典型计算机网络（包括因特网、第四代移动电话网络、RFID 和传感网）的基本组成；
- 熟悉云计算、软件定义网络（SDN）的基本概念。

关键知识点

- 各类计算机网络组成的拓扑结构是组成计算机网络的关键。

因特网

因特网（Internet）并不是单个的网络，而是大量不同网络的集合，这些网络使用特定的公共协议，并提供特定的公共服务。因此可以说，因特网是一个世界范围的广域计算机网络，是一个互连了遍及全世界数以百万计的计算机系统的网络。早期网络中终端设备多数是个人桌面计算机、基于 Linux 的工作站以及所谓的服务器。然而，越来越多的非传统的 Internet 端系统，如个人数字助理（PDA）、TV、智能手机以及家用电器等，也正在与 Internet 相连接。图 2.31 所示是 Internet 的网络结构示意图。

从图 2.31 可以看到，Internet 的网络结构具有以下几个重要特点：

- 大量的用户计算机与移动终端设备通过 IEEE 802.3 标准的局域网、IEEE 802.11 标准的无线局域网、IEEE 802.16 标准的无线城域网、无线自组网（Ad Hoc 网络）、无线传感器网络（WSN），或者有线电话交换网（PSDN）、无线（4G/5G）移动通信网以及有线电视网（CATV）接入本地的 ISP、企业网或校园网。
- ISP、企业网或校园网汇聚到作为地区主干网的宽带城域网，宽带城域网通过城市宽带出口连接到国家或国际级主干网。
- 大型主干网由大量分布在不同地理位置、通过光纤连接的高端路由器构成，提供高带宽的传输服务。国家或国际级主干网组成因特网的主干网。国际、国家级主干网与地区级主干网上连接着很多服务器集群，为接入的用户提供各种因特网服务。

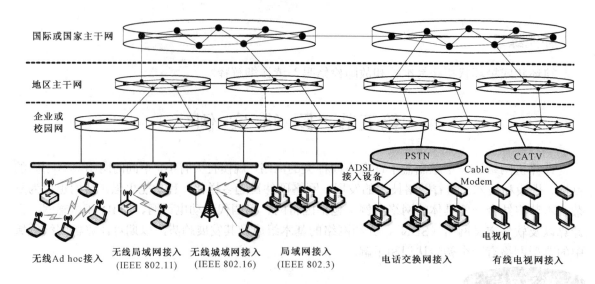

图 2.31 因特网的网络结构示意图

简言之，端系统通过 Internet 服务提供商（ISP）接入 Internet。每个 ISP 是一个由多个分组交换机和多段通信链路组成的网络。不同的 ISP 为端系统提供不同类型的网络接入，包括 56 kb/s 拨号调制解调器接入、xDSL 宽带接入、高速局域网接入和无线接入等。ISP 也对内容提供者提供 Internet 接入服务，将 Web 站点直接接入 Internet。为了允许 Internet 用户之间相互通信，允许访问世界范围的 Internet 内容，区域 ISP 通过国家、国际的高层 ISP 互连起来。高层 ISP 主要由通过高速光纤链路互连的高速路由器组成。无论是高层 ISP 还是区域 ISP 网络，都是独立管理的，都运行 IP 协议，并遵从一定的域名命名、地址编址规定。端系统、交换机和其他一些 Internet 构件，都要运行接收和发送信息的一系列协议。其中 TCP 和 IP 是 Internet 中两个最重要的协议，因此，把 Internet 的协议统称为 TCP/IP 协议栈。

移动电话网络

人们喜欢利用电话进行交谈，喜欢的程度可以说远远超过在网上冲浪，这种需求促使移动电话网络成了世界上最成功的网络。据统计，全球移动电话用户约占世界人口的 60%以上，其数量比因特网主机数和固定电话的总和还要大（ITU, 2009）。在过去的 40 多年中，伴随着移动电话用户需求的巨大增长，移动电话网络的体系结构已发生了几次巨大变化：

第一代移动电话系统以连续变化的（模拟）信号来传输语音通话。第一代移动通信（1G）主要采用模拟语音调制技术和频分多址（FDMA）技术，传输速率约 2.4 kb/s，不能进行长途漫游，是区域性的移动通信系统。1G 有多种制式，但它们之间互不兼容。同时，1G 存在很多不足之处，如容量有限，制式太多，互不兼容，保密性差，通话质量不高，不能提供数据业务，不能提供自动漫游，设备价格高等。

第二代移动电话系统从模拟切换到以数字形式传输语音通话。第 2 代移动通信（2G）主要采用数字时分多址（TDMA）技术和码分多址（CDMA）技术，传输速率为 9.6 kb/s。全球主要有 GSM 和 CDMA（IS-95）两种体制。2G 主要提供数字化的语音业务及低速率数据业务。2G 克服了模拟系统的弱点，其语音质量和保密性能得到很大提高，并可进行区域内、区域之间自动漫游；但无法进行全球漫游。

第三代（或称 3G）移动电话系统最初在 2001 年得到部署，它综合了蜂窝、无绳、集群、移动数据、卫星等各种移动通信系统的功能，与固定电信网的业务兼容，能同时提供数字语音和数据业务。关于 3G 有很多行业术语和许多不同的标准可供选择。ITU 对 3G 的定义是：为行驶中的车辆提供 384 kb/s 的传输速率，为静止或步行的用户提供至少 2 Mb/s 的传输速率。3G 的目标是实现所有地区（城区与野外）的无缝覆盖，从而使用户在任何地方均可以使用系统所提供的各种服务。3G 标准由国际电信联盟（ITU）负责制定，ITU 最初发展 3G 的目标是建立一个全球统一的通信标准，但由于利益分歧，导致欧洲提出的 WCDMA、美国提出的 cdma2000 和我国提出的 TD-SCDMA 三种 3G 标准并存。

第四代移动通信（4G）在传统网络通信技术基础上，进一步增强了网络效率和功能，提高了数据通信速率，其传输速率可达到 20 Mb/s，最高可以达到 100 Mb/s，比目前的家用宽带 ADSL（4 Mb/s）快 25 倍，并能够满足几乎所有用户对于无线服务的要求。4G 集 3G 与 WLAN 于一体，能够根据移动速度可变地支持各种数据传输速率；以 IP 为基础进行无线接续，支持 QoS；各系统之间实现无缝业务支持；支持全球漫游；支持多重模式；支持对称和非对称业务等。同时，其他无线通信技术也在为固定和移动用户提供宽带因特网接入服务，最著名的是 IEEE 802.16 网络，其常用名称为 WiMAX。2013 年 12 月 4 日，工业和信息化部向中国移动、中国电信、中国联通正式发放了第四代移动通信业务牌照（即 4G 牌照），标志着中国电信产业正式进入了 4G 时代。

4G 系统与之前的 3G、2G、1G 系统一样，存在的共同问题是稀缺的无线电频谱资源。正因为频谱资源稀缺，才导致了蜂窝网络的设计（如图 2.32 所示），现在的电话网络就采用了这种架构。为了管理用户与用户之间的无线电干扰，系统的覆盖区域被分成一个个蜂窝。在一个蜂窝内，为用户分配互相不干扰的信道，而且分配的信道对相邻蜂窝也不能干扰太大。这样的频率分配方法使得相邻蜂窝中的频谱得以很好地重复使用，即频率重用，从而增加了整个网络的容量。

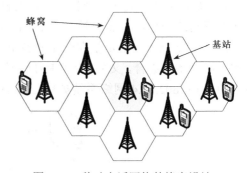

图 2.32 移动电话网络的蜂窝设计

通信技术的不断推陈出新，以提供更高的数据速率和更完善的业务支持。第五代移动通信技术即第五代移动电话行动通信标准（5G）是 4G 之后的延伸。2017 年 2 月 9 日，国际通信标准组织 3GPP 宣布了"5G"的官方 Logo。从用户体验看，5G 具有更高的速率、更宽的带宽，预计 5G 网速将从 4G 的 100 Mb/s 提高到几十 Gb/s，只需几秒即可下载一部高清电影，能够满足消费者对虚拟现实、超高清视频等更高的网络体验需求。从行业应用看，5G 具有更高的可靠性、更低的时延，能够满足智能制造、自动驾驶等行业应用的特定需求，拓宽融合产业的发展空间，支撑经济社会创新发展。

物联网

以上所述网络都是由计算机设备组成的；无论是计算机还是移动电话都具有计算能力，因此这些设备很容易被识别。物联网采用无线射频识别（RFID）技术、无线传感网技术，可以让日常用品也成为计算机网络的一部分。

顾名思义，物联网（Internet of Things，IoT）就是物物相联的互联网。这有两层意思：一是物联网的核心和基础仍然是互联网，是在互联网基础上的延伸和扩展的网络；二是其用户端延伸和扩展到了任何物品与物品之间，进行信息交换和通信，也就是物物相息。物联网通过智能感知、无线射频识别技术与普适计算等通信感知技术，广泛应用于网络的融合中，也因此被称为继计算机、互联网之后世界信息产业发展的第三次浪潮。物联网是互联网的应用拓展，与其说物联网是网络，不如说物联网是业务和应用。因此，应用创新是物联网发展的核心，以用户体验为核心的创新 2.0 是物联网发展的灵魂。

目前，构建物联网的主要技术之一是 RFID。RFID 标签看起来像是一个邮票大小的贴纸，可贴在（或嵌入）某个对象上，因此可以用来跟踪该对象。该对象可以是一头牛、一本护照、一本书或一个集装箱。RFID 标签由两部分组成：

- 一个带有唯一标识符的小芯片；
- 一个无线电传输的天线。

RFID 读写器安装在跟踪点处，当对象进入特定范围时，RFID 读写器可发现它们携带的标签并询问有关它们的信息。RFID 的相关应用很广，包括身份、管理供应链、计时比赛以及取代条形码等。RFID 标签刚开始时只作为标识芯片，但很快就转而成为全面配置的计算机。例如，许多标签都有内存，可被更新和查询。这样的标签可用来记录或存储针对有关对象的所发生的事件信息。

进一步加强 RFID 能力的是无线传感器网络。无线传感器网络的部署可用来监测物理世界的各种事件，如监测鸟类栖息地、火山活动和斑马迁移等；进而发展到商业应用，包括医疗保健、无线数据采集、无线工业控制、消费性电子设备、智能交通、智能农业、智能家居等领域。无线传感网的一个典型实例是基于 IEEE 802.15.4 标准研制开发的 ZigBee 网络系统。

IEEE 802.15.4 网络是指在一个 POS 内使用相同无线信道并通过 IEEE 802.15.4 标准相互通信的一组设备的集合，又名 LR-WPAN 网络，其实也就是 ZigBee 网络。例如，一个基于 ZigBee 技术的 IEEE 802.15.4 网络系统如图 2.33 所示。

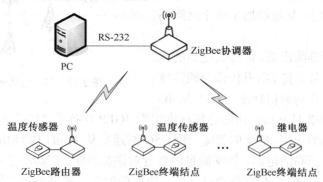

图 2.33　基于 ZigBee 技术的 IEEE 802.15.4 网络系统

在该 ZigBee 网络系统中，部署了一个 ZigBee 协调器与 PC 相连，同时部署了若干 ZigBee 终端结点或路由器，使其连接温度、湿度和光敏电阻等传感器来监测环境。另外，环境中还部署了一些 ZigBee 终端结点与执行器连接，如在智能家居系统中用于控制窗帘的开关、台灯的亮灭等。ZigBee 协调器和终端结点在房间环境内组成一个星状结构的 ZigBee 无线传感器执行网络。

ZigBee 网络系统的整体工作过程是：首先由协调器结点成功创建 ZigBee 网络，然后等待终端结点加入。当终端结点及传感器上电后，会自动查找空间中存在的 ZigBee 网络，找到后即加入网络，并把该结点的物理地址发送给协调器。协调器把结点的地址信息等通过串口发送给计算机进行保存。当计算机想要获取某一结点处的传感器值时，只需向串口发送相应结点的物理地址及测量指令。协调器通过串口从计算机端收到物理地址后，会向相应的传感器结点发送数据，传达传感器测量指令。传感器结点收到数据后，通过传感器测量数据，然后将测量结果发送给协调器，并在计算机端进行显示。

RFID 和传感器网络在未来将会变得非常强大、普适。世界上的万事万物，小到钥匙、手表、手机，大到汽车、楼房，只要嵌入有关的微型射频标签芯片或传感器芯片，通过因特网就能实现物与物之间的信息交互，从而形成无处不在的物联网。世界上所有的人和物在任何时间、任何地点，都可以方便地实现人与人、人与物、物与物之间的信息交互。

家庭网络

家庭网络（Home Network）概念的提出已有多年，指的是融合家庭控制网络和多媒体信息网络于一体的家庭信息化平台，是在家庭范围内实现信息、通信、娱乐、家电、自动化、照明等设备，安保（监控）装置，水、电、气、热表，家庭求助报警设备等的互连和管理，以及数据和多媒体信息共享的系统。家庭网络系统构成了智能化家庭设备系统，提高了家庭生活、学习、工作、娱乐的品质，是家庭数字化的发展方向。

组建一个家庭网络系统，首先要确定家庭网络的组成部分，各个组成部分间的相互关系、功能和作用，以及家庭网络应用和覆盖范围等基本问题。通常，将家庭网络系统分成家庭主网和家庭控制子网：
- 家庭主网传输高速信息（包括音视频信息），要求带宽比较宽，通信模块的成本相对较高；
- 家庭控制子网传输低速信息（控制信息），带宽比较窄，通信模块的成本相对较低。

一般来说，作为一个家庭网络，其接入的计算机数量较少，由于房间面积受限，布线距离较短；因此，有总线拓扑和星状拓扑两种拓扑结构可以选择。目前，比较成熟和流行的家庭网络解决方案都基于不同的物理媒介，实现家庭内部的网络互联，具有各自的特点和不足之处。常见的家庭网络技术类型为无线网络、以太网和 HomePNA。

无线网络

网络可以是一台连接到 Internet 的计算机，或者两台或多台彼此相连（也可能连接到 Internet）的计算机。无线网络使用无线电波在计算机之间发送信息。最常见的三种无线网络标准为 IEEE 802.11b、IEEE 802.11g 和 IEEE 802.11a；而 IEEE 802.11n 是一种新标准，有望逐渐普及。
- IEEE 802.11b——以最大速率 11 Mb/s 传输数据；在最佳条件下，从 Internet 下载 10 MB 的照片大约需要 7 s。
- IEEE 802.11g——以最大速率 54 Mb/s 传输数据；在最佳条件下，从 Internet 下载 10 MB 的照片大约需要 1.5 s。
- IEEE 802.11a——以最大速率 54 Mb/s 传输数据；在最佳条件下，从 Internet 下载 10 MB 的照片大约需要 1.5 s。

▶ IEEE 802.11n——根据硬件所支持的数据流数量，理论上的数据传输速率可达 150 Mb/s、300 Mb/s、450 Mb/s 或 600 Mb/s。

注意：以上所列的传输时间是理想条件下的传输性能。在正常情况下，不一定能达到这种性能，因为硬件、Web 服务器、网络流量条件等方面存在差异。

无线网络的优点是不受电缆的限制，移动计算机十分方便，安装无线网络通常比安装以太网更容易。缺点是无线技术的速度通常比其他几种网络的速度慢，可能会受到某些物体（如墙壁、大型金属物品和管道）的干扰，而且许多无绳电话和微波炉在使用时也可能会干扰无线网络。

以太网

以太网使用以太网电缆在计算机之间发送信息。以太网以 10 Mb/s、100 Mb/s 或 1 000 Mb/s 的速率（取决于所使用的电缆类型）传输数据。千兆以太网速度较快，其传输速率可达 1 000 Mb/s。例如，从 Internet 下载 10 MB 照片，最佳条件下在 10 Mb/s 网络上大约需要 8 s，在 100 Mb/s 网络上大约需要 1 s，而在 1 000 Mb/s 网络上需要的时间不到 1 s。

以太网的优点是廉价而高速。其缺点是必须通过以太网电缆连接每台计算机，并连接到集线器、交换机或路由器；这是一件十分耗时的工作，并且当连接不同房间中的计算机时会十分困难。

HomePNA

HomePNA 网络使用现有的住宅电话线路在计算机之间发送信息。HomePNA 2.0 传输数据的速率为 10 Mb/s，而 HomePNA 3.0 传输数据的速率可达 128 Mb/s。例如，从 Internet 下载 10 MB 照片，最佳条件下在 HomePNA 2.0 网络上大约需要 8 s，而在 HomePNA3.0 网络上大约只需 1 s。

HomePNA 的优点是使用住宅中现有的电话线路，当连接 HomePNA 网络中两台以上的计算机时，不需要集线器或交换机。其缺点是需要在放置计算机的每个房间中安置电话插孔，且所有插孔必须处于同一电话线路上。

云计算

因特网技术在许多方面影响着现代社会。伴随着不断涌现的新网络技术，传统的网络通信系统（如电话网、有线广播电视网等）在从模拟向数字转变并采用以太网技术后，发生了一系列显著的变化。例如，电话网络系统从模拟电话转向 IP 电话（VoIP），有线电视从模拟传输转向 IP 化，蜂窝移动通信从模拟制式转向无线接入（WiFi），数据访问从集中式服务转向分布式服务（P2P）。因特网的新应用则更是日益拓展。例如，社交网络应用（QQ、微信、Facebook 等）提供了一种全新的社交方式，只要提供因特网即可彼此相知相识；再如，高质量的视频会议、网上银行和在线支付等。无线因特网接入和对移动用户的支持也已经成为不可或缺的服务形式。

虽然底层的因特网技术没有发生多大变化，但各种因特网的应用层出不穷，其中最为典型的是云计算。在 2005 年，有许多公司开始意识到，提供规模化的 IT 设施和高速因特网的连接所提供的计算和数据存储服务，会比用户建设一个同样能力的自有计算机系统资源的性价比要高得多。基于此，提出了云计算（Cloud Computing）的概念。2006 年 3 月，亚马逊（Amazon）推出弹性计算云（Elastic Compute Cloud，EC2）服务，即由云计算服务提供商建设一个有许多计算机和磁盘并连接因特网的巨大云数据中心，让个人用户或者公司用户通过与云计算服务商签约来获取服务。原则上，一个云端用户只需一个访问设备例如一部智能手机、一台便携式计算机或者一个只有显示屏幕和键盘的桌面设备，就可以在因特网的任何地方访问数据中心、完成计算。用户只需为实际使用的资源付费，而不必购买固定数目的硬件、软件设施。可见，云计算是基于互联网相关服务的一种增加、使用和交付模式,通常涉及通过互联网来提供动态、易扩展且通常是虚拟化的资源。"云"是网络、互联网的一种比喻说法。

软件定义网络（SDN）

针对现有互联网因无连接、尽力而为、边缘智能等特性所带来的弊端，人们开展了未来网络的研究，以期解决网络安全、服务质量、扩展性、移动性、可管理性等方面的问题。在所提出的多种新型网络中，软件定义网络（Software Defined Network，SDN）尤其受到关注。SDN的核心思想是将网络管理从被管理的网络设备中分离出来。例如，OpenFlow 就是一种用于 SDN 常用的技术，它通过运行一个控制器（通常是一台运行 Linux 操作系统的个人计算机）来运行应用软件，该软件用于配置以太网交换机中的转发规则。

从本质上说，SDN 是一个开放的生态系统，其核心是将网络软件化。它与依赖供应商的管理软件最大的不同是：SDN 允许设备拥有者所购买或开发的网络管理软件，能在任意厂家提供的设备上工作。因此，IT 人员不再需要学习每个设备供应者的管理命令，本单位也可以轻松更换设备供应者。

练习

1. 描述因特网的体系结构。
2. 简述 4G 移动电话网络的主要功能。
2. 目前有哪几个 4G 移动电话系统标准？
4. 简述 RFID 标签的组成。
5. 简述 ZigBee 网络系统的工作原理。
6. 简述组建家庭网络的常见组网技术及其特点。

补充练习

1. 使用你喜爱的因特网搜索引擎，查找有关 4G 网络、传感网、家庭网络的最新发展现状，讨论所了解到的新技术。
2. 列举几个因特网的新应用，并阐述各自的主要应用群体。解释为什么没有技术背景的个人用户更加喜欢云计算？

本 章 小 结

计算机网络是以能够相互共享资源方式互连的自治计算机系统的集合。分组交换技术为计算机网络的设计提供了设计思想和理论基础，标志着现代计算机网络技术的开始。计算机网络的形成与发展可以划分成四个阶段：计算机网络技术与理论准备阶段，计算机网络形成阶段，网络体系结构标准化阶段,以及下一代互联网阶段。分组交换提供的是无连接的传输服务。按所覆盖的地理范围,计算机网络可以分为局域网、城域网与广域网。因特网是由多个广域网、城域网、局域网、个域网互连而形成的最大互联网。

计算机网络使用的传输介质主要有同轴电缆、双绞线、光缆和无线电波。每种类型都有不同的性能和特征。其中同轴电缆是最受限制的电缆,光缆具有最大信号传输潜能。大多数局域网都采用 UTP 铜缆,不仅因为它成本低,安装简单,而且可靠性也较高。但光缆和无线传输都有其独一无二的优越性,它们通常可以解决物理位置相隔很远时的连接问题,或者给用户以更大的移动性。因此,物理介质的选择,总是在传输速率、传播时延、信道容量,以及安全性、灵活性、简单性和成本等要求之间寻求平衡。

网络拓扑是通过网中结点与通信线路之间的几何关系表示网络结构的,它反映了网络中各实体间的结构关系。网络拓扑对网络性能、系统可靠性与通信费用有很大影响。总线拓扑是小型网络经常使用的拓扑。尽管总线拓扑在以太网中曾经风行了很多年,但是它已经被星状拓扑取代。星状拓扑是现在最流行的网络布局方式。星状拓扑以交换机为其物理中心和逻辑中心,构成星状。从交换机出来的电缆连接到各终端计算机或结点,形成星状图案。如果一个结点出现故障,星状拓扑就将其隔离,以免影响网络中的其他计算机。环状拓扑主要用于将一群结点连接到公共点(即主干)。这些链路中的任何一个出现故障,都会导致网络全部瘫痪。新型的环状拓扑采用双环,能提供更高的可靠性,并且万一链路发生故障时可以提供冗余备份。所有这些拓扑都使用三类传输媒介的任一种或全部:铜电缆、光缆或无线电波。

云计算的出现对经典的网络服务模式产生了重大影响,云计算服务提供商提供弹性的计算和存储服务,用户只需支付实际使用的计算和存储即可。

小测验

1. 什么时候采用 UTP 比采用 STP 更好?(　　)
    a. 只有很少电气干扰时　　b. 不考虑成本时　　c. 长距离传输时
2. 下列哪一个是星状拓扑的优点?(　　)
    a. 冗余备份　　b. 易于管理　　c. 需要的线缆最少
3. 下列哪种类型的线缆传输信息的距离最远?(　　)
    a. Thinnet　　b. UTP　　c. STP　　d. 光缆
4. 光纤中比特流可以由下面哪个表示?(　　)
    a. 电信号　　b. 光脉冲　　c. 1 和 0　　d. 以上都不可以
5. 光纤通信中的两种主要光源是(　　)。
    a. UTP 和 STP　　b. 激光和 LED　　c. 多模和单模　　d. EMI 和 RFI
6. 光纤的两大类是(　　)。
    a. UTP 和 STP　　b. 激光和 LED　　c. 多模和单模　　d. EMI 和 RFI
7. 光缆中反射层的作用是(　　)。
    a. 光线通过光缆时反射光线　　b. 放大光信号
    c. 促进光线的传播　　d. 减小反射角
8. 下列哪一个不能用在星状拓扑结构中?(　　)
    a. UTP 电缆　　b. 集线器　　c. NIC　　d. Thinnet

9. 使用闭环的网络拓扑叫作（　　）。
   a．总线拓扑　　　b．广播拓扑　　　c．环路或总线拓扑　　　d．环状拓扑
10. 使用单根电缆连接设备的网络拓扑叫作（　　）。
    a．总线拓扑　　　b．环状拓扑　　　c．环路拓扑　　　d．星环拓扑
11. 在典型的局域网环境中，信息在双绞线上传输的距离是（　　）。
    a．100 m　　　b．1000 m　　　c．10 km　　　d．200 m
12. 下面哪一个是最广泛使用的局域网拓扑？（　　）
    a．网状拓扑　　　b．总线拓扑　　　c．星状拓扑　　　d．环状和星环状拓扑
13. 在10Base-T星状拓扑中，下面哪一个执行总线的逻辑功能（　　）？
    a．MAU　　　b．集线器　　　c．同轴电缆　　　d．UTP
14. 总线拓扑使用下列哪种设备来连接计算机？（　　）
    a．路由器　　　b．集线器　　　c．同轴电缆　　　d．光缆
15. 当网络的特定拓扑结构不明了时，通常是指网络的（　　）。
    a．总线拓扑　　　b．网络云　　　c．网状拓扑　　　d．环状拓扑
16. 当公司连接所有分离的网络时，整个网络叫作（　　）。
    a．校园网　　　b．主干网　　　c．企业网　　　d．拓扑
17. 下面的哪一个引起GEO卫星的传播时延？（　　）
    a．无线电波　　　　　　b．卫星和地球之间的长距离
    c．卫星信道上的大流量　　d．数字数据到模拟无线电波的转换
18. 由一系列的点对点电路连接每个结点到其他结点的网络叫作（　　）。
    a．总线网络　　　b．网络云　　　c．网状网络　　　d．环状网络

第三章　数据通信基础

计算机网络采用数据通信方式传输数据。数据传输是通过某种传输介质在发送设备和接收设备之间进行的。数据通信有其自身的规律和特点，它与电话网络中的语音通信不同，也与无线电广播通信不同。数据通信技术是发展网络技术的重要基础，它主要研究在不同计算机系统之间传输表示字母、数字、符号的二进制代码0、1比特序列的模拟或数字信号的过程。在通信领域，早期主要采用模拟通信技术，但随着计算机技术与数字设备的不断发展，数据通信技术发挥出越来越重要的作用。

本章的主要目的是让读者熟悉数据通信的基础知识，内容包括二进制数据传输、交换和处理的理论、方法和实现技术等。首先简单介绍数据通信的基本概念，然后重点介绍数据的编码调制、数据传输与交换方式、信道复用以及差错控制等技术。同时，针对数据通信系统的功能特性讨论常见的性能指标，包括数据速率、波特率、带宽、奈奎斯特定理和香农理论等，并给出与数据传输相关的公式。

第一节　数据通信的基本概念

数据通信是指通过数据通信系统将携带信息的数据以某种信号方式从信源（发送端）安全、可靠地传输到信宿（接收端）。数据通信包括数据传输和数据在传输前后的处理，涉及许多基本概念，包括信息、数据、信号、码元、帧、分组、信源和信宿、信道、数据传输速率、带宽、时延等常用术语。

学习目标

- ▶ 掌握数据通信系统的性能指标，主要包括带宽的概念以及如何测量带宽等；
- ▶ 了解数据通信系统的组成模型；
- ▶ 掌握数据通信领域常用术语的含义。

关键知识点

- ▶ 数据通信系统的性能指标用来衡量网络性能的优劣。

基本概念

数据通信属于物理学、数学和电气工程的交集，是这三个学科思想和方法的结合。因为信息的传输是通过物理介质进行的，所以数据通信需要用到物理学，在这方面主要涉及电流、光、无线电波以及其他形式的电磁辐射等问题。由于信息要经过数字化转变成为数字数据传输出去，所以要用到数学以及各种形式的分析方法。最后，因为数据通信的最终目标是要找到实用的方法设计和构建传输系统，所以数据通信更加需要电气工程领域可用的各种开发技术。为比较深入地理解数据通信的本质，并构成一个完整的数据通信系统，首先要掌握一些基本概念及其分析工具。

信息

数据通信的目的是交换信息。什么是信息？从哲学的观点看，信息是一种带普遍性的关系属性，是物质的存在方式及其运动规律、特点的外在表现。从通信的角度考虑，可以认为信息是具有一定功能的机器通过相应设备同外界交换的内容的总称。信息的含义是信息科学、情报学等学科中广泛讨论的问题。一般认为，信息是客观世界内与物质、能源并列的三大基本要素之一。信息是对客观事物特征和运动状态的描述，可以定义为用来消除不确定性的东西。信息量可以定量地研究通信系统的运行状况，客观地评价各种通信方式的优缺点。信息量的计算公式为：

$$I = \log_2 \frac{1}{P} \quad (3-1)$$

式中，I 表示一个消息所承载的信息量，P 是该消息所表示的事件发生的概率。若一个消息为必然事件，即该事件发生的概率为 1，则该消息所传递的信息量为零；不可能发生的事件的信息量为无穷大。信息总是与一定的形式相联系，这种形式可以是话音、图像、文字等；信息是人们通过通信系统要传输的内容。

数据

数据是传递信息的实体，是任何描述物体、概念、形态的事实、数字、符号和字母。数据是事物的形式，信息是数据的内容或解释。数据有模拟数据和数字数据两种形式。模拟数据是指描述连续变化量的数据，如声音、视频图像、温度和压力等；数字数据是指描述不连续变化量（离散值）的数据，如文本信息、整数数列等。

目前常见的数据编码形式主要有以下 3 种：ITU 的国际 5 单位字符编码；扩充的二/十进制交换码（EBCDIC）；美国标准信息交换码（ASCII）。EBCDIC 是 IBM 公司为自己的产品所设计的一种标准编码，它用 8 位二进制码代表 256 个字符。ASCII 是一个信息交换编码的国家标准，后被国际标准化组织（ISO）接受而成为国际标准 ISO646，又称国际 5 号码，常用于计算机内码。

信号

信号是在可测量的条件下表示信息的任何变化。发送信号的方式有无数种，但是其中每一种方式都需要使用某种能量来产生可检测的变化。人们发声、挥动旗子、张贴标牌或打手势，所有这些都能控制信息，只要发送者和接收者理解信号的意义。要在计算机之间传递数据，必须使用机器易懂的并能跨距的信令方法。数据网用三类电磁能量——电、光和无线电波传输信号。

在传输过程中，数据以电编码、电磁编码或光编码的表现形式就是信号，它是传递数据的载体。根据两种不同的数据类型，若表示成时间的函数，信号可以是连续的，也可以是离散的，相应地有模拟信号和数字信号两种。模拟信号是指表示信息的信号及其振幅、频率、相位等参数随着信息连续变化，幅度必须是连续的，但在时间上可以是连续的或离散的。连续变化的信号，它的取值可以是无限多个。用数学方法定义，如果 $\lim_{t \to a} S(t) = S(a)$，$t$ 对于所有的 a 都成立，

那么信号 $S(t)$ 可看成是连续的，如话音信号等。数字信号是指离散的一系列电脉冲，它的取值是有限的几个离散数值，其强度在某个时间周期内维持一个常量级，然后改变到另一个常量级，如计算机所用的二进制代码 1 和 0 表示的信号。图 3.1 示出了采用波形描述模拟信号和数字信号的特征。

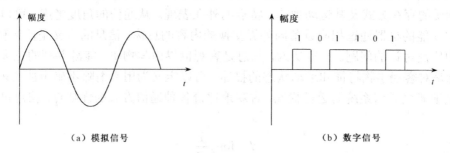

图 3.1　模拟信号与数字信号表示

根据其在信道上传输的方式，信号又可分为基带信号和宽带信号。基带信号是指用两种不同的电压来直接表示数字信号 1 和 0，再将该数字信号送到信道上进行传输。宽带信号是指将基带信号进行调制后形成的频分复用模拟信号。基带信号经过调制后，其频谱搬移到较高的频段。由于每路基带信号的频谱被搬移到不同的频段，所以合成在一起后不会相互干扰，实现了在一条线路中同时传输多路信号的目的，提高了线路利用率。

数据所涉及的是事物的形式，而信息所涉及的是数据的内容和解释。信息的载体可以是数字、文字、话音、图形等，可以用数据表示。数据在信道中进行传输的形式可以用信号表示。计算机及其外围设备产生和交换的信息都是二进制代码，表现为一系列脉冲信号。正确掌握信息、数据和信号这三个术语的含义，才能理解数据通信系统的实质问题。

码元、帧、分组

数据以不同的形式在网络结构的不同层上进行传输。物理层传输的信息单位为码元。码元是表达信息的基本信号单元，一个单位脉冲就表示一个码元。数据链路层传输的信息单位为帧。数据链路层接收物理层送来的码元信息，并按照一定的格式形成某种格式的帧；它也可以接收来自网络层的分组，并加工形成某种格式的帧。根据数据内容的不同，这些帧可分为数据帧、命令帧、响应帧等。网络层传输的信息单位为分组，在与高层报文进行交换时，可根据需要对分组进行分段和重组。

数据通信系统的组成

为了较为深入地理解数据通信，下面以图 3.2 所示通信系统为例讨论其工作过程。该系统允许多个信源分别独立地向不同的信宿发送信息。每个信源需要一种机制收集和准备发送的信息，并通过共享的物理介质进行传输。同样，在目的端也需要一种机制提取信息并交付应用。实际上，数据通信系统的组成因用途不同而有差异。图 3.2 所示是一个通用的数据通信系统组成框图，说它是计算机网络也可以，这里使用"数据通信系统"这个名词，主要是便于从通信的角度介绍通信系统中的一些要素。

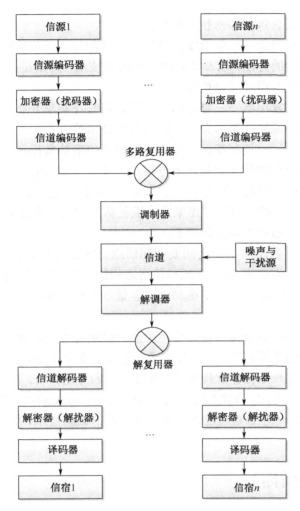

图 3.2 数据通信系统的组成框图

在图 3.2 中，每一个方框对应数据通信中的一个子课题，其主要含义如下：

- 信源和信宿——信息的传递过程称为通信。在通信中产生和发送信息的一端称为信源。信源就是数据源，既可以是模拟的也可以是数字的，其重要概念包括各种信号特征（如振幅、频率和相位）。可划分为周期的或者非周期的。通信系统从一个或多个源点接收输入信息，并把它从源点传输到指定目的地。接收信息的一端叫信宿。信宿就是数据宿。由于数据通信关注的是底层的通信系统，信源和信宿大多是计算机系统或数据终端设备，如 PC 的键盘、鼠标等。此外，信源还可以包括麦克风、摄像机、传感器及测量设备等。对于计算机网络来说，信源和信宿就是产生和接收数据的一对应用程序。

- 信源编码器和译码器——信息被数字化后，需要对其数字表示进行转换或变换，其重要概念包括数据压缩和通信效率。信源编码器的功能是在输入数字序列中加入多余码元，以便在接收端正确识别信号；译码器在接收端完成编码的逆过程。编码器、译码器的主要作用就是降低误码率。因在网络中信息是双向传输的，所以信源也是信宿；编码器也可做译码器，译码器也可做编码器，通常称为编码/译码器。

- 加密器和解密器——为了保护信息不被窃密，信息可以在传输前先加密，在接收后再解密,其重要概念包括加密技术和算法。
- ▶ 信道编码器和解码器——信道编码器是用来检测和纠正传输错误的,其重要概念包括检测和限制差错的方法,以及实际中可采用的技术,例如在计算机网络中使用的奇偶校验、校验和以及循环冗余校验码等。
- ▶ 多路复用器和解复用器——复用指多个信源同时在共享介质上传输信息的方式,其重要概念包括多信源轮流使用介质的同步共享技术等。
- ▶ 调制器和解调器——调制指信息发送时把需要传输的数据转化为相应的电磁信号,其重要概念包括模拟和数字调制技术方案及其设备。调制器把信源或编码器输出的二进制脉冲信号变换(调制)为模拟信号,以便在模拟信道上进行远距离传输;解调器的作用是反调制,即把模拟信号还原为二进制脉冲信号。调制器也可做解调器,解调器也可做调制器,通称为调制解调器。
- ▶ 信道与传输——信源和信宿之间要有通信线路才能互相通信。按通信领域的专业术语,通信线路称为信道,所以信源和信宿之间的信息交换是通过信道进行的。其重要概念包括带宽、电磁噪声、干扰和信道容量以及传输模式(如串行传输和并行传输)等。
- ▶ 噪声与干扰源——信息在传输过程中可能会受到外界的干扰,这种干扰称为"噪声",它会降低信道的传输速率。一个数据通信系统客观上不可避免地存在着噪声干扰,而这些干扰分布在数据传输过程中的各个部分。为方便分析,通常把它们等效为一个作用于信道上的噪声源。在数据通信技术中,人们一方面通过研究新的传输媒介来降低噪声的影响;另一方面则通过研究更先进的数据调制技术,更加有效地利用信道的带宽。

数据通信性能指标

传输速率

传输速率可分为数据传输速率和信号传输速率。

数据传输速率简称数据率,指数字信道传输数字信号的速率,即每秒传输二进制信息的位数,单位为 b/s(位/秒),或记作 bps。计算公式为:

$$S = (1/T)\log_2 N \tag{3-2}$$

式中,T 为一个数字脉冲信号的宽度(全宽码)或重复周期(归零码),单位为 s;N 为一个码元所取的离散值个数,通常 $N=2^K$,K 为二进制信息的位数,$K=\log_2 N$。当 $N=2$ 时,$S=1/T$,表示数据传输速率等于码元脉冲的重复频率。

信号传输速率指单位时间内通过信道传输的码元数,单位为 Baud(波特)。计算公式为:

$$B = 1/T \tag{3-3}$$

式中,T 为信号码元的宽度,单位为 s。信号传输速率也称码元速率、调制速率或波特率。由式(3-2)、式(3-3)得:

$$S = B \log_2 N \tag{3-4}$$

或

$$B = S/\log_2 N \tag{3-5}$$

【例 3-1】采用四相调制方式,即 $N = 4$,且 $T = 833 \times 10^{-6}$ s,则:

$$S = (1/T)\log_2 N = [1/(833 \times 10^{-6} \text{ s})] \log_2 4 = 2\,400 \text{ (b/s)}$$
$$B = 1/T = 1/(833 \times 10^{-6} \text{ s}) = 1\,200 \text{ (Baud)}$$

带宽

每个频率或频率范围能承载各种不同的信号,例如无线电和电视站都用无线电波传输信息,每个信号承载在不同的频率上。传输介质处理越多的频率,就越能承载更多的信息信道。指定的每一频率部分叫作带,传输通路的信息承载容量叫作"带宽"。

1. 模拟带宽

带宽是指某个信号具有的频带宽度。由于一个特定的信号往往由许多不同的频率成分组成,因此一个信号的带宽是指该信号的各种不同频率成分所占据的频率范围。在过去相当长的时间内,通信主干线都是用来传输模拟信号的,因而就把通信线路允许通过的信号频带范围称为线路的带宽,通常用 Hz 或 "周/秒"表示。由于电信号以光速(3×10^8 m/s)传播,对于一条物理信道来说,如果所传输的信号足够窄(即 δ 冲激信号),每秒内将传输无数个比特信号;若所传输的方波信号非常宽,譬如达到 3×10^8 m,则信道每秒只能传输 1 比特信号。假定信道内不存在噪声和干扰,即发送端所发送的信号都能到达接收端,则可将带宽定义为:信道两端的收发设备能够改变比特信号的最大速率。例如,某信道的带宽是 4 kHz,即表示该信道最多可以以每秒 4 000 次的速率发送信号。

2. 数字带宽

当通信线路用来传输数字信号时,数据传输速率就成为数字信道的重要指标,但习惯上仍以"带宽"作为数字信道的"数据传输速率(或比特率)"来理解。比特(b)是计算机中数据的最小单元,也是信息量的度量单位,因此,数字信道的带宽以每秒能承载的比特数测量。数字带宽通常以 kb/s、Mb/s、Gb/s 测量。

与带宽相关的一个术语是宽带,即宽的带宽。在通信技术中,宽带解释为宽的频带;在计算机网络技术中,宽带则解释为高的数据传输速率。人们常说的宽带 IP 网,就是指以 IP 为核心协议的支持宽带业务的高速计算机网络。宽带业务是指包含文本、话音、图像、视频等多媒体信息的各种传输业务,如 Web 信息浏览、远程教学、远程医疗和视频点播等。

信道容量

信道容量是指通信系统的最大传输速率,也就是指信道的极限传输能力。实际上,任何信道都不是理想的,若把能通过该信道的频率范围定义为信道带宽(对于模拟信道而言,其信道带宽 $W=$ 最高频率 f_2 −最低频率 f_1)。显然,信道带宽总是有限的,也就是说,所能通过的信号频带是有限的。信道的数据传输速率受信道带宽的限制。香农和奈奎斯特分别从不同角度描述了这种限制关系。

对任何一个通信系统而言,人们总希望它既有高的通信速度,又有高的可靠性;可是这两项指标是相互矛盾的。也就是说,在一定的物理条件下,提高其通信速度,就会降低它的通信可靠性。人们总是在给定的信道环境下,千方百计地设法提高信息传输速率。那么,对于给定的信道环境,信息传输速率与误码率之间是否存在某种关系呢?或者说,在一定的误码率要求下,信息传输速率是否存在一个极限值呢?信息论证明了这个极限值的存在,并给出了相应的计算公式。这个极限值就称为信道容量。信道容量可定义为：信道在单位时间内所能传输的最大信息量。信道容量的单位是 b/s，即信道的最大传输速率。

信道的最大传输速率受信道带宽的制约。对于无噪声信道，奈奎斯特准则给出了这种关系：
$$C = 2B\log_2 n \tag{3-6}$$
式中，B 为低通信道带宽（Hz），即信道能通过信号的最高和最低频率之差；n 为调制电平数（2 的整数倍），即一个脉冲所表示的有效状态，应用最广的是一个脉冲表示两种状态，即 $n=2$；C 为该信道的最大数据传输速率。

例如，某理想无噪声信道的带宽为 4 kHz，$n = 4$，则信道的最大数据传输速率为
$$C = 2 \times 4000 \times \log_2 4 = 16 \text{ kb/s}$$

实际上，信道是有噪声的。常引用信息论中的信道容量公式，即香农公式作为估算有噪声信道的最高极限速率的依据：
$$R_b = B\log_2(1 + S/N) \tag{3-7}$$
式中，R_b 为信道容量，即极限传输速率；B 为信道带宽（Hz），即信道能通过信号的最高和最低频率之差；S 为信号功率，N 为噪声功率，S/N 为信噪比。在使用香农公式时由于 S/N（信噪比）通常很大，因此通常使用分贝（dB）来表示。例如，假定信道带宽为 3 kHz，$S/N=1000$，即信噪比为 30 dB，则极限传输速率为 30 kb/s。需要指出的是，这个计算结果是理论上的极值，实际应用中的传输速率与信道容量的差距还相当大。

香农公式描述了在有限带宽并存在随机噪声分布的信道中最大数据传输速率与信道带宽的关系。香农公式还指出，为维持同样大小的信道容量 R_b，可以通过调整信道的 B 与 S/N 来达到，即信道容量可以通过增加（或减小）信道带宽同时减小（或增加）信号功率的方法而保持不变。例如，如果 $S/N=7, B=4$ kHz，则 $R_b=12$ kb/s；如果 $S/N=15; B=3$ kHz，同样可得 $R_b=12$ kb/s。所以，为了达到某个实际的传输速率，在设计时可以利用香农公式的互换原理，来确定合适的传输系统的带宽与信噪比。若减小带宽，则加大发信功率，即增大信噪比；若有较大的传输带宽，则可用较小的信号功率来传输。可见，宽带系统的抗干扰性较好，这也是扩展频谱技术的理论基础，而移动通信正是在此基础上发展起来的。

需要指出的是，在一定 S（信号功率）和确定的噪声功率谱密度 n_0 条件下，无限增大 B，并不能使 R_b 值趋于无限大。这是因为噪声的功率 $N=n_0 B$，在 B 趋于无穷大时，N 也趋于无穷大的缘故。因此，信道容量 R_b 为
$$\lim_{B \to \infty} R_b = \frac{S}{n_0}\log_2 e \approx 1.44 \frac{S}{n_0} \tag{3-8}$$

例如，若一理想低通信道带宽为 6 kHz，并通过 4 个电平的数字信号，则在无噪声的情况下，信道容量为：$C = 2 \times 6 \text{ kHz} \times \log_2 24 = 24$ kb/s。

信道容量与数据传输速率的区别是：前者表示信道的最大数据传输速率，是信道传输数据能力的极限；而后者是实际的数据传输速率。这一点可类比交通公路最大限速与汽车实际运行速度的关系。

时延

时延是指数据（或一个报文、分组或比特）从网络（或链路）的一端传输到另一端所需的时间。需要注意的是，信道的带宽由硬件设备改变电信号时的跳变响应时间决定。由于发送和接收设备存在响应时间，特别是计算机网络系统中的通信子网还存在中间转发等待时间，以及

计算机系统的发送和接收处理时间,因此时延由发送时延、传播时延、处理时延和排队时延几个不同的部分组成。

- 传输时延——又称发送时延,是结点在发送数据时使数据帧从结点进入传输介质所需的时间,也就是从数据帧第一个比特开始发送时起,到最后一个比特发送完毕所需的时间。其计算公式为:传输时延=数据帧长度/信道带宽。
- 传播时延——电磁波在信道中传播一定距离所花费的时间。其计算公式为:传播时延=信道长度/电磁波在信道中的传播速度。电磁波在自由空间中的传播速度为光速,即 3.0×10^5 km/s;它在网络信道中的传播速度则因所采用的传输介质而异,在铜线电缆中的传播速度为 2.3×10^5 km/s,在光缆中的传播速度约为 2.0×10^5 km/s。1 000 km 长的光纤线路产生的传播时延约为 5 ms。
- 处理时延——主机或网络结点(结点交换机或路由器)处理分组所花费的时间。这包括对分组首部的分析、从分组提取数据部分、进行差错检验和查找路由等。在计算机网络系统中,由于不同的通信子网和不同的网络体系结构采用不同的转发控制方式,因此在通信子网中处理时延的长短需要依据网络状态而定。
- 排队时延——分组进入网络结点后,需要在输入队列等待处理,以及处理完毕后在输出队列等待转发的时间。排队时延是处理时延的重要组成部分。排队时延的长短与网络的通信量相关。当网络的通信量很大时,可能产生队列溢出,致使分组丢失,则相当于处理时延无穷大。

数据在网络中的总时延是上述 4 种时延之和,即:总时延=传输时延+传播时延+处理时延+排队时延。时延是计算机网络的一项重要指标,各种时延会影响到网络参数的设计。

与时延相关的一个概念是往返时延(Round Trip Time,RTT)。在 TCP 中,RTT 表示从报文段发送出去的时刻到确认返回的时刻之间的时间,即在 TCP 连接上报文段往返所经历的时间。

练习

1. 填空:信道是( ),信道容量是指( ),信道带宽是指( )。
2. 填空:在计算机通信中,数据和信息是两个不同的概念,数据是( ),而信息是( ),两者既有区别又有联系。
3. 填空:数据通信系统一般由( )、( )、( )等组成。
4. 单位时间内信道传输的信息量是指( )。
   a. 传输速率　　　　　b. 误码率　　　　　c. 频带利用率　　　　　d. 信道容量
5. 表示数据传输有效性的指标是( )。
   a. 传输率　　　　　　b. 误码率　　　　　c. 频带利用率　　　　　d. 信道容量
6. 在地面上相隔 2 000 km 的两地之间通过卫星信道传输 4 000 比特长的数据包,如果数据速率为 64 kb/s,则从开始发送到接收完成所需的时间是( )。
   a. 48 ms　　　　　　b. 640 ms　　　　　c. 322.5 ms　　　　　d. 332.5 ms

【提示】卫星通信一般指同步卫星通信,同步卫星距地球约 36 km,电磁波一个来回约 270 ms,从开始发送到接收完成所需的时间=发送时间+卫星信道延时时间=4 000 b/ (64 kb/s)+270 ms=332.5 ms。这里要注意 2 000 km 这个干扰信息,因为只要是卫星通信,其通信时延都要经过先发送到卫星,再从卫星返回这样一个过程。参考答案是选项 d。

7. 在相隔 2 000 km 的两地间通过电缆以 4 800 b/s 的速率传输 3 000 比特长的数据包，从开始发生到接收数据所需的时间是 (1) 。如果用 50 kb/s 的卫星信道传输，则需要的时间是 (2) 。

　　(1) a. 480 ms　　　b. 645 ms　　　c. 630 ms　　　d. 635 ms
　　(2) a. 70 ms　　　b. 330 ms　　　c. 500 ms　　　d. 600 ms

【提示】一个数据包从开始发送到接收完成的时间包含发送时间 t_f 和传播延迟时间 t_p 两个部分，可以计算如下。

对电缆信道：t_p=2 000 km/(2×10^8 m/s)=10 ms，t_f=3 000 b/(4 800 b/s)=625 ms，t_p+t_f=635 ms。

对卫星信道：t_p=270 ms，t_f=3 000 b/(50 kb/s)=60 ms，t_p+t_f=270 ms+60 ms=330 ms。

参考答案：(1) 为选项 d；(2) 为选项 b。

8. 用户 A 与用户 B 通过卫星链路通信时传播时延为 270 ms，假设数据速率是 64 kb/s，帧长为 4 000 b，若采用停等流控协议通信，则最大链路利用率为 (1) ；若采用后退 N 帧 ARQ 协议通信，发送窗口为 8，则最大链路利用率可以达到 (2) 。

　　(1) a. 0.104　　　b. 0.116　　　c. 0.188　　　d. 0.231
　　(2) a. 0.416　　　b. 0.464　　　c. 0.752　　　d. 0.832

第二节　数据编码技术

在数据通信中，有多种用二进制符号表示数字信号的方法；但无论是由数字终端设备输出的数字信号，还是模拟输入信号经过编码后形成的数字信号，一般来说都不一定适合于在信道中直接传输。这是因为实际的传输信道存在各种缺陷，其中以频率的不理想和噪声对传输的影响为最大。为了适应实际信道的客观需要，通常需要对原始数据信号进行码型变换和波形处理，使之真正成为在相应系统中传输的信号。所以，二进制信号在原理上可以用 0 和 1 代表；但是在实际传输中，可能采用不同的传输波形和码型来表示 0 和 1。因此，经过编码的信号在传输前还要进行各种处理。数字数据编码技术就是在数据比特和信号码元之间建立一一对应的关系。

学习目标

▶ 了解基带信号和宽带信号的区别；
▶ 了解计算机在电话线上通信为什么需要调制解调器；
▶ 掌握常用的数据编码调制技术，包括曼彻斯特编码、脉码调制（PCM）技术。

关键知识点

▶ 在数据网络中绝大多数情况下都使用基带信号。

数字信号的传输

在数据通信中，频带传输是指利用模拟信道通过调制解调器传输模拟信号的方法；而基带传输是指在基本不改变数字数据信号频带（即波形）的情况下，直接传输数字信号的方式。所谓基带即基本频带，指传输变换前所占用的频带，是原始信号所固有的频带。

基带传输

在数据通信中,由计算机或终端等数字设备直接发出的二进制数字信号形式称为方波,即"1"或"0",分别用高(或低)电平或低(或高)电平表示,人们把方波固有的频带称为基带(由消息直接转换成的未经调制变换的信号所占的频带,理论上基带信号的频谱是从 0 到无穷大),将方波电信号称为基带信号。

在数字信号频谱中,把直流(零频)开始到能量集中的一段频率范围称为基本频带,简称为基带。因此,数字信号被称为数字基带信号,在信道中直接传输这种基带信号就称为基带传输。在基带传输中,整个信道只传输一种信号,通信信道利用率低。一般来说,要将信源的数据经过变换变为直接传输的数字基带信号,这项工作由编码器完成。在发送端,由编码器实现编码;在接收端,由译码器进行解码,恢复发送端原发送的数据。

基带传输又叫数字传输,是指把要传输的数据转换为数字信号,使用固定的频率在信道上传输。基带传输是一种最简单、最基本的传输方式,一般用低电平表示"0",高电平表示"1"。也就是说,数字信号以二进制比特的形式传输:信息表示为一系列的 1 和 0。术语"二进制"指 1 比特只有两个值的事实:开或关,高或低。"开"比特描述为 1,"关"比特描述为 0。当在线路上传输比特时,无电或低电压表示 0,有电或高电压表示 1。数字信号能沿线在任一方向上传输。基带信号传输如图 3.3 所示。

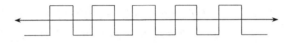

图 3.3 基带信号传输

由于在近距离范围内,基带信号的功率衰减不大,从而信道容量不会发生变化,因此局域网中通常使用基带传输技术。基带传输实现起来简单,但传输距离受限。

频带传输

目前,有许多信道是以传输语音为主的模拟信道,不能直接传输基带数字信号,必须对信号加以变换(调制)才能传输,即采用频带传输(接收端采用相反的过程)。也就是说,当两台计算机通过公共电话交换网进行数据传输时,发送端需要经过调制器完成数/模转换,将数字数据编码后形成适合在模拟信道上传输的模拟信号;接收端经过解调器将模拟信号恢复为计算机能识别的数据信息。例如,目前普通家庭用户通过调制解调器与电话线连接上网就是频带传输方式,调制解调器将计算机的数字数据变换(调制)到能够用在电话线上的模拟信号,如图 3.4 所示。

图 3.4 频带传输示例

所谓频带传输，是指数字信号在送入信道之前，先将基带信号变换（调制）成便于在模拟信道中传输的、具有较高频率范围的模拟信号（称为频带信号），再将这种频带信号在模拟信道中传输。因此，频带传输又叫模拟传输，也就是指信号在电话线等这样的普通线路上，以正弦波形式传播的方式。现有的电话、模拟电视信号等，都是属于频带传输。计算机网络的远距离通信通常也采用频带传输。

将信道分成多个子信道，分别传输音频、视频和数字信号，称为宽带传输。宽带是比音频带宽更宽的频带，它包括大部分电磁波频谱。使用这种宽频带传输的系统，称为宽带传输系统；它借助于频带传输，可以将链路容量分解成两个或更多的信道，每个信道可以携带不同的信号，这就是宽带传输。

模拟信号传输模拟数据

"模拟"意指作为连续变化波的样式承载信号。例如，听到的声音是由通过空气的波引起的。音频、视频和数据的信号在电磁波上承载。模拟信号传输模拟数据通常用于无线电广播、电视和电话。

模拟数据的编码是指将输入的模拟数据与频率为 f 的载波相结合，产生带宽中心在 f 的信号 $S(t)$ 的过程。具体方法是对信号的幅度、频率和相位三个基本特征分别进行调制，即幅度调制（AM）、频率调制（FM）和相位调制（PM）。

进行信号调制，首先要建立称之为载波的恒定一致的波形来传输模拟信号，然后用信号样式改变载波的幅度、频率或相位。通常把这种改变载波表示信息的过程称为"调制"。因此，如果保持频率恒定，改变振幅，这个过程称为幅度调制（AM），如图 3.5（a）所示；如果保持振幅恒定，在固定的范围内改变频率，这个过程称为频率调制（FM），如图3.5（b）所示；相位调制是将载波的相位随模拟数据的幅度变化，载波的幅度不变，如图 3.5（c）所示。

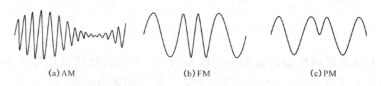

图 3.5　幅度调制（AM）、频率调制（FM）和相位调制（PM）

模拟信号传输数字数据

当两台计算机通过公共电话网进行数据传输时，发送端需要经过调制器完成数/模转换，将数字数据编码后形成适合在模拟信道上传输的模拟信号；接收端经过解调器将模拟信号恢复为计算机能识别的数据信息。因为数据通信是双向的，通信双方都需要具备能够完成调制和解调的功能设备。

模拟信号传输的基础是载波。载波具有幅度、频率和相位三大要素，数字数据可以针对载波的不同要素或它们的组合进行调制。因此，将数字数据转换为模拟信号的调制方法有移幅键控（ASK）、移频键控（FSK）、移相键控（PSK）三种基本形式，如图3.6所示。

▶ 移幅键控（ASK）是通过改变载波信号振幅来表示数字信号 1、0 的。例如，用载波幅度为 1 表示数字 1，用载波幅度为 0 表示数字 0。ASK 信号实现容易，技术简单，但抗干扰能力较差。

▶ 移频键控法（FSK）是通过改变载波信号角频率来表示数字信号 1、0 的。例如，用角频率ω1 表示数字 1，用角频率ω2 表示数字 0。FSK 信号实现容易，技术简单，抗干扰能力较强，是目前常用的调制方法之一。

▶ 移相键控法（PSK）通过改变载波信号的相位值来表示数字信号 1、0。如果用相位的绝对值表示数字信号 1、0，例如相位 0° 直接表示 0，相位 180° 直接表示 1，就称为绝对调相；如果用相位的相对偏移值表示数字信号 1、0，例如载波不产生相移表示 0，则称为相对调相。

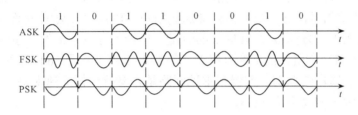

图 3.6 移幅键控（ASK）、移频键控(FSK)和移相键控(PSK)

在实际应用中，移相键控方法经常采用多相调制方式。例如，四相调制方式是将两位数字信号组合为 4 种，即 00、01、10、11，并用 4 个不同的相位值来表示。在移相信号传输过程中，相位每改变一次，传输两个二进制比特。同理，八相调制是将发送的数据每 3 个比特形成一个码元组，共有 8 种组合，相应地采用 8 种不同的相位值表示。采用多相调制方式可以达到高速传输的目的。

在高速调制技术中，主要通过采取多个相位值使每个码元能够表示的二进制位数增多，从而提高数据传输速率。例如，可以使用 0°、90°、180° 和 270° 4 个相位，也可以取 45°、135°、225° 和 315° 4 个相位来表示 00、01、10 和 11。前者刚好是 90° 的倍数，因此称为"QPSK"（正交相移键控）；后者则为普通的 DPSK（四相键控）。另外，以上 3 种基本的调制技术经常结合使用，最常见的组合是 PSK 与 ASK。

为了进一步提高数据传输速率，在技术上可以采用较为复杂的振幅相位混合调制方法，如正交幅度调制（QAM）方法。QAM 是移相键控方法与振幅调制的组合，它同时利用载波的幅度和相位来传递数据信息，因而抗干扰能力强，但实现技术较为复杂。

多年来，大多数用户是通过模拟话音调制解调器从居家访问因特网的，如图 3.7 所示。这种调制解调器在模拟本地回路上传输数据，该回路的带宽为 3 kHz。在用户端，调制解调器把二进制数据转换成模拟信号。在本地电话局，该模拟信号被采样，并被编码成 64 kb/s 的数字信号。这种模拟转换（ADC）引入量化噪音，并把二进制数据速率限制到大约 30 kb/s。在本地电话局产生的 64 kb/s 的数字信号通过电话网络发送，再转换成模拟信号，在另一个本地回路上发送，被服务器端调制解调器接收，原先的二进制数据流被恢复。A/D 转换把速率限制在 30 kb/s（这种调制解调器的 ITU 标准称为 V.34），这种对称配置意味着在服务器至电话局的 A/D 转换也限制下行流量（从服务器到用户），因此下行流量也被限制在 30 kb/s。

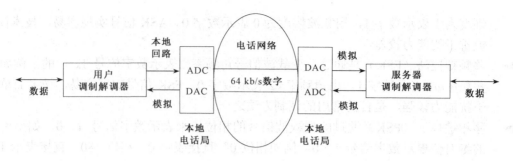

图 3.7 用户通过调制解调器和电话网访问因特网

目前，因特网服务提供商（ISP）的服务器旁路了这种 A/D 转换，它们使用的数字适配器可产生 64 kb/s 的数字信号，这些数字信号被送到用户的电话局。数/模转换（DAC）是无损耗的，因此用户可以在下行方向接收 64 kb/s 的流量，尽管上行速率依然是 30 kb/s。实际上，在用户的本地电话局由 DAC 引入的非线性噪音把下行速率限制到了 56 kb/s 的下行速率。该标准的一个特征是取决于用户的调制解调器和本地回路是否支持这样的速率协议；如果不支持，服务器的适配器就回到 V.34 调制解调器。

数字信号传输数字数据

在数据通信中，从计算机发出的二进制数据信息，虽然是由符号 0 和 1 组成的，但其信号形式（波形）可能有多种。以用矩形电压脉冲表示为例，常见的基带信号波形有：单极性不归零码（NRZ）、单极性归零码（RZ）、双极性不归零码（NRZ）、双极性归零码（RZ）、差分码、传号交替反转码（AMI）、三阶高密度双极性码（HDB3）、曼彻斯特（Manchester）码等。数字信号传输数字数据的编码方法可分为基本编码和应用编码两大类。

基本编码

1. 极性编码

极性编码如图 3.8 所示。极性包括正极和负极两种。单极性码是只使用一个极性，再加零电平（正极表示 0，零电平表示 1）的编码；极性码是使用了两极（正极表示 0，负极表示 1）的编码；双极性码则是使用了正、负两极和零电平的编码，典型的双极性码是信号交替反转编码（AMI），它用零电平表示 0，1 则使电平在正、负极间交替翻转。

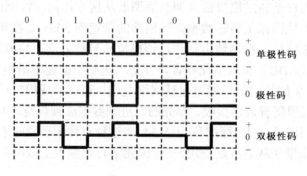

图 3.8 极性编码

在极性编码方案中始终使用某一特定的电平来表示特定的数,因此当连续发送多个 1 或 0 时,将无法直接从信号判断出个数。要解决这个问题,就需要引入时钟信号。

2. 不归零码与归零码

归零性指编码信号量是否回归到零电平。归零码(RZ)就是指码元中间的信号回归到零电平;不归零码则不回归零(而是当 1 时电平翻转,0 时不翻转),这也称为"差分机制"。

不归零码(NRZ)可以用低电平表示逻辑 0,用高电平表示逻辑 1,以同步时钟的上升沿作为采样时刻,判决门限采用幅度电平的一半(0.5 V):若采样时刻的信号值在 0.5~1.0 V 之间,就判定为 1;若信号值在 0~0.5 V 之间,就判定为 0。这种编码技术是最容易实现的编码,但缺点是难以判断一个比特的开始与另一个比特的结束,收发双方不能保持同步,这就需要在发送 NRZ 码的同时,用另一个信道同时传输同步信号。若信号中 0 或 1 连续出现,信号直流分量将累加。另外,如果信号中 1 与 0 的个数不相等,则存在直流分量,因此在数据通信中不采用 NRZ 编码的数字信号。

3. 双相码

双相码是指通过不同方向的电平翻转(从低到高代表 0,从高到低代表 1)表示数字信号,这样不仅可以提高抗干扰性,还可以实现自同步;这也是曼彻斯特编码的基础。

归零码、不归零码和双相码的波形如图 3.9 所示。

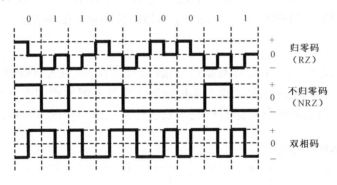

图 3.9 归零码、不归零码和双相码的波形

应用性编码

1. 曼彻斯特编码

为了使接收方和发送方的时钟保持同步,可以采用曼彻斯特编码方式。典型的曼彻斯特编码波形如图 3.10(上)所示。曼彻斯特编码是一种双相码,它采用自同步方法,任一跳变既可以作为时钟信号,又可以作为数字信号。该编码的规则是:每一码元中间都有一个跳变,由高电平跳到低电平表示为 1,由低电平跳到高电平表示为 0。若出现连续的 1 或 0 码时,码元之间也存在跳变。曼彻斯特编码的优点是:克服了 NRZ 码的不足,电平跳变可以产生收发双方的同步信号,无须另发同步信号,且曼彻斯特编码信号中不含直流分量,常用于以太网(IEEE 802.3 以太网)。

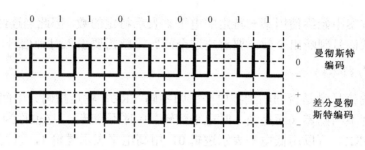

图 3.10 曼彻斯特编码和差分曼彻斯特编码的波形

2. 差分曼彻斯特编码

差分曼彻斯特编码是对曼彻斯特编码的改进，在曼彻斯特编码的基础上加上了翻转特性。典型的差分曼彻斯特编码波形如图 3.10（下）所示。在差分曼彻斯特编码中，每一码元的中间虽然存在跳变，但它仅用于时钟，而不表示数据的取值。数据的取值是利用每个码元开始时是否有跳变来决定 1 或 0 的，可以设定在码元开始边界处有跳变表示二进制 0，不存在跳变则表示二进制 1。

曼彻斯特编码与差分曼彻斯特编码是数据通信中最常用的数字数据信号编码方式。其优点是信号内部均含有定时时钟，且不含有直流分量。缺点是编码效率较低，编码的时钟信号频率是发送信号频率的两倍。例如，需要发送信号速率为 100 Mb/s，那么发送时钟就要求达到 200 MHz。因此，在研究高速网络时，又提出了其他的数字数据编码方法，如 mB/nB 编码技术。

3. mB/nB 编码

在 mB/nB 编码技术中，将 m 位数据进行编码，然后转换成所对应的 n（$n>m$）位编码比特，选择的编码比特可为定时恢复提供足够的脉冲，而且能限制相同电脉冲的数量。例如，在 4B/5B 编码技术中，将每 4 位数据进行编码，然后转换成所对应的 5 位编码，如图 3.11 所示。

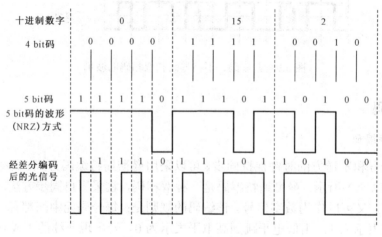

图 3.11 4B/5B 编码的波形

在 5B 编码的 32 种组合中，实际只使用了 24 种，其中 16 种用于数据符号，剩余的 8 种用于控制符号。二进制数与 4B/5B 编码对照表如表 3.1 所示。在表 3.1 中，16 种数据符号中仅有 5 个不以 1 开头，这 5 个数据符号的第 2 位也都是 1，只有 2 个末位的编码为 0；因此线路上不可能连续出现 4 个 0，保证接收端得到足够的同步信息。光纤分布式数据接口（FDDI）

使用的就是 4B/5B 编码。

表 3.1　二进制数与 4B/5B 编码对照表

符号	4 位二进制数	4B/5B 编码	符号	4 位二进制数	4B/5B 编码
0	0000	11110	8	1000	10010
1	0001	01001	9	1001	10011
2	0010	10100	10	1010	10110
3	0011	10101	11	1011	10111
4	0100	01010	12	1100	11010
5	0101	01001	13	1101	11011
6	0110	01110	14	1110	11100
7	0111	01111	15	1111	11101

如果将曼彻斯特编码看成用两个脉冲跳变来表示每个二进制位，即二进制 1 映射为 10，对应地发送 2 bit 的极性编码，而 0 映射为 01，则曼彻斯特编码则是 mB/nB 编码的特例，其中 $m=1$，$n=2$。

mB/nB 编码后一般不能直接放到物理线路上传输，还要进行一次线路编码，以变成传输介质中传输的电信号或光信号，即两级编码，前一级的 mB/nB 编码称为块编码。例如，100Base-TX 以太网采用 4B/5B-MLT3 编码方式，100Base-FX 和 FDDI 使用 4B/5B-NRZI 编码方式。

在光纤通信中使用 5B/6B 编码。它是将每 5 位数据进行编码，然后转换成所对应的 6 位符号，以避免多个 0 码或多个 1 码在光纤信道中连续出现。目前，在光纤信道和千兆以太网中，均使用 8B/10B 编码方式，而 10Gbase-W 则采用 64B/66B 编码。8B/10B 编码方式采用 4B/5B 和 5B/6B 编码思想，在任何情况下都以每 8 位数据进行编码，然后转换成所对应的 10 位符号。

mB/nB 编码在传输特性和差错检测能力方面均优于前述两种编码技术。几种常用的 mB/nB 编码特性及典型应用如表 3.2 所示。

表 3.2　4B/5B、8B/10B 和 8B/6T 编码的特性及典型应用

编码方案	说　　明	效　率	典型应用
4B/5B	每次对 4 位数据进行编码，将其转换为 5 位符号	1.25 波特/位，即 80%	100Base-FX、100Base-TX 和 FDDI
8B/10B	每次对 8 位数据位进行编码，将其转换为 10 位符号	1.25 波特/位，即 80%	千兆以太网
8B/6T	8bit 映射为 6 个三进制位	0.75 波特/位	100Base-T4

mB/nB 编码技术的目的是使发送端与接收端的信号代码间保持同步，减少信息传输的丢失与差错。

数字信号传输模拟数据

数字信号具有传输失真小、误码率低、数据传输速率高等特点；因而，在网络中除了计算机直接产生的数字信号外，话音、图像信息等模拟数据都需要转换为数字信号进行传输。在发送端将模拟数据通过编码器转换为数字信号，然后在数字信道中进行传输，在接收端再通过解码器转换为原模拟数据。这种编码方法利用了数字信道的带宽范围宽、失真小的优点，可以将

模拟数据在数据传输中做到既快又准。

将模拟数据编码转换为数字信号，其最常见的方法就是脉冲编码调制(PCM)技术，简称脉码调制。其工作原理示意图如图 3.12 所示。脉码调制以采样定理为基础，对连续变化的模拟信号进行周期性采样，利用大于等于有效信号最高频率或其带宽 2 倍的采样频率，通过低通滤波器从这些采样中重新构造出原始信号。模拟信号数字化的过程包括采样、量化和编码三个步骤。

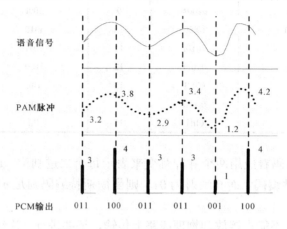

图 3.12　PCM 工作原理示意图

采样

采样是模拟信号数字化的第一步。采样的频率决定了所恢复的模拟信号的质量。根据奈奎斯特（Nyquist）采样定理，以大于或等于通信信道带宽 B 两倍的速率定时对信号进行采样，其样本可以包含足以重构原模拟信号的所有信息：

$$F_s \geqslant 2B \text{ 或 } f = 1/T \geqslant 2f_{\max} \tag{3-9}$$

其中 f 为采样频率，T 为采样周期，$f_{\max}$ 为信号的最高频率。

人耳对 25～22 000 Hz 的声音有反应。在谈话时，大部分有用信息的能量分布在 200～3 500 Hz 之间。因此，电话线路使用的带通滤波器的带宽是 3 kHz（即 300～3 300 Hz）。根据奈奎斯特采样定理，最小采样频率应为 6 600 Hz，CCITT 规定对话音的采样频率为 8 kHz。

在图 3.12 中，话音模拟信号经过采样后，形成了 PAM 脉冲信号。采样时每间隔一定的时间，将模拟信号的电平幅度值取出来作为样本，用它来表示被采样的信号。

量化

量化是将采样样本的幅度按量化级别决定取值的过程。量化之前要规定将信号分为若干量化级，例如可以分为 8 级、16 级或更多的量化级。同时，要规定好每一级对应的幅度范围。然后将采样所得样本幅值与量化级幅值进行比较定级。经过量化后的样本幅度由原来的连续值转换为离散的量级值，其波形是一系列离散的脉冲信号。

在量化过程中，量化级越多，量化精度越高。

编码

编码是用相应位数的二进制代码表示量化后的采样样本的量化级。如果有 K 个量化级，

则二进制的位数为 $\log_2 K$,形成了 PCM 数字信号。例如,量化级有 16 个,就需要 4 位编码 ($\log_2 16=4$)。

发送端经过上述三个步骤的转换,就可将原始模拟信号转换为二进制数码脉冲序列,然后经过信道传输到接收端。接收端再将二进制数码转换成相应幅度的量化脉冲,然后将其输入到一个低通滤波器,就可恢复成为原来的模拟信号。

目前,在常用的话音数字化系统中,T1 系统采用 128 个量化级,需要 7 位二进制编码表示。在采样速率为 8 000 样本/秒的情况下,在数字信道上传输这种数字化的话音信号,其数据传输速率可达到 $7\times 8\,000$ b/s＝56 kb/s。在 E1 系统中采用 256 级量化,每个样本用 8 位二进制数字表示,则传输速率为 64 kb/s。

典型问题解析

【例 3-2】4B/5B 编码是一种两级编码方案,首先要把数据变成 (1) 编码,再把 4 位分为一组的代码变换成 5 单位的代码,这种编码的效率是 (2) 。

(1) a. NRZ-1　　　　b. AMI　　　　c. QAM　　　　d. PCM
(2) a. 0.4　　　　　b. 0.5　　　　　c. 0.8　　　　　d. 1.0

【解析】采用 4B/5B 编码能够提高编码的效率,降低电路成本,这种编码方法的原理如图 3.13 所示。

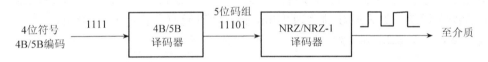

图 3.13　4B/5B 编码原理

这实际上是一种二级编码方案。系统中使用不归零码(NRZ),在发送到传输介质时变成"见 1 就翻"不归零码(NRZ-1)。NRZ-1 代码序列中 1 的个数越多,就越能提供同步信息;如果遇到长串的 0,则不能提供同步信息。所以,在发送到介质上之前还需要经过一次 4B/5B 编码。发送器扫描要发送的位序列,4 位分为一组,然后按照对应规则变换成 5 位二进制代码。

5 位二进制代码的状态共有 32 种,其中 1 的个数都不少于 2 个,这样就保证了传输的代码能提供足够多的同步信息。对于 5B/6B 及 8B/10B 等编码方法,其原理类似。

参考答案:(1) 选项 a;(2) 选项 c。

【例 3-3】图 3.14 所示为某个数据的两种编码,这两种编码分别是 (1) ,该数据是 (2) 。

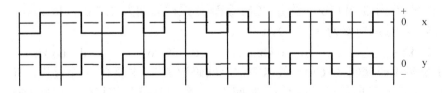

图 3.14　某个数据的两种编码

(1) a. x 为差分曼彻斯特码,y 为曼彻斯特码　　　b. x 为差分曼彻斯特码,y 为双极性码
　　c. x 为曼彻斯特码,y 为差分曼彻斯特码　　　d. x 为曼彻斯特码,y 为不归零码

(2) a. 010011110　　b. 010011010　　c. 011011010　　d. 010010010

【解析】首先可以断定图中所示是两种双相码，然后按照曼彻斯特编码的特点（以正负或负正脉冲来区别 1 和 0）和差分曼彻斯特编码的特点（以其位前沿是否有电平跳变来区别 1 和 0）可以断定，x 为曼彻斯特编码，y 为差分曼彻斯特编码，表示的数据是 010011010。

参考答案：（1）选项 c；（2）选项 b。

【例 3-4】图 3.15 所示的调制方式是 (1) ，若载波频率为 2 400 Hz，则码元速率为 (2) 。

　　(1) a. FSK　　　　b. 2DPSK　　　c. ASK　　　　d. QAM
　　(2) a. 100 Baud　　b. 200 Baud　　c. 1200 Baud　　d. 2 400 Baud

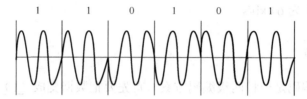

图 3.15　调制方式

【解析】DPSK 利用调制信号前后码元之间载波相对相位的变化来传递信息。二进制差分相移键控常简称为"二相相对调相"，记作"2DPSK"。它不是利用载波相位的绝对数值来传输数字信息，而是用前后码元的相对载波相位值传输数字信息（相对载波相位是指本码元初相与前一码元初相之差）。根据波形可以看出，这是一种差分编码，所以应选择 2DPSK。另外，每一位包含两个周期。如果载波频率为 2 400 Hz，则码元速率就是 1 200 Baud。

参考答案：（1）选项 b；（2）选项 c。

练习

1. 计算机网络中的频带信号与有线电视中的频带信号是一样的。判断对错。
2. 调制解调器将电话线中的数字信号转化成 PC 能接收的模拟信号。判断对错。
3. 基带网络技术比频带网络技术实施起来更便宜。判断对错。
4. 频带信号不能代表 1 和 0，因为它采用了模拟传输技术。判断对错。
5. 与频带传输不同的是，基带传输需要在连接的两端设有调制解调器。判断对错。
6. 所有的模拟传输都是频带传输。判断对错。
7. 在传输数据时，以原封不动的形式把来自终端的信息送入线路称为（　　）。
　　a. 调制　　　　b. 基带传输　　c. 频带传输　　d. 解调
8. 设信道带宽为 3 400 Hz，采用 PCM 编码，采样周期为 125 μs，每个样本量化为 128 个等级，则信道的数据速率为（　　）。
　　a. 10 kb/s　　　b. 16 kb/s　　　c. 56 kb/s　　　d. 64 kb/s

【提示】脉冲编码调制（PCM）技术简称"脉码调制"，主要有 3 个过程，即采样、量化和编码。采样的实质是通过周期性扫描将时间连续、幅度连续的模拟信号变换为时间离散的采样信号；量化的实质就是将采样信号变为时间离散的数字信号；编码的实质就是将量化后的离散信号编码为二进制代码。PCM 采样频率决定了恢复的模拟信号的质量。根据采样定理，要真实恢复原来的模拟信号，采样频率必须大于模拟信号最高频率的 2 倍。例如，现代电话线路中的带宽为 3.4 kHz，则根据采样定理，最小采样频率应为 6.8 kHz 以上，通常采用的是 8 kHz

的采用频率。在 T1 系统中采用 128 级量化,因此每个样本用 7 位二进制数字表示,语音信号的速率是 7b/125 μs=56 kb/s。而 E1 采用 256 级量化,每个样本用 8 位二进制数字表示,每个语音的传输速率为 64 kb/s。参考答案是选项 c。

9. 设信道带宽为 4 kHz,信噪比为 30 dB,则按照香农定理,信道的最大数据速率约等于( )。

  a. 10 kb/s   b. 20 kb/s   c. 30 kb/s   d. 40 kb/s

【提示】香农定理总结出有噪声信道的最大数据传输率为在一条带宽为 H Hz、信噪比为 S/N 的有噪声信道的最大数据传输率 V_{max} 为:

$$V_{max} = H \log_2(1 + S/N) \text{ b/s}$$

先求出信噪比 S/N,由 30 dB=10 $\log_{10}(S/N)$ 得 $\log_{10}(S/N) = 3$,所以 $S/N = 10^3 = 1\,000$。因此

$$V_{max} = H \log_2(1 + S/N) \text{ b/s} = 4000 \log_2(1 + 1000) \text{ b/s} \approx 4\,000 \times 9.97 \text{ b/s} \approx 40 \text{ kb/s}$$

参考答案是选项 d。

10. 设信道带宽为 3 400 Hz,调制为 4 种不同的码元。根据 Nyquist 定理,理想信道的数据速率为( )。

  a. 3.4 kb/s   b. 6.8 kb/s   c. 13.6 kb/s   d. 34 kb/s

【提示】本题考查 Nyquist 定理与码元及数据速率的关系。根据 Nyquist 定理及码元速率与数据速率间的关系,数据速率 $R = 2W \times \log_2 N$,可列出如下算式:

$$R = 2 \times 3\,400 \text{ Hz} \times \log_2 4 = 13\,600 \text{ b/s} = 13.6 \text{ kb/s}$$

参考答案是选项 c。

第三节 数据传输方式

数据传输方式不但定义了比特流从一个端点传输到另一个端点的方式,还定义了比特流是同时在两个方向上传输,还是必须轮流发送和接收。至于能否有效、可靠地实现数据通信,在很大程度上取决于有无良好的同步系统。按照要求同步的对象不同,数据通信系统的同步控制方式有异步和同步两种。

学习目标

- ▶ 掌握单工、半双工与全双工通信方式的工作原理;
- ▶ 了解串行与并行通信机制;
- ▶ 掌握异步与同步传输方式。

关键知识点

- ▶ 异步或同步传输控制即信号定时。

数据通信方式

传输方式的含义可以从不同的角度理解:根据数据信号在信道上传输方向与时间的关系,有单工、半双工和全双工传输方式之分;根据设备与设备之间数据流的配线,则有并行传输和串行传输,而串行传输又可分为异步和同步两种方式。

单工、半双工与全双工通信

按照数据信号在信道上的传输方向与时间的关系，可用单工、半双工和全双工通信这三个术语来描述信号越过信道的方向，如图 3.16 所示。

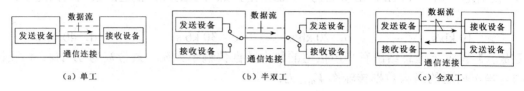

图 3.16　单工、半双工、全双工通信

- ▶ 单工——信号只能沿一个方向传输，任何时候都不能改变信号的传输方向。常用的无线电广播、有线电广播或电视广播通信都属于这种类型。
- ▶ 半双工——信号可以双向传输，但必须交替进行。在任意给定的时间，传输只能沿一个方向进行。对讲机就是采用半双工通信方式、轮流使用信道进行话音、数据传输的。
- ▶ 全双工——信号可以同时双向传输。它相当于把两个传输方向不同的半双工通信方式结合起来了。全双工通信可更好地提高传输速率，目前所使用的调制解调器就采用了全双工通信方式，电话也是全双工通信的最好例子。一根线把信号从电信公司带到你家，第二根线从你家承载单个信号回到电信公司，这样你就能同时听和讲。

通常情况下，一条物理链路上只能进行单工通信或半双工通信；当进行全双工通信时，通常需要两条物理链路。由于电信号在有线传输时要求形成回路，所以一条传输链路一般由 2 条电线组成，称为二线制线路。这样，全双工通信就需要 4 条电线组成两条物理链路，称为四线制线路。

串行通信与并行通信

在数据通信中，若按照传输数据的时空顺序分类，数据通信的传输方式可以分为串行通信与并行通信两种。在计算机编码中，通常采用 8 位二进制代码来表示一个字符。按照图 3.17（a）所示的方式，将待传输的每个字符的二进制代码在一个信道上按由低位到高位的顺序依次逐位串序传输的方式，称为串行通信。在串行传输数据时，数据是一位一位地在信道上传输的。而在并行通信中，多个数据位同时在两个端点之间传输。例如，将表示一个字符的 8 位二进制代码同时通过 8 条并行的信道传输，每次可以传输一个字符代码，如图 3.17（b）所示。发送端将这些数据位通过对应的数据线传输到接收端，还可附加一位数据校验位；接收端可同时接收这些数据，不需要做任何变换就可直接使用。并行通信方式主要用于近距离通信，计算机内的总线结构就是并行通信的例子。并行通信方式的优点是传输速率高，处理简单。

由上述分析可知，串行通信只需在收发双方之间建立一条信道；在并行通信中，收发双方之间必须建立并行的多条信道。对于远程通信来说，在同样传输速率的情况下，图 3.17 中并行通信在单位时间内所传输的码元数是串行通信的 8 倍；但需要建立 8 个信道，造价较高。因此，在远程通信中，一般采用经济、实用的串行通信方式。

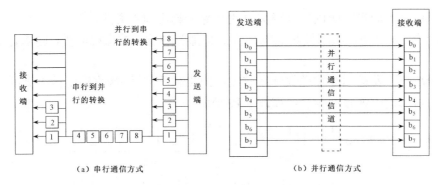

图 3.17　串行通信与并行通信

数据同步方式

同步就是接收端要按发送端所发送的每个码元的重复频率和起止时间来接收数据。在通信时，接收端要校准自己的时间和重复频率，以便和发送端取得一致，这一过程称为同步控制，即信号定时。

在串行传输时，每一个字符是按位串行传输的。为使接收端能准确地接收到所传输的数据信息，接收端必须知道：

▶ 每一位的时间宽度，即传输的比特率；
▶ 每一个字符或字节的起始和结束；
▶ 每一个完整的信息块（或帧）的起始和结束。

通常把这三个要求分别称为比特（位或时钟）同步、字符同步和块（或帧）同步。目前，数据传输的同步方式有异步式和同步式两种。

异步式

异步式又称为起止同步方式，属于字符同步。所谓字符同步，就是使之找到正确的字符边界。因此，需要把各个字符分开传输，在字符之间插入同步信息。具体来说，就是在要传输的字符前设置启动用的起始位，预告字符的信息代码即将开始，在信息代码和校验位（一般总共为 8 bit）结束以后，再设置 1～2 bit 的终止位，表示该字符已结束。终止位也反映了平时不进行通信时的状态，即处于"传号"状态。图 3.18 所示为字母 A 的代码（1000001）在异步式时的代码结构。

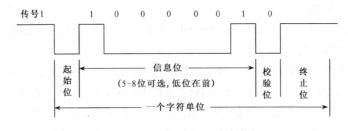

图 3.18　异步式代码结构

在异步传输模式中，各字符之间的间隔是任意的、不同步的，但在一个字符时间之内，收发双方各数据位必须同步，所以这种通信方式又称为起止同步方式。

所谓位同步，就是使接收端接收的每一位信息都要与发送端保持同步，通常有 2 种位同步方法：

▶ 外同步——发送端在发送数据之前发送同步脉冲信号，接收端用接收到的同步信号来锁定自己的时钟脉冲频率，如图 3.19 所示。

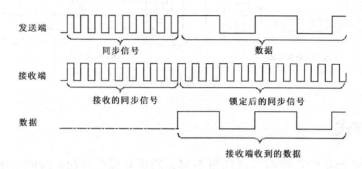

图 3.19 外同步法

▶ 自同步——通过特殊编码（如曼彻斯特编码）使数据编码信号中包含同步信号，接收端从数据编码信号中提取同步信号来锁定自己的时钟脉冲频率。

异步式实现起来简单、容易，频率的漂移不会积累，每个字符都为该字符的位同步提供了时间基准，对线路和收发器要求较低。但其缺点是线路效率低，因为每个字符需要多占用 2～3 位的开销。例如，采用 1 个起始位、8 个数据位、2 个停止位时，其传输效率为 8/11≈73%。异步式主要用于低速终端信道。

同步式

同步式不是对每个字符单独进行同步，而是对一组字符组成的数据块进行同步。同步的方法不是加一位停止位，而是在数据块前面加特殊模式的位组合（如 01111110）或同步字符（SYN），并且通过位填充或字符填充技术保证数据块中的数据不会与同步字符混淆。

在同步传输中，比特流被组装成更长的"帧"，一个帧包含许多个字节。与异步方式不同的是，引入报文内的字节与字节之间没有间隙，需要接收端在解码时将比特流分解成字节。也就是说，数据被当作不间断的 0 和 1 比特流传输，而由接收端来将比特流分割成重建信息所需的一个个字节，并识别一个帧的起始和结束。帧同步有两种情况：

▶ 面向字符的帧同步——以同步字符（SYN，16H）来标识一个帧的开始，适用于数据为字符类型的帧。

▶ 面向比特的帧同步——以特殊位序列（7EH，即 01111110）来标识一个帧的开始，适用于任意数据类型的帧。

图 3.20 所示为同步式代码结构。当不传输信息代码时，在线路上传输的是全 1 或其他特定代码；在传输开始时用同步字符 SYN（编码为 0010110）使收发双方进入同步。当搜索到两个以上 SYN 同步字符时，接收端开始接收信息，此后就从传输数据中检测同步信息。在两个连续的帧之间，应插入两个以上的 SYN 同步字符。一般在高速数据传输系统中采用同步式。

由于同步式没有间隙和起始/停止位，就没有了比特流内部的同步机制来帮助接收端设备在处理比特流时调整比特同步。接收数据的准确性完全依赖于接收端设备根据比特到达情况进行精确的比特计数的能力，使得时序变得十分重要。

图 3.20 同步式代码结构

同步式传输的优点是速度快。因为在发送端不需要插入附加的比特和间隙，在接收端也不需要去掉这些比特和间隙，在传输线路上就只需传输更少的比特数，所以同步式传输比异步式传输的速度更快。

练习

1．填空：在数据通信中，允许数据在两个方向上同时传输的数据传输控制方式为（   ），另外两种数据通信方式是（   ）、（   ）。数据传输方式依据在传输线上原样不变地传输还是调制变样后再传输可分为（   ）和（   ）。

2．在同一个信道上的同一时刻，能够进行双向数据传输的通信方式是（   ）。
　　a．单工　　　　　　b．半双工　　　　　　c．全双工　　　　　　d．自动

3．通过收音机收听广播电台节目的通信方式是（   ）。
　　a．全双工　　　　　b．半双工　　　　　　c．单工　　　　　　　d．自动

4．使用全双工通信方式的典型例子是（   ）。
　　a．无线电广播　　　b．对讲机　　　　　　c．电话　　　　　　　d．电视

5．在异步通信中每个字符包含 1 位起始位、7 位数据位、1 位奇偶校验位和 1 位终止位，每秒传输 100 个字符，则有效数据速率为（   ）。
　　a．500 b/s　　　　　b．600 b/s　　　　　　c．700 b/s　　　　　　d．800 b/s

【提示】题目给出每秒传输 100 个字符，因此每秒传输的位有 100×（1+7+1+1）=1000 位，而其中有 100×7 个数据位，因此数据速率为 700 b/s。参考答案是选项 c。

第四节　数据交换技术

通信网络中通常有多个中间结点，通过这些结点转发信息的技术即交换技术。例如，在通信网络中，实现 n 个终端系统相互通信时，若全部使用专线连接，则需要 $n(n-1)/2$ 条专线，事实上这样做是不现实的。因此，需要通过一个交换网络进行转接，以实现它们相互之间的连接。数据交换技术是指在任意拓扑结构的数据通信网络中，通过网络结点的某种转发方式实现任意两点或多个系统之间连接的技术。

目前，常用的数据交换技术有电路交换和存储转发交换两大类。存储转发交换又可分为报文交换和分组交换。由于不同的业务对传输速率、误码率、时延等传输特性的要求各不相同，因此需要采用不同的交换技术以保证获得所需的传输特性。

> **学习目标**
> - 了解电路交换、报文交换、分组交换方式以及光交换技术的特点；
> - 掌握分组交换技术原理。

> **关键知识点**
> - 分组交换是实现计算机网络数据传输的基础。

电路交换

电路交换技术是传统电话网所采取的一种交换技术，属于直接交换。电路交换的特点是：在数据传输之前，首先由源系统发出请求连接呼叫，从而在源系统和目的系统之间建立一个端到端的专用通路，然后进行数据传输。在整个数据传输期间，专用通路一直为两端系统所占有，直到数据传输结束才释放该通路。如果两个相邻结点间的通信业务量大，这两个相邻结点就可以同时支持多个专用通路。典型的电路交换过程如图 3.21 所示，其中包括线路建立、数据传输、线路释放三个阶段。

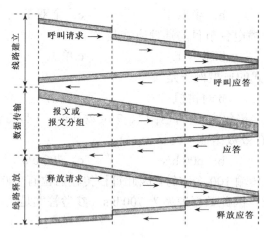

图 3.21 典型的电路交换过程

线路建立

主机 A 要向主机 B 传输数据，首先要通过通信子网在主机 A 与 B 之间建立线路连接，如图 3.22 所示。主机 A 首先向通信子网中的结点 1 发送"呼叫请求包"，其中含有需要建立线路连接的源主机地址与目的主机地址。结点 1 根据目的主机地址、路由选择算法，选择下一个结点，例如选了结点 2，则向结点 2 发送"呼叫请求包"。结点 2 接到呼叫请求后，同样根据路由选择算法，选择下一个结点，例如结点 3，则向结点 3 发送"呼叫请求包"。结点 3 接到呼叫请求后，也要根据路由选择算法，选择下一个结点，如结点 4，则向结点 4 发送"呼叫请求包"。结点 4 接到呼叫请求后，向与其直接连接的主机 B 发送"呼叫请求包"。主机 B 如果接受主机 A 的呼叫连接请求，则通过已经建立的物理线路连接 4-3-2-1，向主机 A 发送"呼叫应答包"。至此，从主机 A-1-2-3-4-主机 B 的专用物理线路连接建立完成。该物理连接为此次主机 A 与 B 的数据交换服务。

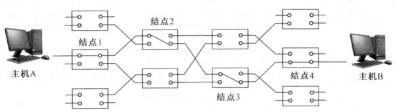

图 3.22　线路建立过程

数据传输

在主机 A 与 B 通过通信子网的物理线路连接建立以后，主机 A 与 B 就可以通过该连接实时、双向地传输、交换数据。

线路释放

数据传输完成后，进入线路释放阶段。一般可以由主机 A 向 B 发出"释放请求包"，主机 B 同意结束传输并释放线路后，将向结点 4 发送"释放应答包"，然后按照 3-2-1-主机 A 的次序，依次将所建立的物理连接释放，此次通信结束。当被拆除的线路空闲后，才可被其他通信使用。

电路交换方式的优点是：数据传输可靠，实时性强；在通信过程中，网络对用户是透明的，没有阻塞问题，适用于交互式会话类通信。电路交换方式的缺点是：对突发性通信不适应，系统效率低；不具有存储数据的能力，不能平滑通信量；不具备差错控制能力，无法发现与纠正传输过程中发生的数据差错，从而限制了网络中各种主机和终端之间的互联互通。为此，在进行电路交换方式研究的基础上，人们提出了存储转发交换技术。

存储转发交换

与电路交换技术相比，在存储转发交换技术中发送的数据、目的地址、源地址、控制信息按照一定格式组成一个数据单元（报文或分组）进入通信子网，通信子网中的交换结点可以完成数据单元的接收、差错校验、存储、路由选择和转发。因此，存储转发方式在计算机网络中得到了广泛应用。其特点主要表现在以下几个方面：

- 线路利用率高——由于交换结点可以存储报文（或分组），因此多个报文（或分组）可以共享通信信道。
- 系统效率高——交换结点具有路由选择功能，可以动态地选择报文（或分组）通过通信子网的最佳路由，并且平滑通信量。
- 系统可靠性高——报文（或分组）在通过交换结点时，均要进行差错检查与纠错处理，可以大大减少传输错误。
- 交换结点可以对不同通信速率的线路进行速率转换，对不同的数据代码格式进行变换。

按照信息结构的不同，存储转发交换技术可以分为报文交换与分组交换。报文与分组的结构如图 3.23 所示。

| 起始标志 | 信息源开始标志 | 源结点地址 | 目的结点地址 | 控制信息 | 报文编号 | 数据信息 | 报文结束 | 校验码 |

(a) 报文的通用信息格式

| 分组头 | 信息源开始标志 | 目的地址 | 控制信息 | 信息编号 | 分组编号 | 分组末位标志 | 分组数据 | 校验码 |

(b) 分组的通用信息格式

图 3.23 报文和分组的结构

报文交换

在报文交换中，数据以一份完整的报文为单位，一次传输一个报文，如一个电子邮件。报文的长度不固定，且携带接收结点的地址，每个交换结点必须独立地为每个报文进行路由选择，并传输给下一个结点，直至接收结点。报文交换采用存储转发方式传输数据，因而不需要在各结点之间建立专用通路，没有建立连接和释放连接的过程，每个报文在传输过程中只是一段一段地占用信道，而不是整个通路。

为了使各交换结点完成存储转发功能，要求每一个进入网络的报文必须附加一些报头信息。不同的计算机网络所采用的协议不同，因而有不同的报文格式。图 3.23（a）所示的通用信息格式，其报头中包含如下信息：①起始标志；②数据的开始标志；③源结点地址；④目的结点地址，包括路由选择信息；⑤控制信息，包括报文的优先权标志，并指出是数据还是应答标志信息；⑥报文编号。

在报文交换过程中，每个交换结点收到报文后，先进行差错检测。若有错，则拒绝存储报文，并产生一个否定应答信号回送至发送结点，要求重传；若无差错，进一步判别是信息，还是应答标志或报文信息。如果是报文信息则存储起来，同时向发送结点回传一个肯定应答信号，然后分析它的报头，选择下一个转发结点，直至目的结点。

与电路交换相比，报文交换的传输方式是存储转发，每一条点到点的链路都对报文的可靠性负责。因此具有许多优点，如：①每条链路的数据传输速率不必相同，因而两端系统可以工作于不同的速率；②差错控制由各条链路负责，简化了两端系统设备；③任何时刻一份报文只占用一条链路资源，而不是通路上所有链路资源，提高了传输效率和网络资源的可共享性。在相同的网络资源下，报文交换网络中可容纳的业务要比电路交换网络大得多。

报文交换的缺点是，由于一份报文较长，每一个结点对报文存储转发的时间也相应较长。因此，报文交换不能应用于计算机网络中实时性高的业务。

分组交换

分组交换是在报文交换的基础上，将一份报文分成若干个分组后进行交换传输的，除改变了参与交换数据单元的长度之外，其他工作机理与报文交换技术完全相同。分组交换的数据单元是分组，每个分组的长度相同，包含有数据和目的地址。分组的最大长度被限制为 100~1000 字节，典型长度为 128 字节。由于分组长度较短，当传输中出现差错时，容易检错并且重传所需的时间较短，有利于提高存储转发结点的存储空间利用率与传输效率。因此，分组交换是当今公用数据交换网中主要采用的交换技术。

图 3.23（b）所示的通用信息格式，其分组头包含了分组的地址和控制信息（路由选择、流量控制和阻塞控制等），给出了该分组在报文中的编号，并标明报文中的最后一个分组，以便使接收结点知道整条报文结束的位置。由于分组具有固定长度，因此没有分组结束标志。

分组交换技术又分为数据报分组方式与虚电路（VC）分组方式。

1. 数据报分组方式

数据报分组是一种面向无连接的分组交换。在数据报分组方式中，每个分组被称为一个数据报，包含源结点和目的结点的地址信息。若干个数据报构成一次要传输的报文或数据块。数据报分组方式对每个分组单独进行处理，就像报文交换中的报文一样。

由于不同时间的网络流量、网络故障等情况各不相同，各数据报所选择的路由就可能不相同，因此不能保证数据报按发送的顺序到达目的结点，有些数据报甚至还可能在途中丢失。接收端必须对已收到的、属于同一报文的数据报重新排序，恢复重装成报文。

2. 虚电路方式

虚电路方式的工作原理如图 3.24 所示。虚电路方式在分组发送之前，需要在发送方和接收方建立一条逻辑连接的虚电路。虚电路是一种面向连接的分组交换，整个通信过程分为三个阶段，其工作过程类似于电路交换方式：

▶ 虚电路建立阶段——结点 A 启动路由选择算法，选择一个结点(如结点 D)，向结点 D 发送"呼叫请求分组"。如果结点 D 同意建立虚电路，则发送"呼叫应答"分组回送到结点 A。至此，虚电路建立，可进入数据传输阶段。

▶ 数据传输阶段——利用已建立的虚电路，以存储转发方式顺序逐站传输分组。在预先建立的虚电路上，中间结点 B 和 C 都知道这些分组的目的地，分组按顺序到达终点，不需要复杂的路由选择；接收端也不需要对分组重新排序。

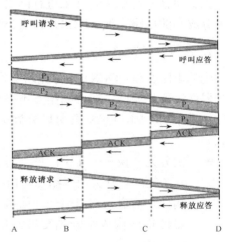

图 3.24 虚电路方式的工作原理

▶ 虚电路释放阶段——在数据传输结束后，进入虚电路释放阶段，按照 D-C-B-A 的顺序依次释放虚电路。

虚电路并不独占线路,在一条物理线路上可以同时建立多个虚电路,达到资源共享的目的。

由虚电路方式的工作原理可知，虚电路方式的特点有：①每次在分组发送之前，必须在发送端与接收端之间建立一条逻辑连接；②所有分组都通过虚电路顺序传输，因此分组不必带目的地址、源地址等辅助信息，而且在到达目的结点时，分组不会出现丢失、重复与乱序的现象；③当分组通过虚电路上的每个结点时，结点只需做差错检测，而不必做路由选择；④通信子网中每个结点可以与任何结点建立多条虚电路连接。虚电路方式综合了分组交换与电路交换两种方式的优点，因此在计算机网络中得到广泛应用。

光交换

随着通信网传输容量的增加,传输系统已经普遍采用光纤通信技术,自然也就引入了光交换。未来的全光网络可以直接在光域内实现信号的传输、交换、复用、路由、监控以及生存性保护,光交换是其关键技术之一。全光网可以克服电子交换在容量上的瓶颈限制,从而节省建网成本,提高网络的灵活性和可靠性。

光交换技术简介

所谓光交换,是指能有选择地将光纤、集成光路(IOC)或其他光波导中的信号从一个回路或通路转换到另一回路或通路的交换方式。它可以不经过任何光/电转换,就能将输入端光信号直接交换到任意的光输出端。光交换的优点在于光信号通过光交换单元时,无须经过光电/电光转换,因此不受监测器和调制器等光电器件响应速度的限制,可以大大提高交换单元的吞吐量。目前,光交换的控制部分主要通过电信号来完成,随着光子技术的发展,未来的光交换必将演变成为光控光交换。

光交换技术是指用光纤来进行网络数据、信号传输的网络交换传输技术。目前,光交换技术可分成光的电路交换(OCS)和光分组交换(OPS)两种主要类型。

1. 光的电路交换

光的电路交换(OCS)亦称光路交换,它类似于已有的电路交换技术,采用 OXC、OADM 等光器件设置光通路,在中间结点不需要使用光缓存。目前对 OCS 的研究已经较为成熟。根据交换对象的不同,OCS 又可以分为空分(SD)、时分(TD)、波分/频分(WD/FD)等交换方式。

- ▶ 空分光交换——在空间域上对光信号进行交换。其基本工作原理是将光交换元件组成开关矩阵,开关矩阵结点可由机械、电或光进行控制,按要求建立物理通道,使输入端任一信道与输出端任一信道相连,完成数据的交换。各种机械、电或光控制的相关器件均可构成空分光交换。构成光矩阵的开关有铌酸锂定向耦合器、微机电系统(MEMS)等。

- ▶ 时分光交换——以时分复用为基础,把时间划分为若干互不重叠的时隙,由不同的时隙建立不同的子信道。时分光系统采用光器件或光电器件作为时隙交换器,通过光读写门对光存储器的受控有序读写操作完成交换动作。因为时分光交换系统能与光传输系统很好地配合而构成全光网,所以时分光交换技术的研究开发进展很快,其交换速率几乎每年提高一倍,目前已研制出多种时分光交换系统。20 世纪 80 年代中期就已成功地实现了 256 Mb/s(4 路 64 Mb/s)彩色图像编码信号的光时分交换系统。它采用 1×4 铌酸锂定向耦合器矩阵开关做选通器,双稳态激光二极管做存储器(开关速度 1 Gb/s),组成单级交换模块。20 世纪 90 年代初又推出了 512 Mb/s 试验系统。实现光时分交换系统的关键是开发高速光逻辑器件,即光的读写器件和存储器件。

- ▶ 波分/频分光交换——在网络中不经过光电转换,直接将所携带的信息从一个波长/频率转换到另一个波长/频率,即信号通过不同的波长/频率,选择不同的网络通路,由波长/频率开关进行交换。波分/频分光交换网络由波长复用器/去复用器、波长选择空间开关和波长互换器（波长开关）组成。目前已研制开发出了太比特级光波分交换系统，所采用的波分复用数为128，最大终端数达2 048，复用级相当于1.2 Tb/s 的交换吞吐量。

2. 光分组交换

光分组交换（OPS）是电分组交换在光域的延伸，其交换单位是高速传输的光分组。OPS沿用电分组交换的"存储–转发"方式，是无连接的，在进行数据传输前不需要建立路由和分配资源。与光路交换相比，OPS 有着很高的资源利用率和较强的适应突发数据的能力。由于目前光逻辑器件的功能还比较简单，不能完成控制部分复杂的逻辑处理功能，因此现有的分组光交换单元还要由电信号来控制，即所谓的电控光交换。随着光器件技术的发展，光交换技术的最终发展趋势将是光控光交换。

根据对控制分组头处理及交换粒度的不同，光分组交换系统又可分为光分组交换（OPS）技术、光突发交换（OBS）技术和光标记分组交换（OMPLS）技术。

▶ 光分组交换（OPS）技术——以微秒量级的光分组作为最小交换单位，数据包的格式为固定长度的光分组头、净荷和保护时间三部分。在交换系统的输入接口完成光分组读取和同步功能，同时用光纤分束器将一小部分光功率分出送入控制单元，用于完成如光分组头识别、恢复和净荷定位等功能。光交换矩阵为经过同步的光分组选择路由，并解决输出端口竞争。最后输出接口通过输出同步和再生模块，降低光分组的相位抖动，同时完成光分组头的重写和光分组再生。

▶ 光突发交换（OBS）技术——采用单向资源预留机制，以光突发（Burst）作为交换网络中的基本交换单位。它的特点是数据分组和控制分组独立传输，在时间上和信道上都是分离的。OBS 克服了 OPS 的缺点，对光开关和光缓存的要求降低，并能够很好地支持突发性的分组业务；同时与 OCS 相比，它又大大提高了资源分配的灵活性和资源的利用率。OBS 被认为很有可能在未来互联网中扮演关键角色。

▶ 光标记分组交换（OMPLS）技术——MPLS 技术与光网络技术的结合，也称为 GMPLS 或多协议波长交换。MPLS 是多层交换技术的最新进展，将 MPLS 控制平面贴到光的波长路由交换设备的顶部就成为具有 MPLS 能力的光结点。由 MPLS 控制平面运行标签分发机制，向下游各结点发送标签，标签对应相应的波长，由各结点的控制平面进行光开关的倒换控制，建立光通道。2001 年 5 月 NTT 开发出了世界首台全光交换 MPLS 路由器，结合 WDM 技术和 MPLS 技术，实现了全光状态下的 IP 数据分组转发。

组成光交换系统的核心器件

数据传输和交换目前正由电光网络向全光网络发展。全光网络以光纤为传输介质，采用光波分复用（WDM）技术提高网络的传输容量。然而，WDM 技术的进步主要依赖于光器件的进步。组成光交换系统的核心器件主要有光开关器件、光缓存器件、光逻辑器件、波长变换器以及光调制器等。

光开关是构成 OXC、OADM 的主要器件。目前制作光开关的技术主要有：阵列波导光栅（AWG），半导体光放（SOA）开关，$LiNbO_3$ 声光开关（AOTS）和电光开关，微电子机械光开关（MEMS），液晶光开关，喷墨气泡技术光开关，以及全息光开关等。

光缓存是光分组交换的关键技术，目前还没有全光的随机存储器，只能通过无源的光纤延时线（FDL）或有源的光纤环路来模拟光缓存功能。常见的光缓存结构，有可编程的并联 FDL 阵列、串联 FDL 阵列和有源光纤环路。

光逻辑器件由光信号控制它的状态，用来完成各类布尔逻辑运算。目前，光逻辑器件的功能还比较简单，较成熟的技术有对称型自电光效应（S-SEED）器件、基于多量子阱 DFB 的光学双稳器件和基于非线性光学的与门等。

全光波长转换器是波分复用光网络和全光交换网络解决相同波长争同一个端口时信息阻塞的关键部件。理想的光波长转换器应具备较高速率（10 Gb/s 以上）、较宽的波长转换范围、高的信噪比和高的消光比，且与偏振无关。波长转换器有多种结构和机制，目前研究较为成熟的是以半导体光放大器（SOA）为基础的波长转换器，包括交叉增益饱和调制型（XGM SOA）、交叉相位调制型（XPM SOA）以及四波混频型（FWM SOA）等。

光调制器也称电光调制器，是高速、长距离光通信的关键器件，也是最重要的集成光学器件之一。它是通过电压或电场的变化最终调控输出光的折射率、吸收率、振幅或相位的器件。它所依据的基本理论是各种不同形式的电光效应、声光效应、磁光效应、Franz-Keldysh 效应、量子阱 Stark 效应、载流子色散效应等。在整体光通信的光发射、传输、接收过程中，光调制器用于控制光的强度，其作用是非常重要的。

练习

1. 填空：电路交换与虚电路交换的共同点，是在数据传输之前都要（　　），数据传输结束后，要（　　）。两者的不同之处是：前者建立的是一条（　　），后者建立的是一条（　　）。
2. 填空：采用电路交换技术的数据要经过（　　）、（　　）和（　　）3 个过程。其优点是（　　），它适用于（　　）场合。
3. 填空：计算机网络中，常用数据交换技术的有（　　）、（　　）、（　　）、（　　）。
4. （　　）适用于短报文和具有灵活性的报文。
   a. 信元交换　　b. 数据报分组交换　　c. 报文交换　　d. 电路交换
5. 在计算机通信中，数据交换形式包含分组交换和电路交换，前者比后者（　　）。
   a.实时性好，线路利用率高　　b.实时性差，线路利用率高
   c.实时性好，线路利用率低　　d.实用性差，线路利用率低
6. 下列交换方法中，（　　）的传输延迟最小。
   a. 报文交换　　b. 电路交换　　c. 分组交换　　d. 数据报分组交换
7. 下列不属于数据交换技术的是（　　）。
   a. 报文交换　　b.分组交换　　c.信息交换　　d.电路交换
8. 数据以报文的方式进行存储转发的交换方式是（　　）。
   a. 电路交换　　b. 报文交换　　c. 虚电路交换　　d. 数据报文交换
9. 下列交换方式中，实时性最好的是（　　）。
   a. 数据报方式　　b. 虚电路方式　　c. 电路交换方式　　d. 各种方法都一样
10. 分组交换方式是以长度受限制的（　　）为单位进行传输交换的。
    a. 码元　　b. 比特率　　c. 分组　　d. 帧

第五节 信道复用技术

在数据通信系统中,信道所提供的带宽往往要比所传输的某种信号的带宽大得多,所以,在一条信道中只传输一种信号会浪费信道资源。复用技术就是为了充分利用信道容量来提高数据传输效率的。常见的复用技术包括频分复用(FDM)、时分复用(TDM)、波分复用(WDM)和码分复用(CDM)技术。其中,时分复用又分为同步时分复用和异步时分复用。

学习目标
- ▶ 了解各种信道复用技术的特性与应用;
- ▶ 掌握时分复用线路计算带宽的方法;
- ▶ 了解常见数字传输系统,包括 T1/E1 载波、T2、T3、T4 的原理、组成与应用。

关键知识点
- ▶ 复用技术的特性及典型应用领域。

概述

复用技术是指在数据传输系统中,允许两个或两个以上的数据源共享一个公共传输介质,把多个信号组合起来在一条物理信道上进行传输。复用技术的实现方法包含信号复合、传输和分离三个方面。复用技术最常用的设备有两种:一是复用器,在发送端根据约定规则把多个低带宽信号复合成一个高带宽信号;二是分配器,根据约定规则把高带宽信号分解为多个低带宽信号。这两种设备统称为"多路器"(MUX)。信道复用的原理框图如图 3.25 所示。在发送端,待发送信号,$S_k(t)$($k=1,2,\cdots,n$)进行复用,并送往信道传输,在接收端经分离后变为输出信号 $S'_k(t)$。理想情况下,$S_k(t)$ 与 $S'_k(t)$ 应该是完全相同的,实际中可能存在一定误差。

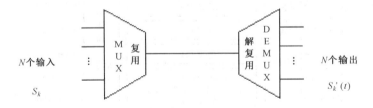

图 3.25 信道复用原理框图

信道复用的理论依据是信号分割原理。实现信号的分割是基于信号之间的差别,这种差别可以表现为信号的频率、时间参量以及波长结构等方面。因此,复用技术可以分为频分复用(FDM)、时分复用(TDM)、波分复用(WDM)和码分复用(CDM)等多种类型,表 3.3 示出了复用技术的一些特性与应用领域。

表 3.3 复用技术的特性与应用领域

复用技术		特点与描述	典型应用
FDM（频分复用）		在一条传输介质上使用多个不同频率的模拟载波信号进行传输，每个载波信号形成一个不重叠且相隔离（不连续）的频带，接收端通过带通滤波器来分离信号	无线电广播系统 有线电视系统（CATV） 宽带局域网 模拟载波系统
TDM	同步时分复用	每个子通道按照时间片轮流占用带宽，但每个传输时间划分为固定大小的周期，即使子通道不使用也不能给其他子通道使用	T1/E1 等数字载波系统 ISDN 用户网络接口 SONET/SDH（同步光纤网络）
	统计时分复用	是对同步时分复用的改进，固定大小的周期可以根据子通道的需求动态地分配	ATM
WDM（波分复用）		与 FDM 相同，只不过不同子信道使用的是不同波长的光波而非频率来承载，常用到 ILD	用于光纤通信
CDM（码分复用）		依靠不同的编码来区分各路原始信号的一种复用方式，主要与码分多址（CDMA）、频分多址（FDMA）、时分多址（TDMA）和同步码分多址（SCDMA）等多址技术结合，产生各种接入技术，包括无线接入和有线接入	CDMA、TDS-CDMA 和 WCDMA 等移动通信系统

频分复用

频分复用（FDM）的基本工作原理如图 3.26 所示。频分复用就是将通信系统信道的带宽划分为多个子信道，每个子信道为一个频段，并将这些频段分配给不同的用户使用，这些频道之间互不交叠。这相当于将线路的可用带宽划分成若干个较小带宽，当有多路信号输入时，发送端（源）分别将各路信号调制到各自所分配的频带范围内的载波上，接收端（宿）载波被解调恢复成原来信号的波形。为了防止频分复用中两个相邻信号频率交叉重叠形成干扰，在两个相邻信号的频段之间通常设置一个隔离带。当然，这会损失一些带宽资源。

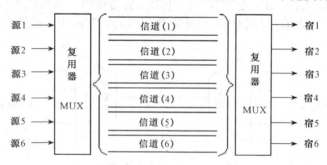

图 3.26 频分复用的工作原理

若某单个信道的带宽为 B，信道隔离带带宽为 ΔB，则信道实际占有的带宽 $B_s=B+\Delta B$。因此，由 N 个信道组成的频分复用系统所占用的总带宽为 $B=N\times B_s=N\times(B+\Delta B)$。

例如，第 1 个信道的载波频率为 60～64 kHz，中心频率为 62 kHz，带宽为 4 kHz；第 2 个信道的载波频率为 64～68 kHz，中心频率为 66 kHz，带宽为 4 kHz；第 3 个信道的载波频率为 68～72 kHz，中心频率为 70 kHz，带宽为 4 kHz。第 1、2、3 信道的载波频率互不重叠。假设这条通信线路的可用带宽为 96 kHz，按照每一路信道占用 4kHz 计算，那么这条通信线路最多可以复用 24 路信号。

频分复用以信道的频带作为分割对象，采用为多个信道分配互不重叠的频率范围的方法实现多路复用。因此，频分复用技术适于模拟数据信号的传输。例如，有线电视系统和模拟无线广播等，接收机必须调谐到相应的台站。频分复用的总频率宽度要求大于各个子信道频率之和，同时为了保证各子信道中所传输的信号互不干扰，需要在各子信道之间设立防卫隔离带，以保证各路信号互不干扰。频分复用技术的特点是所有子信道传输的信号以并行的方式工作，每一路信号传输时可不考虑传输时延，因而频分复用技术取得了非常广泛的应用。

频分复用技术除传统意义上的频分复用外，值得一提的是正交频分复用（OFDM）。OFDM是一种多载波调制方式，通过减小和消除码间串扰的影响来克服信道的频率选择性衰落。OFDM 的基本原理是将信号分割为 N 个子信号，然后用 N 个子信号分别调制 N 个相互正交的子载波。由于子载波的频谱相互重叠，因而可以得到较高的频谱效率。OFDM 的概念早已存在，但直到多媒体业务的发展，才被认识到是一种实现高速、双向无线数据通信的良好方法。随着 DSP 芯片技术的发展，以及傅里叶变换/反变换、高速调制解调器采用的 64/128/256QAM 技术、栅格编码技术、软判决技术、信道自适应技术、插入保护时段、减少均衡计算量等成熟技术的逐步引入，OFDM 开始在无线通信领域得到广泛应用。

时分复用

时分复用（TDM）是将信道中用于传输的时间划分为若干个时隙，每个用户分得一个时隙，在其占有的时隙内，用户轮流使用通信信道的全部带宽，其工作原理如图 3.27 所示。时隙的大小可以按一次传输 1 位、1 字节或者一个固定大小的数据块所需的时间来确定。

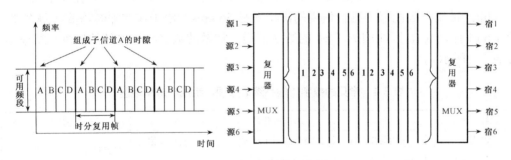

图 3.27　时分复用的工作原理

时分复用以信道传输时间作为分割对象，通过为多个信道分配互不重叠的时隙的方法实现多路复用，因而适于数字数据信号的传输。时分复用又分为同步时分复用（STDM）与异步时分复用（ATDM）两种类型。

同步时分复用

同步时分复用将时隙预先分配给各个信道，并且时隙固定不变，因此各个信道的发送与接收必须保持严格的同步。同步时分多路复用的工作原理如图 3.28 所示。

图 3.28　同步时分多路复用的工作原理

例如，有 K 条信道复用一条通信线路，通信线路的传输时间可分成个 K 时隙。假定 $K=10$，传输时间周期 T 设定为 1 s，那么每个时隙为 0.1 s。在第一个周期内，将第 1 个时隙分配给第 1 路信号，将第 2 个时隙分配给第 2 路信号……将第 10 个时隙分配给第 10 路信号，便完成了第一周期的工作。第二个周期开始后，再将第 1 个时隙分配给第 1 路，将第 2 个时隙分配给第 2 路信号……按此规律循环工作。在接收端只需采用严格的时间同步，按照相同的顺序逐一接收，就能够将多路信号实现复原。

同步时分复用存在两种不同的制式，即北美的 24 路 T1 载波与欧洲的 32 路 PCM 的 E1 载波。T1 载波系统是将 24 路音频信道复用在一条通信线路上，每帧包含 24 路音频信号共 192 位和附加的 1 位帧起始标志。因为发送一帧需要 125 ms，T1 载波的数据传输速率为 1.544 Mb/s。E1 标准是 CCITT 标准，其中 30 路传输话音信息，2 路传输控制信息。每个信道包括 8 位二进制数，这样在一次采样周期 125 ms 中要传输的数据共 256 位，E1 速率为 2.048 Mb/s。对 E1 进一步复用还可以构成 E2、E3 和 E4 等级的传输结构和速率。1988 年，美国国家标准协会(ANSI)通过了最早的两个 SONET 标准，即 ANSI T1.105 与 ANSI T1.106。SONET 标准 ANSI T1.105 为使用光纤传输系统定义了线路速率标准的等级结构，它以 51.840 Mb/s 为基础，大致对应于 T3、E3 的速率，称为第 1 级光载波 OC-1（Optical Carrier-1），并定义了 8 个 OC 级速率。ANSI T1.106 定义了光接口标准，以便于实现光接口的标准化。同年，CCITT 接受了 SONET 的概念，并以美国的 SONET 标准为基础，制定了同步数字体系(SDH)的国际标准，这就是 G.707、G.708 与 G.709 三个建议。1992 年又增加了十几个建议，从而出现了国际统一的通信传输体制与速率、接口标准。在很多情况下，人们把 SONET 与 SDH 视为等同。

在电话的语音通信中通常是对 4 kHz 的话音通道按 8 kHz 的速率采样，用 128 级（2^7，因此需要 7 bit）量化，因此每个话音信道的比特率是 56 kb/s。由于在传输时需要在每个 7 bit 组后加上 1 bit 的信令位，因此构成了 64 的数字信道。常见的数字传输系统的原理、组成与应用地区如表 3.4 所示。

表 3.4 常见的数字传输系统的原理、组成与应用地区

名称	原理与组成	应用地区
T1 载波（一次群，DS1）	采用同步时分复用技术将 24 个话音通路（每个话音信道称为 DS0）复合在一条 1.544 Mb/s 的高速信道上	美国和日本
E1 载波	采用同步时分复用技术将 30 个话音信道（64）和两个控制信道（16 kb/s）复合在一条 2.048 Mb/s 的高速信道上	欧洲发起，除美国和日本外多用
T2（DS2）	由 4 个 T1 时分复用而成，达到 6.312 Mb/s	美国和日本
T3（DS3B）	由 7 个 T2 时分复用而成，达到 44.736 Mb/s	美国和日本
T4（DS4B）	由 6 个 T3 时分复用而成，达到 274.176 Mb/s	美国和日本

同步时分复用采用将时隙固定分配给各个信道的方法，而不考虑信道中数据发送的要求，显然这种方法会造成信道资源的浪费。

异步时分复用

异步时分复用也称为统计时分复用，它允许动态地分配时隙，其工作原理如图 3.29 所示。

图 3.29 异步时分复用工作原理

假设复用的信道数为 m,每个周期 T 分为 n 个时隙。由于考虑到 m 个信道并不总是同时工作,为了提高通信线路的利用率,允许 $m>n$。这样,每个周期内的各个时隙只分配给那些需要发送数据的信道。在第一个周期内,可以将第 1 个时隙分配给第 1 路信号,将第 2 个时隙分配给第 4 路信号,将第 3 个时隙分配给第 5 路信号……将第 n 个时隙分配给第 $m-1$ 路信号。在第二个周期到来后,可以将第 1 个时隙分配给第 1 路信号,将第 2 个时隙分配给第 5 路信号,将第 3 个时隙分配给第 7 路信号……将第 n 个时隙分配给第 m 路信号,并且继续循环下去。与同步时分复用系统相比,如果传输线路的数量相同,则异步时分复用系统能够支持更多的设备。

在异步时分复用中,时隙序号与信道号之间不再存在固定的对应关系,多个用户共享一条通信线路传输数据,有效地提高了通信线路资源的利用率。为了便于接收端分别接收,在所传输的数据中需要附加上用户识别标志和目标地址等额外信息,并对所传输的数据单元加以编号,以实现数据的正确接收。

波分复用

通常把波长分隔复用的方法简称为波分复用(WDM),它是一种光信号的频分复用技术。波分复用主要用于全光纤组成的计算机网络。为了能在同一时刻进行多路传输,需要将光纤信道划分为多个波段,类似于 FDM 中的频段,每一路信号占用一个波段。不同的是,在光学系统中,波分复用是利用衍射光栅来实现多路不同频率光波的合成与分解的。

波分复用的工作原理如图 3.30 所示。在这个波分复用系统中,从光纤 1 进入的光波将传输到光纤 3,从光纤 2 进入的光波将传输到光纤 4,而且波分复用系统是固定的,因此从光纤 1 进入的光波不能传输到光纤 4。另外,也可以使用交换式的波分复用系统。在典型的交换式波分复用系统中,所有的输入光纤与输出光纤都连接到无源星状中心耦合器。每条输入光纤的光波能量通过中心耦合器分别送到多条输出光纤。一个星状结构的交换式波分复用系统,可以支持数百条光纤信道的多路复用。

波分复用的主要作用是扩展了现有光纤网络的容量,而不需要铺设更多的光缆。在现有光缆的两端分别安装波分复用器就可以实现对原有光纤系统的升级,同时,它需要为每个信道分配一对光纤。通过波分复用能够增加单根光纤所能传输的能量。最初,在一根光纤上只能实现两路光载波信号的复用。随着光纤通信技术的发展,可以实现在一根光纤上复用更多路光载波信号,即密集波分复用(Dense WDM,DWDM)。DWDM 是指同一个波段中通道间隔较小的波分复用技术,ITU-T 建议的光波间隔是 0.8 nm。目前,采用干涉滤波器技术将满足 ITU 波长的光信号分开或将不同波长的光信号合成到一根光纤上,可以复用 80 路或更多路的光载波信号。例如,第四代掺铒光放大器的单模光纤信道能够以 10 Gb/s 的速率传输数据信息,对于处在全容量的 128 个信道的 DWDM 交换机来说,每对光纤能够传输 1.28 Tb/s 的带宽,可支持 1 600 万个并发的电话呼叫。目前,这种系统在高速主干网中已经得到了广泛应用。

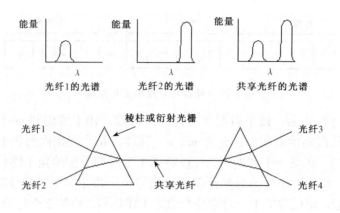

图 3.30 波分复用的工作原理

稀疏波分复用（Coarse WDM，CWDM）是一种低成本的波分复用，光波分布得更稀疏，ITU-T 建议的光波间隔是 20 nm。CWDM 降低了对波长的窗口要求，以比 DWDM 系统宽得多的波长范围（1.26～1.62 μm）进行波分复用，从而降低了对激光器、复用器和解复用器的要求，使系统成本下降。CWDM 可用于 MAN，在 20 km 以下有较高的性价比。

码分复用（码分多址）

当不同主机共享一个传输介质通信时，需要有一个协议来保证多个发送端所发送的信号不在接收端互相干扰。为此，产生了多种共享介质访问协议，如时分多址访问（TDMA）、频分多址访问（FDMA）等。目前，在通用移动电信系统（UMTS）的主要技术中，经常用到的术语是码分多址访问（CDMA），亦称为码分复用。CDMA 是按照码型结构的差别来分割信号的一种技术，是在 IS-95 和 IS-2000 中定义的一种扩频多址数字式通信技术。它通过独特的代码序列建立信道，以区别同一信道上不同用户的特征。CDMA 作为一种共享介质访问协议，在无线局域网中得到了广泛应用。

CDMA 是建立在波分复用基础上的，它既利用了每一个波长不同的信道，又可使不同用户同时使用一个信道，每个用户都采用不同的标记序列（Signature Sequence），以区别同一信道上不同用户的特征。也可以说，CDMA 是一种直接序列扩频通信（Direct Sequence Spread Spectrum）技术，即：将需要传输的具有一定信号带宽的数据信息，用一个带宽远大于信号带宽的高速伪随机码进行调制，使原数据信号的带宽被扩展，再经载波调制并发送出去。接收端使用完全相同的伪随机码进行相关处理，把频带信号还原成原数据信息的窄带信号（即解扩），以实现通信。例如，以窄带 CDMA（IS-95）为例，一个 CDMA 的呼叫以标准的 9 600 b/s 开始，然后将它扩展到 1.23 Mb/s，并与其他用户的信号合成在一起，在同一个小区内传输。接收时正好相反，将数字代码从传播信号中分离，即与其他用户区分开，还原成 9 600 b/s 的数字信号。

CDMA 系统基于码型分割信道，每个用户分配唯一的地址码，共享频率和时间资源。CDMA 主要是通过分配不同的标记序列给不同的用户，用该标记序列对携带信息的信号进行调制或扩频。在接收端，通过求接收信号与用户标记序列的互相关来分离出各用户的信号。由此可知，由于各用户使用经过特殊挑选的不同标记序列，因此各用户之间不会造成干扰。采用 CDMA 可提高通信的话音质量和数据传输的可靠性，减少干扰对通信的影响，增大通信系统的容量。

扩频码

扩频码（Spreading Code）也称为标记码（Signature Code），所以按标记来划分信道称为码分多址，其信道也称为码道。在许多文献中，扩频码也称为地址码（Address Code）、码片序列（Chip Sequence）或标记序列，一般由伪随机噪声（也称为伪码）或正交码构成。标记序列可以是余弦波或离散脉冲波等，其性能取决于相关性。目前常用的扩频码的波形是矩形脉冲。

CDMA 的工作原理是，任何一个发送站点都把自己要发送的 0 和 1 代码串中的每一位，变换成一个唯一的 m bit 扩频码（或称扩频序列）。通常 m 取 64 或 128，也就是将原来的信号速率或带宽提高了 64 倍或 128 倍。然后，把这些扩频码表示成由+1 和-1 组成的序列。为简单起见，现假定 m 取 8 位。一个站点如果要发送 1，则发送它自己的 m bit 序列；如果要发送 0，则发送该码片序列的二进制反码。例如，指派给 S 站的 8 bit 序列是 00011011。当 S 发送 1 时，它就发送其扩频码本身 00011011；而当站 S 发送 0 时，就发送其扩频码的反码 11100100。为方便起见，按惯例将扩频码中的 0 写为–1，将 1 写为+1，因此 S 站的扩频码为：(–1, –1, –1,+1,+1, –1,+1,+1)。

CDMA 系统的一个重要特点是给每一个站分配的扩频码不仅必须各不相同，还必须互相正交。正交性的含义是：设 S 和 T 是两个不同的时隙序列，其内对称积必须为 0。所谓内对称积，就是对双极型时隙序列中的 m 位的各对称位相乘之和，再除以 m。为方便起见，在此用符号"×"表示内对称积运算。不同时隙序列的内对称积结果必然为 0，可用下式表示：

$$S \times T = \frac{1}{m}\sum_{i=0}^{m} S_i T_i = 0 \tag{3-10}$$

同时，任一时隙序列本身的内对称积，即各位自乘之和再除以 m，其结果必为 1，如下式所示：

$$S \times S = \frac{1}{m}\sum_{i=1}^{m} S_i S_i = \frac{1}{m}\sum_{i=1}^{m}(\pm 1)^2 = 1 \tag{3-11}$$

可见，正交性就是指任意两个时隙序列中对称的 0 和 1 相同的和不同的对数都必须是相同的。也就是说，每个扩频码与其本身的内对称积得到+1，与其反码的内对称积得到–1；一个扩频码与不同的扩频码的内对称积得到 0。例如，如果 C_1=(–1, –1, –1, –1)，C_2=(+1, –1,+1, –1)，那么

$C_1 \times C_1 =$ (–1, –1, –1, –1)×(–1, –1, –1, –1)= +1
$C_1 \times (-C_1) =$ (–1, –1, –1, –1)×(+1,+1,+1,+1)= –1
$C_1 \times C_2 =$ (–1, –1, –1, –1)×(+1, –1,+1, –1)= 0
$C_1 \times (-C_2) =$ (–1, –1, –1, –1)×(–1,+1, –1,+1)=0

这种特性表明任意两个扩频码序列相互正交。这些序列称为 Walsh 码，可以从一个二进制 Walsh 矩阵导出。

当多个终端发送多个信号时，信号会在空中叠加。例如扩频码是(–1, –1, –1, –1)和(+1, –1,+1, –1)，叠加后变成(0, –2, 0, –2)。接收端如果希望接收某个站点的信息，则只需计算该站点对应的扩频码和空中信号的内对称积即可。例如，(–1, –1, –1, –1)×(0, –2, 0, –2)= +1。如果发送的数字是–1，则空中的信号将是(+2,0,+2,0)，而内对称积将是(–1, –1, –1, –1)×(+2, 0, +2, 0)= –1。

CDMA 只能部分过滤干扰信号。如果任一或者全部噪声信号强于有用信号，则有用信号

将被淹没。这样在 CDMA 系统中就要求每个终端有一个近似合适的信号功率。在 CDMA 蜂窝网络中，基站使用一个快速闭环功率控制方案来紧密控制每一个移动终端的发送功率，根据上面的计算能够推断出功率控制需求。

CDMA 的信道划分

在 CDMA 系统中，数据流的复用采用双重扩频，其目的是分别解决用户和基站的识别。前向链路和反向链路采用不同的调制和扩频技术。前向链路采用正交 Walsh 序列来划分信道，由于 Walsh 序列长 64 码片，有 64 个码型（分别记作 W0，W1，…，W63），提供 64 个码道，因此理论上可以同时容纳 64 个用户通信；但由于多径传输，实际可用码道要少得多。反向链路的码道是用长码（PN）的不同码片段扩频构成的，最多可设置的接入信道和反向业务信道分别为 32 个和 64 个。

按照现在的分析，CDMA 比时分多址（TDMA）有较高的频谱利用率。

CDMA 与 TDM、FDM 的区别

CDMA 与 TDM、FDM 的区别就好像在一个会议上，TDM 是任何时间只有一个人讲话，其他人轮流发言；FDM 则是把与会人员分组，每组同时进行讨论；CDMA 则像多个人同时各自使用自己能懂的民族语言讲话，别人并不理解某个人在讲什么，仅视为噪声而已。

这里对 CDMA 的讨论是简要的，在实际中还必须解决许多问题。例如，为了使 CDMA 接收端能够提取特定的发送端的信号，必须仔细选择 CDMA 编码。另外，上述讨论是基于"接收端接收到的来自不同发送端的信号强度相同"这样一个假设，这在实际中可能很难实现。

目前，由于对移动通信技术的需求不断增加，CDMA 技术已经发展至 CDMA 2000 以适应各种挑战。CDMA 2000 是基于 IS-95 的第三代产品，与其他第三代移动通信技术（3G）不同的是，它由现有 CDMA 无线标准改进而来。CDMA 2000 支持由 ITU 为 IMT-2000 定义的 3G 服务。

练习

1. 填空：提高线路利用率的方法是使用复用技术，最基本的有（　　）、（　　）两类。
2. 按照美国制定的光纤通信标准 SONET，OC-48 的线路速率是（　　）Mb/s。
   a. 41.84   b. 622.08   c. 2 488.32   d. 9 953.28
3. SDH 同步数字体系列是光纤信道的复用标准，其中最常用的 STM-1（OC-3）的数据速率是_(1)_，STM-4（OC-12）的数据速率是_(2)_。
   (1) a. 155.520 Mb/s   b. 622.080 Mb/s   c. 2 488.320 Mb/s   d. 10 Gb/s
   (2) a. 155.520 Mb/s   b. 622.080 Mb/s   c. 2488.320 Mb/s   d. 10 Gb/s

【提示】SDH 是通信技术中的传输技术，也是目前骨干网和接入网中应用最广的传输技术。SDH 的基本传输单元是 STM-1，往上有 STM-4、STM-16 和 STM-64 等，都是 4 倍关系。其中，STM-1 光接口数据速率为 155 Mb/s，STM-4 为 622 Mb/s，STM-16 为 2.5 Gb/s，STM-64 为 10 Gb/s；STM-1 对应 OC3，STM-4 对应 OC12。

参考答案：(1) 选项 a；(2) 选项 b。

4. E1 载波的基本帧由 32 个子信道组成，其中 30 个子信道用于传输话音数据，两个子信道_(1)_用于传输控制信令，该基本帧的传输时间为_(2)_。

(1) a. CH0 和 CH2　　　b. CH1 和 CH15　　　c. CH15 和 CH16　　　d. CH0 和 CH16
(2) a. 100 μs　　　　　b. 200 μs　　　　　c. 125 μs　　　　　　d. 150 μs

【提示】E1 载波的基本帧划分为 32 个子信道（E0），每个子信道含 8 位数据。子信道 CH0（或 TS0）用于组帧，使得接收方可以检测帧的开起点；另一个子信道 CH16（或 TS16）用于承载控制呼叫的信令（如 CAS 信令）；其余 30 个子信道用于承载 PCM 编码的话音数据。E1 帧每秒发送 8 000 次，发送时间为 125 μs，其数据速率为 8×32×8 000 Mb/s = 2.048 Mb/s。

参考答案：（1）选项 d；（2）选项 c。

第六节　差错控制技术

在数据传输中出现随机性差错是不可避免的，产生了差错就不能保证数据的正确传输。网络通信系统必须具备发现（即检测）差错的能力，并采取措施纠正之，使差错控制在所能允许的尽可能小的范围内。这就是差错控制技术，包括差错检测和纠错两个方面。

学习目标

- 熟悉奇偶校验法；
- 掌握 CRC 与海明码两种检错、纠错机制；
- 掌握码距和计算校验码的方法，能够根据校验码判断是否出错，利用海明码找出错误位等。

关键知识点

- 在计算机网络中，常用的差错校验有奇偶校验、循环冗余校验（CRC）及校验和等，它们使用不同的校验码。

概述

差错控制就是为了降低系统误码率而采取的一种编码措施。差错控制也称差错控制编码、抗干扰编码、纠错编码、信道编码等。差错控制的基本方法是：在发送端对要传输的数字信号按照一定规则，附加一些码元，这些码元与原信息码元之间以某种确定的规则约束在一起；在接收端通过检查这些附加码元与原信息码元之间的关系，发现错误，纠正错误。例如，对二进制数字信号 1 和 0，分别采用 111 和 000 代替，事实上就是在原信息码后边分别加上 11 和 00 码。这样，111 和 000 在系统中传输时，即使有 1 位发生错误变成 110、101、011 和 001、100、010，接收端根据其规则，也很能容易发现，并予以纠正。

差错控制的基本概念

差错控制的本质是以牺牲系统的有效性来换取可靠性。在数据通信中，有效性与可靠性始终是一对矛盾。差错控制编码是信息论研究的重要内容之一，其实现方法与种类也非常多，主要有以下几种：

- 根据信息码元与监督码元（附加的码元）之间的关系，可以分成线性码（信息码元与监督码元之间满足线性关系）和非线性码（不满足线性关系）。
- 根据接收端是否能够检查出错误还是能够纠正错误，可以分为检错码和纠错码。
- 根据信息码元与监督码元的关系是否局限在一个码字内，可以分为分组码和卷积码。
- 根据码字中的信息位是否与原始数字信息一致，可以分为系统码和非系统码。

为了叙述方便，对几个基本名词的含义先予以说明。

- 信息码元——原始的数字码元（1和0组成的数字序列），如A字母的ASCII码为1000001。
- 监督码元——为纠检差错而在信息码元后增加的"多余"码元。
- 码字——由信息码元与监督码元组成的定长数字序列。
- 码重——码字中1的数目，常用W表示。例如，101011的码重$W=4$。
- 码距——两个等长码字之间，对应位上不同取值的个数。例如，1010011和1101001的码距为4。码距用符号d表示。码距也称为汉明（Hamming）距离。
- 码集——码字的集合体，有时称为码组。有一些资料把码字称为码组，不要混淆。
- 最小码距——在一个码集中，全部码距的最小者，用d_{min}表示。
- 编码效率——指一个码字中信息位所占的比重，是衡量纠错编码性能的一个参数，用R表示，即$R=k/n$，其中k为信息码元的数目（长度），n为码字的长度（位数）。

差错控制的基本方式

对差错进行控制，有检错重传、前向纠错（FEC）和混合纠错（HEC）三种基本方式。

1. 检错重传

检错重传又称自动请求重传（ARQ）。在这种方式中，发送端发送的是具有一定检错能力的检错码，当接收端在接收的码字中检测到错误时，通过反馈信道自动重传请求，通知发送端重传该码字，直到正确接收为止。ARQ在实际中通常有三种形式：停止等待重传、选择重传和后退重传。

应用ARQ的前提条件是，必须存在可用的反馈信道，该信道用于重传请求。ARQ译码设备简单，对突出错误和信道干扰严重时很有效；它在采用电话线的计算机通信系统中得到广泛应用，也应用于Internet上的可靠传输。

2. 前向纠错

前向纠错（FEC）又称自动纠错。在这种方式中，发送端发送的是具有一定纠错能力的纠错码，接收端对接收码字中不超过纠错能力范围的差错自动进行纠正。其优点是不需要反馈信道，但如果要纠正大量错误，必然要求编码时插入较多的监督码元，因此编码效率低，译码电路复杂。

目前，FEC用于卫星和太空通信。此外，CD唱片中也通过FEC提供巨大的容错性，即使光盘表面划伤或者污染，该方法也会尽可能复原声音信号。

3. 混合纠错

混合纠错（HEC）是检错重传与前向纠错方式的结合。在这种方式中，发送端发送的是具有一定纠错能力并具有更强检错能力的码，如果接收端接收到的码字错误较少且在码的纠错能力范围内，则译码器自动将错误纠正；如果错误较多，超过了码的纠错能力，但又没有超出码的检错能力范围,则译码器通过反馈信道通知发送端重发该码字,以达到正确传输的目的。这种方式兼有前向纠错与检错重传的特点,虽然既需要反馈信道又需要复杂的译码设备,但它能更好地发挥差错控制编码的检错和纠错性能,即使在较复杂的信道中仍然可以获得较低的误码率。

奇偶校验

奇偶校验是检验所传输的数据是否被正确接收的一种最简单的方法。它是通过增加冗余位来使得码字中"1"的个数保持为奇数或偶数的编码法。奇偶校验的种类很多,在实际使用中常分为垂直奇偶检验、水平奇偶检验和水平垂直奇偶检验等类型。

垂直奇偶校验

垂直奇偶校验也称纵向奇偶校验,其基本方法是将所要传输的数据进行分组,在每一组的信息位后面增加一位冗余位,使每组检验码中"1"的个数成为奇数或偶数。若为奇数就是奇校验码,若为偶数就是偶校验码。例如,在传输 ASCII 字符时,每个 ASCII 字符用 7 位表示,最后加上一个奇偶位总共成为 8 位。对于偶校验来说,最后加上的奇偶位使整个 8 位中的 1 的个数为偶数;对于奇校验来说,则整个 8 位中的 1 的个数为奇数。例如发送 ASCII G(1110001),当采用奇校验时,奇偶位为 1,即传输 11100011。接收器检查所接收到的数据的 1 的个数为奇数,就认为无错误发生。当采用偶校验时,若其中两位同时发送错误,则会发生没有检测出错误的情况。因此,对于高数据率或者噪声持续时间较长的情况,由于可能发生多位出错,奇偶校验就不适用了。另外,奇偶校验只能检错,不能纠错,偶校验一般用于同步传输,而奇校验用于异步传输。

水平奇偶检验

水平奇偶校验也称横向奇偶校验,它的漏错率比垂直奇偶校验码低。其基本方法是将所要传输的数据进行分组,对每组中同一位的数据进行奇偶校验,从而形成一组校验码。水平奇偶检验不但可以检测各组同一位上的奇数位错,还可以检测出突发长度数据的所有突发错误,而且它的漏检率要比垂直奇偶检验低;但编码和检测的实现比较复杂。

水平垂直奇偶校验

水平垂直奇偶校验也称纵横奇偶校验码或二维奇偶校验。它将若干个信息码字按每个码字一行排列成矩阵形式,然后在每一行和每一列的码元后面附加 1 位奇(偶)校验码元。例如,由 4 个 5 位信息码字构成的水平垂直奇偶校验码如图 3.31 所示。

发送时可以逐行传输,也可以逐列传输。若采用逐列传输,则发送的码序列为:

10111 01010 00000 10111 00011 01001

接收端将所接收到的码元仍然排成发送时的矩阵形式,然后根据行列的奇偶校验关系来检测是否有错。与简单的奇偶校验码相比,水平垂直奇偶校验码不但能检测出某一行或

```
1 0 0 1 0 | 0
0 1 0 0 0 | 1      最后一列由行
                   的校验位组成
1 0 0 1 0 | 0
1 1 0 1 1 | 0
1 0 0 1 1 | 1
```
最后一行由每列的校验位组成

图 3.31 水平垂直奇偶校验码示例

某一列的所有奇数个错误，有时还能检测出某些偶数个错误。例如，某行的码字中出现了两个错误，虽然本行的校验码不能检测出来，但错码所在的两列的校验码有可能把它们检测出来。

水平垂直奇偶校验早期用于数据链路控制，每列 8 bit（其中包括 1 个校验位），所有的校验位均加在最后。

海明码

海明码是在 1950 年由海明（Hamming）提出来的一种特殊的线性分组码，它可以纠正单个差错码。

编码思想

在 k 比特信息中附加 r 比特冗余信息构成 $n=k+r$ 比特码字，其中每个校验比特和某几个特定的信息比特构成偶校验关系。接收端对这 r 个奇偶关系进行校验，即对每个校验比特和它关联的信息比特进行相加（异或），相加的结果称为校正因子。如果没有错误，这 r 个校正因子都为 0；如果有 1 个错误，则校正因子不会全为 0，根据校正因子的不同取值，可以知道错误发生在码字的哪一个位置上。

网络利用 r 个校正因子来区分无错和在码字中的 n 个不同位置的 1 比特错（共 $n+1$ 种不同组合），校验比特数 r 必须满足以下条件：$2^r \geq n+1$，即 $2^r \geq k+r+1$。例如，当 $k=4$ 时，要满足上述不等式，则有 $r \geq 3$，如果 $r=3$，于是 $n=k+r=7$。

由此可知，海明码中码字和码距的含义是：假如一帧数据包括 k 个信息位和 r 个冗余位，那么整个长度 $n=k+r$ 就称为 n 位码字；两个码字不同位的个数称为码距，当两个码字中有 3 位不同时，码距就为 3。

编码规则

海明码可以在任意长度的数据单元上应用，并能利用上面所讨论的信息比特和校验比特之间的关系。

假如编码有 k 个信息位和 r 个冗余位，要求纠正所有的 1 位错，则在 2^k 个有效数据中，有 $k+r$ 个与该码字距离为 1 的无效码字。依次将该码字中 n 个位一一取反，就分别可得到对应的 n 个无效的码字。因此，在所有 2^n 个数据中，每一种情况都对应有 $n+1$ 个比特模式（其中 n 个为无效编码，1 个为正确编码）。因为比特模式的总数是 2^k，因此 $(n+1)2^k \leq 2^n$，将 $n=k+r$ 代入不等式，可得到 $k+r+1 \leq 2^r$。因此在给定 k 时，可计算出冗余位 r 的下界。表 3.5 示出了 k 与 r 之间的对应关系。

表 3.5 海明码中 k 与 r 之间的对应关系

k	1	2~4	5~11	12~26	27~57
r	2	3	4	5	6

下面将 r 个冗余位依次安排在数据的 $2^i (i=0,1,2,\cdots)$ 位置上，其余的位置是信息位。例如，信息位是 k_1、k_2、k_3、k_4，冗余位是 r_0、r_1、r_2，那么编码的 1~7 位依次是 r_0、r_1、k_1、r_2、k_2、k_3、k_4，如表 3.6 所示。

设 Q 为一个整数集合，$Q=\{I \mid b_j(I)=1\}$ ($I=1, 2, \cdots, n$; $j=1, 2, \cdots, r$)，其中 b_j 为检验码中各个位置对应的二进制数。然后按照这个整数集合进行分组检验。以上例分析：

当 $b_1(I)=1$ 时，$I=\{r_0, k_1, k_2, k_4\}$；

当 $b_2(I)=1$ 时，$I=\{r_1, k_1, k_3, k_4\}$；

当 $b_3(I)=1$ 时，$I=\{r_2, k_2, k_3, k_4\}$；

由此可见，一个冗余位只能参加一个分组。

采用偶校验时，$G_0=r_0 \oplus k_1 \oplus k_2 \oplus k_4$；$G_1=r_1 \oplus k_1 \oplus k_3 \oplus k_4$；$G_2=r_2 \oplus k_2 \oplus k_3 \oplus k_4$。

检错与纠错

海明码的出错模式如表 3.7 所示，其编码效率为：$R=k/(k+r)$，其中 k 是信息位的位数，r 是冗余位的位数。

表 3.6　信息位冗余位与二进制数的对应关系

检验码	对应位置	二进制数
r_0	1	001
r_1	2	010
k_1	3	011
r_2	4	100
k_2	5	101
k_3	6	110
k_4	7	111

表 3.7　海明码的出错模式

$G_2G_1G_0$	检验结果
000	正确
001	第一位出错
010	第二位正确
011	第三位正确
100	第四位正确
101	第五位正确
110	第六位正确
111	第七位正确

可见，信息位是 4 位，冗余位是 3 位，则海明码的编码效率为 4/7。如果信息位是 7 位，那么根据表 3.7 的对应关系，冗余位就是 4 位，因此编码效率为 7/11。由此可见，信息位越长，海明码的编码效率就越高。

海明码只能纠 1 位错，当码距为 3 时，海明码可检测出 2 位错或者用来检测并纠正 1 位错。

循环冗余校验

奇偶校验作为一种检错方法虽然简单，但检错能力有限，漏检率较高。在计算机网络和数据通信中用得最广泛的检错码，是一种漏检率低得多也便于实现的循环冗余码（CRC），又称为多项式码。CRC 的工作方法是在发送端产生一个冗余码，附加在信息位后面一起发送到接收端；接收端收到的信息按发送端形成循环冗余码同样的算法进行校验，如果发现错误，则通知发送端重传。

CRC 编码方式是基于将一串二进制看成系数为 0 或 1 的多项式，一个由 k 位组成的帧可以看成从 x^{k-1} 到 x^0 的 k 次多项式的系数序列，这个多项式的阶数为 $k-1$。最高位是 x^{k-1} 项的系数，次高位是 x^{k-2} 的系数，依此类推。例如，一个 110001 比特串可以看成是多项式 x^5+x^4+1，它的 6 个多项式系数分别是 1、1、0、0、0 和 1。多项式以 2 为模运算。按照它的运算规则，加法不进位，减法不借位，加法和减法二者都与异或运算相同。

采用 CRC 编码法，发送端和接收端事先要确定一个生成多项式 $G(x)$，生成多项式的高位和低位必须是 1。要计算 m 位的帧 M(x) 的校验和，生成多项式必须比该校验和的多项式短。其基本方法是将校验和加在帧的末尾，使这个带校验和的帧的多项式能被 G(x) 除尽；当接收端收到校验和的帧时，用 G(x) 去除它，如果出现余数，则表明传输有错。CRC 校验和的算法如下：

- 设生成多项式 G(x) 为 n 阶，在帧的末尾附加 n 个 0，使帧为 m+n 位，相应的多项式是 $X^n M(x)$；
- 按模 2 除法，用对应于 G(x) 的位串去除对应于 $X^n M(x)$ 的位串，并得到余数；
- 余数多项式就是校验和，形成的带校验和的帧 T(x) 由数据帧和余数多项式组成。

下面通过实例来说明这个算法。假设数据帧是 1101011011，多项式是 x^4+x+1 时，则数据帧的 CRC 校验码计算如下（如图 3.32 所示）：

- 因为 r=4，多项式是 4 阶的，数据 1101011011 后面加上 4 个 0 变成 11010110110000；
- 多项式为 x^4+x+1，也就是说 G(x)=10011；
- 用 11010110110000 去除以 10011，因此得到余数为 1110；
- 将 1110 加到数据帧 1101011011 后面，变成 11010110111110，这就是要传输的带校验和的帧。

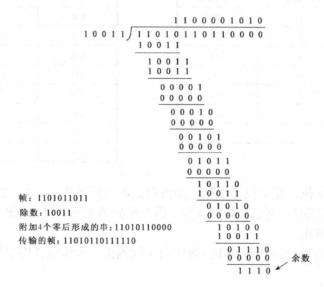

图 3.32 CRC 校验码计算示例

显然，T(x) 能被 G(x) 除尽，当余数为 0 时表示传输正确，有 1 位出错时余数就不为 0。进一步研究发现，如果有 1 位码字出错，则用 G(x) 除后将得到一个不为 0 的余数，对该余数补 0，继续除，并根据余数判断。可见，这种方法除了检测不到 G(x) 的整数倍数据的多项式差错外，其他错误均能捕捉到，它的检错率是非常高的，能检测出所有奇数个错，单比特和双比特的错，以及所有小于等于校验码长度的突发错。

采用 CRC 码时生成多项式 G(x) 应满足下列要求：任何一位发生错误都不应使余数为 0；不同位发生错误时，余数的情况各不相同，并应满足余数循环规律。

生成多项式 G(x) 的选择不是任意的，它必须使得所生成的校验序列有很强的检错能力。目前，常用的几个 CRC 生成多项式 G(x) 为：

- CRC-12：$G(x) = x^{12}+x^{11}+x^3+x^2+x+1$；
- CRC-16：$G(x) = x^{16}+x^{15}+x^2+1$；

- CRC-CCITT：$G(x) = x^{16} + x^{12} + x^5 + 1$；
- CRC-32：$G(x) = x^{32} + x^{26} + x^{23} + x^{16} + x^{12} + x^{11} + x^{10} + x^8 + x^7 + x^5 + x^4 + x^2 + x + 1$。

其中，CRC-12 产生的校验比特为 12 比特，CRC-16 和 CRC-CCITT 产生的校验比特为 16 比特，CRC-32 产生的校验比特为 32 比特。

如果生成多项式选择得当，则 CRC 是一种很有效的差错校验方法。理论上可以证明，循环冗余校验码的检错能力有以下特点：①可检测出所有奇数个错误；②可检测出所有双比特的错误；③可检测出所有小于等于校验位长度的连续错误；④以相当大的概率检测出大于校验位长度的连续错误。

练习

1. 采用 CRC 进行差错校验，生成多项式为 $G(x) = x^4 + x + 1$，信息码字为 10111，则计算出的 CRC 校验码是（   ）。

  a. 0000   b. 0100   c. 0010   d. 1100

【提示】这是 CRC 的简单计算题。由题目可知发送比特串为 10111，由生成多项式为 $G(x) = x^4 + x + 1$ 可知对应的比特串为 10011。通过模 2 运算计算校验和（余数），可得余数为 1100。参考答案是选项 d。

2. 设数据码字为 10010011，采用海明码校验，则必须加入（   ）比特冗余位才能纠正 1 位错。

  a. 2   b. 3   c. 4   d. 5

【提示】在这个编码制中各个码字之间的最小距离为码距，如 4 位二进制数中 16 个代码的码距为 1。若合法地增大码距，可以提高发现错误的能力。d 个单比特错就可以把一个码字转换成另一个码字，为了检查出 d 个错（单比特错），需要使用海明距离为 $d+1$ 的编码；为了纠正 d 个错，需要使用海明距离为 $2d+1$ 的编码。对于信息位长度为 k，监督码长度为 r，要指示 1 位错的 $n(n=k+r)$ 个可能位置，即纠正 1 位错，则必须满足如下关系：

$$2^r - 1 > n = k + r$$

题中的 10010011 共 8 bit，即 $k = 8$。为了纠正 1 位错，需要使用海明距离为 $2d+1$ 的编码。故当信息位为 8 时，满足 $2^r - 1 \geq k + r = 8 + r$，则 $r = 4$。参考答案是选项 c。

3. 一对有效码字之间的海明距离是 (1) 。如果信息为 10 位，要求纠正 1 位错，按照海明编码规则，最少需要增加的校验位是 (2) 。

（1）a. 两个码字的比特数之和 b. 两个码字的比特数之差
   c. 两个码字之间的位数   d. 两个码字的不同位数

（2）a. 3   b. 4   c. 5   d. 6

【提示】按照海明提出的用冗余数据位来检测和纠正差错的理论和方法，可以在数据代码上添加若干冗余位组成码字。码字之间的海明距离是一个码字要变成另一个码字时必须改变的最小位数。例如，7 位 ASCII 码增加一位奇偶位成为 8 位的码字，这个 128 位个 8 位的码字之间的海明距离是 2，所以，当其中 1 位出错时便能检测出来。两位出错时就变成另外一个码字了。对于②问题，参考题 2 的分析可得出答案。参考答案：（1）选项 d；（2）选项 b。

4. 海明码是一种纠错码，其方法是为需要校验的数据位增加若干校验位，使得校验位的值决定于某些被校位的数据，当被校数据出错时，可根据校验位的值的变化找到出错位，从而纠正错误。对于 32 位的数据，至少需要增加 __(1)__ 个校验位才能构成海明码。以 10 位数据为例，其海明码表示为 $D_9D_8D_7D_6D_5D_4P_4D_3D_2D_1P_3D_0P_2P_1$ 中，其中 D_i（$0 \leq i \leq 9$）表示数据位，P_j（$1 \leq j \leq 4$）表示校验位，数据位 D_9 由 P_4、P_3 和 P_2 进行校验（从右至左 D_9 的位序为 14，即等于 8+4+2，因此用第 8 位的 P_4、第 4 位的 P_3 和第 2 位的 P_2 校验），数据位 D_5 由 __(2)__ 进行校验。

（1）a. 3   b. 4   c. 5   d. 6

（2）a. P_4P_1 b. P_4P_2 c. $P_4P_3P_1$ d. $P_3P_2P_1$

【提示】 海明不等式：校验码个数为 K，2 的 K 次方个校验信息，1 个校验信息用来指出"没有错误"，满足 $m+k+1 \leq 2^k$。所以 32 位的数据位，需要 6 位校验码。第二问考查的是海明编码的规则，构造监督关系式，和校验码的位置相关：数据位 D_9 受到 P_4、P_3、P_2 监督（14=8+4+2），那么 D_5 受到 P_4、P_2 的监督（10=8+2）。

参考答案：（1）选项 d；（2）选项 b。

本 章 小 结

通信的目的是交换信息，信息的载体可以是数字、文字、语音、图形或图像。计算机产生的信息一般是字母、数字、符号的组合。为了传输这些信息，首先要将每一个字母、数字或符号用二进制代码表示。数据通信是指在不同计算机之间传输表示字母、数字、符号的二进制代码 0、1 比特序列的过程。

对于数据通信技术来说，主要研究如何将表示各类信息的二进制比特序列通过传输介质在不同计算机之间进行传输的问题。信号是数据在传输过程中的电信号的表示形式。电话线上所传输的按照声音的强弱幅度连续变化的电信号称为模拟信号；计算机所产生的电信号是用两种不同的电平去表示 0、1 比特序列的电压脉冲信号，这种电信号称为数字信号。

模拟信号和数字信号是用能量流承载数据的两种方式。当各种通信系统计算机化时，越来越多的信号以数字方式传输，但是一些关键通信系统继续使用模拟信号传输。如果数据传输必须横跨许多网络，如果文件从 Web 站下载到个人计算机，信号可以从数字信号转换成模拟信号，然后再进行逆变换。通常，计算机网络中的模拟信道支持模拟信号的传输，数字信道支持数字信号的传输。为了实现模拟信号的数字传输和数字信号的模拟传输，必须研究数据在信号传输过程中如何进行编码与调制（变换）的技术。

按照在传输介质上所传输的信号类型，可以相应地将通信系统分为模拟通信系统与数字通信系统两种。在设计一个数据通信系统时，要回答以下三个问题：

- ▶ 是采用串行通信方式，还是采用并行通信方式？
- ▶ 是采用单工通信方式，还是采用半双工或全双工通信方式？
- ▶ 是采用同步通信方式，还是采用异步通信方式？

在数据通信网络中，通常要通过中间结点转发信息，这就是数据交换；常用的数据交换技术有电路交换、报文交换和分组交换。为了充分利用数据通信系统的信道容量，以提高数据传输效率，需要进行信道复用；常见的复用技术包括频分复用（FDM）、时分复用（TDM）、波分复用（WDM）和码分复用（CDM）。当然，为了保证数据传输的正确性，需要采用差错控制技术；差错控制包括差错检测和纠错两个方面。

数据通信技术是网络技术发展的基础。本章所讨论和介绍的内容对掌握最基本的数据通信技术以及广域网中数据传输原理与实现方法有很大帮助。

小测验

1. 填空：通信的双方都可以发送信息，但不能双方同时发送（当然也就不能同时接收），这是（   ）通信。

2. 填空：把数字信号转换为模拟信号的过程称为（   ），把模拟信号转换为数字信号的过程称为（   ）。

3. 填空：在线路上直接传输基带信号的方法称为（   ），利用模拟信道实现数字信号传输的方法称为（   ）。

4. 填空：在时间轴上信号的宽度随带宽的增大而变（   ）。

5. 填空：数据经历的总时延就是（   ）、（   ）和（   ）之和。

6. 填空：实际的信道所能传输的最高码元速率，要明显地（   ）奈奎斯特准则给出的上限数值。

7. 填空：（   ）是数据传输系统中在发送器和接收器之间的物理通路。

8. 填空：采样频率大于或等于模拟信号最高频率的（   ）倍，那么采样后的离散序列就能无失真地恢复出原始的连续模拟信号。

9. 填空：在数据通信中，由于信号的衰减和外部电磁干扰，接收端收到的数据与发送端发送的数据不一致，这一现象称为（   ）。

10. 填空：信道复用（多路复用）技术就是在（   ）物理线路上建立（   ）通信信道的技术。

11. 填空：通常将数据在通信子网中结点间的数据传输过程统称为（   ），相应的技术称为（   ）技术。

12. 电话信道的频率为 0～4 kHz，若信噪比为 30 dB，则信道容量为 (1) kb/s，要达到此容量，至少需要 (2) 个信号状态。

（1）a. 4   b. 20   c. 40   d. 80

（2）a. 4   b. 8   c. 16   d. 32

13. 4B/5B 编码先将数据按 4 位分组，将每个分组映射到 5 单位的代码，然后采用（   ）进行编码。

　　　　a. PCM　　　b. Manchester　　　c. QAM　　　d. NRZ-I

14. A、B 是局域网上两个相距 1 km 的站点，A 采用同步传输方式以 1 Mb/s 的速率向 B 发送长度为 200 000 字节的文件。假定数据帧长为 128 比特，其中首部为 48 bit；应答帧为 22 bit，A 在收到 B 的应答帧后发送下一帧。传输文件花费的时间为 (1) s，有效的数据速率为 (2) Mb/s（传播速率为 200 Mm/s）。

（1）a. 1.6   b. 2.4   c. 3.2   d. 3.6

（2）a. 0.2   b. 0.5   c. 0.7   d. 0.8

15. 在相隔 20 km 的两地间通过电缆以 100 Mb/s 的速率传输 1518 字节长的以太帧，从开始发送到接收完数据需要的时间约为（   ）（信号速率为 200 Mm/s）。

　　　　a. 131 μs　　　　b. 221 μs　　　　c. 1310 μs　　　　d. 2210 μs

【提示】依据时延的概念，总时延 = 传输时延 + 传播时延 =1518×8/100000000+20000/200000000=0.00012144+0.0001=0.00022144 s≈221μs。参考答案是选项 b。

16. E 载波是 ITU-T 建议的传输标准，其中 E3 信道的数据速率大约是 (1) Mb/s。贝尔系统 T3 信道的数据速率大约是 (2) Mb/s。
（1）a. 64　　　　　b. 34　　　　　c. 8　　　　　d. 2
（2）a. 1.5　　　　　b. 6.3　　　　　c. 44　　　　　d. 274

【提示】E 载波是 ITU-T 制定的数字传输标准，共 5 个级别。在 E1 信道中每 8 bit 组成 1 个时槽，每 32 个时槽形成 1 帧，每 15 帧形成 1 个复用帧。其中 0 号时槽用于帧控制，16 号时槽用于信令和复用帧控制，其余的 30 时槽用于传输话音和数据。因此 E1 载波的数据速率为 2.048 Mb/s，其中每个信道的数据速率是 64 kb/s。通过继续将多个 E1 复用形成更高层的复用帧，如由 4 个 E1 信道形成 E2，传输速率为 8.448 Mb/s；16 个 E1 信道组成 E3，传输速率为 34.368 Mb/s；由 4 个 E3 信道形成 E4，传输速率为 139.264 Mb/s；T 载波中语音信道的数据速率为 56 kb/s，通常将 24 路话音被复合在一起，形成 T1 信道，其数据速率为 1.544 Mb/s。同理，也可以将 T 载波再次复用，形成高层次的复用。例如，4 个 T1 信道形成 T2，数据速率为 6.312 Mb/s；7 个 T2 信道形成 T3，数据速率为 44.736 Mb/s。参考答案：（1）为选项 b；（2）为选项 c。

17. 曼彻斯特编码的特点是 (1) ，它的编码效率是 (2) 。
（1）a. 在 0 比特的前沿有电平翻转，在 1 比特的前沿没有电平翻转
　　　b. 在 1 比特的前沿有电平翻转，在 0 比特的前沿没有电平翻转
　　　c. 在每个比特的前沿有电平翻转　　　d. 在每个比特的中间有电平翻转
（2）a. 50%　　　　　b. 60%　　　　　c. 80%　　　　　d. 100%

【提示】曼彻斯特编码的每一位都由一正一负两个码元组成，其规则是：高电平到低电平的转换表示 0，而低电平到高电平的转换表示 1。当然相反的表示也是可以的，很多教材或者解释上往往强调某一种跳变是 1，另一种是 0，从而导致不一致，其实在理论上都是可以的。在每个码元正中间的时刻一定有一次电平转换，因而这种代码的优点是自定时。同时，也正是由于每个时钟位都必须有一次变化，所以这种编码的效率只可达到 50%。参考答案：（1）为选项 d；（2）为选项 a。

18. 以下关于曼彻斯特编码的描述中，正确的是（　　）。
　　a. 每个比特都由一个码元组成　　　b. 检测比特前沿的跳变来区分 0 和 1
　　c. 用电平的高低来区分 0 和 1　　　d. 不需要额外传输同步信号

【提示】参考答案是选项 d。

19. E1 载波的基本帧由 32 个子信道组成，其中子信道（　　）用于传输控制信令。
　　a. CH0 和 CH2　　　　　b. CH1 和 CH15
　　c. CH15 和 CH16　　　　d. CH0 和 CH16

【提示】E1 的一个时分复用帧（其长度 $T = 125\ \mu s$）共划分为 32 相等的时隙，时隙的编号为 CH0~CH31。其中时隙 CH0 用作帧同步，时隙 CH16 用来传输信令，剩下 CH1~CH15 和 CH17~CH31 共 30 个时隙用作 30 个话路。参考答案是选项 d。

20. 在 E1 载波中每个子信道的数据速率是 (1) ，E1 载波的控制开销占 (2) 。
（1）a. 32 kb/s　　　b. 64 kb/s　　　c. 72 kb/s　　　d. 96 kb/s
（2）a. 3.125%　　　b. 6.25%　　　c. 1.25%　　　d. 25%

21. E1 信道的数据速率是 (1) ，其中的每个话音信道的数据速率是 (2) 。
（1）a. 1.544 Mb/s　　b. 2.048 Mb/s　　c. 6.312 Mb/s　　d. 44.736 Mb/s
（2）a. 56 kb/s　　　b. 64 kb/s　　　c. 128 kb/s　　　d. 2048 kb/s

22. 信道的码元速率为 300 波特，采用 4 相 DPSK 调制，则信道的数据速率为（　　）b/s。

a. 300 b. 600 c. 800 d. 1000

23. 100BASE-FX 采用 4B/5B 和 NRZ-I 编码，这种编码方式的效率为（　　）。
   a. 50% b. 60% c. 80% d. 100%

24. 10 个 9.6 kb/s 的信道按时分复用在一条线路上传输，如果忽略控制开销，在同步 TDM 情况下复用线路的带宽应该是　(1)　；在统计 TDM 情况下，假定每个子信道只有 30%的时间忙，复用线路的控制开销为 10%，那么复用线路的带宽应该是　(2)　。
   （1）a. 32 kb/s b. 64 kb/s c. 72 kb/s d. 96 kb/s
   （2）a. 32 kb/s b. 64 kb/s c. 72 kb/s d. 96 kb/s

25. T1 载波每个信道的数据速率为　(1)　，T1 信道的总数据速率为　(2)　。
   （1）a. 32 kb/s b. 56 kb/s c. 64 kb/s d. 96 kb/s
   （2）a. 1.544 Mb/s b. 6.312 Mb/s c. 2.048 Mb/s d. 4.096 Mb/s

26. 图 3.33 所示是在电缆中传输的电信号。其中，正极性方格用"+"号表示，代表 1；负极性方格用"−"号表示，代表 0。写出这 8 个传输信号对应的以 0 和 1 表示的二进制信息。

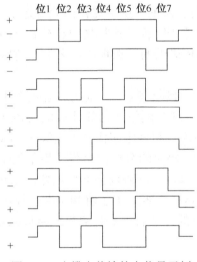

图 3.33　电缆中传输的电信号示例

第四章　计算机网络体系结构

计算机网络是现代通信技术与计算机技术相结合的产物，其中计算机技术构筑网络的高层建筑，通信技术构筑网络的低层基础。一个计算机网络必须为连入的所有计算机提供通用、效益、公平、坚固、高性能的连通性。但似乎这还不够，因为网络不是一成不变的，随着计算机网络系统变得异常庞大和复杂，网络必须适应基本技术和应用程序需求的不断变化。为此，网络设计者制定了层次型的网络体系结构，以指导计算机网络的设计与实现。

网络体系结构是计算机网络技术的重要基础。它是计算机网络体系的总体架构，是网络功能的结构性划分。计算机网络的体系结构是层次型结构，是层的功能、协议和接口的集合。所谓分层，就是将网络功能划分成能够协同工作的不同层。每一层都为它的上一层提供一系列的服务，每一层所提供的服务都构建在下一层所提供的服务之上。根据这样的层次型体系结构，可以利用应用层协议来设计应用程序，而应用层协议构建在 TCP 和 UDP 等协议所提供的传输服务之上，传输层协议构建在 IP 提供的数据报服务之上。这些数据报服务则可以在采用不同技术组建的网络上实现。

本章首先介绍信号的发送者、接收者必须遵循定义消息结构和内涵的规则。正如人们必须用一种相同的语言才能沟通一样，通过网络通信的计算机也必须有共同的语言以及语言使用规则。在计算机网络术语中，这些语言和规则叫作"协议"，在计算机网络里有许多不同的协议。然后，介绍层次型网络体系结构、协议的分层和服务，并介绍计算机网络通信协议的基本术语和概念，讨论网络协议如何工作以及不同协议如何协调才能通过网络传输数据。最后讨论 OSI 参考模型和 TCP/IP 协议体系。这些内容对于了解和掌握计算机网络的工作原理十分重要，也是学习后续章节的重要基础，目的让读者掌握计算机网络体系结构和网络协议的基本原理。

第一节　网　络　协　议

计算机网络是由多个互连结点组成的，结点之间需要不断地交换数据与控制信息。要做到有条不紊地交换数据，每个结点都必须遵守一些事先约定好的规则。协议就是一组控制数据通信的规则。网络协议是由标准化组织和相关厂商参与制定的，计算机执行的协议则是用某种程序设计语言编写的程序代码。协议是数据通信的根本，但协议也是由人来使用的。本节通过对一些通信协议进行比较，介绍计算机网络协议的基本概念。

学习目标

▶　了解协议是什么和为什么协议是必需的，掌握协议的定义；
▶　熟悉协议报头的功能，掌握一些可用来进行网络通信的协议。

关键知识点

▶　协议对于网络通信来说是必需的。

什么是网络协议

计算机网络允许两个不同设备之间进行通信，能够以比特的形式（0 或 1）发送和接收信息。交换比特的过程必须按照一定的规则进行。通常就将一组通信规则称作"协议"。信号的发送者和接收者必须使用同样的协议。如果不是这样，它们之间就无法进行通信。比较易于理解的协议示例，是日常生活中人们花费很多时间和精力开发的能够相互交互的协议，如：

▶ 课堂提问：学生举手，等待教师点名，然后提问题。
▶ 电话交谈：接收者首先说"喂"发送信号通知交谈开始。呼叫者陈述他的姓名和呼叫目的。在结束呼叫前，两人确认他们已完成交谈，然后说再见。
▶ 邮局的邮件：发送者的姓名和地址写在信封正面的左上角或背面的副翼上，接收者的姓名和地址写在信封正面中央处。邮票贴在信封正面的右上角。

以上这些情形似乎应用不到计算机网络中，但它们强调的是有条理的通信和有效的交互。例如，电话用户在交谈时挂断电话，就不能沟通；如果邮票贴在信封的背面，信或许就寄不到目的地。但这些描述日常工作的协议使得人与人之间的交互变得容易。当然，如果两个人用未经规范的不同协议仍能进行交互，是因为它们最终能够找到使它们的协议互相适应的办法。然而，计算机本身不同于人类，它没有解决问题的创造性能力，因此它们的通信协议必须是非常有效且明确的。机器能做人所能做的许多事情，但是只有一件事它们不知道：不知道一个消息何时结束和另一个消息何时开始。

计算机网络是由多个互连的结点组成的，结点之间需要不断地交换数据信息。要做到有条不紊地交换数据，每个结点都必须遵守一些事先约定好的规则。

简单机器协议

为解决上述这些信息交互的问题，程序员开发了简单的机器协议，如图 4.1 所示。协议规定每条消息的前 3 个字符是表示消息长度的数据值（十进制数），但这些数字不是消息的内容。对于消息"HELLO CLASS"，连同空格在内共有 11 个字母，发送程序首先传输字符"011"，接着传输"HELLO CLASS"。接收程序先接收前 3 个表示消息长度的字符，然后再接收那 11 个字符。之后接收程序又会接收到 3 个字符，表明开始接收新的消息。只要两台计算机严格地遵循协议，那么协议就会很好地工作。如果接收计算机使用其他不同的协议（如，用前两个字符表示消息长度），那么就多出一个接收字符，引起错误。同样，如果发送计算机多传输了几个字符，那也会引起错误。

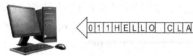
结点

结点

图 4.1 协议图

协议报头

通常把加在消息前面的非消息数据（如表示消息长度的字符）称为"协议报头"。协议报头像信封或标签一样，用来描述消息的内容、长度，发送者和接收者的身份，发送时延和通信过程中关于消息的其他信息。

网络协议三要素

网络协议是网络通信的标准或规则，用于开启和控制连接、通信，以及在两个通信端点或主机之间进行信息的传输。协议定义了规则的语法、语义和同步通信机制 3 个要素。网络协议是由标准化组织和相关厂商参与制定的，可以在硬件、软件或者二者组合上实现。概括地说，协议就是实现某种功能的算法或用某种程序设计语言编写的程序代码。

语法

语法用于规定网络中所传输的数据和控制信息的结构或格式，如数据报文的格式。也就是对所表达内容的数据结构形式的一种规定，亦即"怎么讲"。例如，在传输一份报文时，可采用适当的协议元素和数据，如按 IBM 公司提出的二进制同步通信 BSC 协议格式来表达：

SYN	SOH	报头	STX	正文	ETX	BCC

其中 SYN 是同步字符，SOH 是报头开始，STX 是正文开始，ETX 是正文结束，BCC 是块校验码。

语义

协议的语义是指对构成协议的协议元素含义的解释，亦即"讲什么"。不同类型的协议元素规定了通信双方所要表达的不同内容（含义）。例如，在基本数据链路控制协议中规定，协议元素 SOH 的语义表示所传输报文的报头开始；而协议元素 ETX 的语义，则表示正文结束。

时序

时序是对事件执行顺序的详细说明，即同步通信机制。例如在双方通信时，首先，由源站发送一份数据报文，如果目的站收到的是正确的报文，就应遵守协议规则，利用协议元素 ACK 来回答对方，以使源站点知道所发报文已被正确接收。如果目的站点收到的是一份错误报文，便按规则用 NAK 元素做出回答，以要求源站重传刚刚所发过的报文。

综上所述，网络协议实质上是实体之间通信时所预先制定的一整套双方相互了解和共同遵守的格式或约定。它是计算机网络不可或缺的组成部分。网络协议要靠具体网络协议软件的运行支持才能工作。因此，凡是连入计算机网络的服务器和工作站都必须运行相应的协议通信软件。例如，Internet 是一个异构计算机网络的集合，用 TCP/IP 把各种类型的网络互联起来才能进行数据通信。其中 IP 用来给各种不同的通信子网或局域网提供一个统一的互联平台，TCP 协议则用来为应用程序提供端到端的通信和控制。

练习

1. 使用简单的机器协议（在本节讨论的）把协议报头附加到下面的命令消息上：
    READ FILENAME.TXT
消息的总长度存储在协议报头内，注意 READ 和文件名之间的空格算一个字符。这条消息的长度是多少（十进制）？表示消息长度为 10 000 字节的消息至少需要多少个字母的头部

（不计算逗号）？

2. 把邮电系统看作通信协议，列出你所知道的邮寄信件时的规则。

3. 公用邮电系统不只是邮寄信件的协议。还有特快专递业务协议，如包裹业务、空运或快递。说出这些协议的一些主要差别。

4. 简述何为网络通信协议的三要素。

补充练习

1. 观察 E-mail（无具体正文内容）消息（各种邮件可能有所不同，在 Microsoft Outlook 中是先显示消息，然后再选择列表）。列出消息报头包含的信息项。

2. 协议是一组为完成一些活动而制定的共同规则。分析并说明用于日常生活的通信协议。你的协议规则应描述每个"端点"的角色，规定一个或其他必须提供的信息类型。可以列举你自己的规则，也可以选择以下的规则：

    a. 在教师授课期间提问题

    b. 打电话呼叫亲属或别人

    c. 把不合格产品退回客户服务台

第二节　协议的分层和服务

人类的思维能力不是无限的，如果面临的因素太多，就不可能做出精确的思维。处理复杂问题的一个有效方法就是用抽象和层次的方法去构造、分析。同样，对于计算机网络这种复杂的大系统，亦是如此。当两台计算机在网络上通信时，几个不同的进程可以加入到消息传输当中。本节首先介绍计算机网络协议层的概念，以及一些通信方式。然后讨论传输一个消息时用几个协议要比只用一个协议优越得多。在网络中传输信息需要使用若干层协议，并且各层要协调工作。

学习目标

▶ 熟悉协议栈的每一层怎样与别的层交互作用；
▶ 解释对等进程和协议栈各是什么；
▶ 掌握封装和解封装的过程。

关键知识点

▶ 在网络中传输信息需要使用若干层协议。

计算机网络协议层

计算机网络在概念上非常类似于日常生活中人们交互信息的事例。但在计算机网络中沟通消息的不是一起工作的人，而是使用不同网络通信程序来执行不同的工作。每一个程序都遵循特殊的协议规则并沿着它的途径传输消息。当程序控制一个特殊的通信过程时，它会给传输的消息附加其自身的协议报头，正如不同的人在所发邮件信息上附加一个信封或载运标签一样。

每个通信程序都紧紧地与特殊的协议相关联。通信程序提供服务。为了执行该服务，它服从特殊协议的规则和语言。常说的"进程""协议"或"层"都属于执行协议的通信程序。

服务层

在计算机网络术语中,程序和协议都作为通信过程的逻辑层。每一层为相邻的高层提供服务,同时使用相邻低层提供的服务。

高层协议给用户提供服务。这些程序依赖于较低层协议对消息寻址,并把消息分成可管理的部分,同时把那些大块数据转换成在物理介质(如网络电缆)上等待传输的信号。这样,最高层的协议向用户提供服务,较低层协议互相提供服务。

因为每层只给相邻的高层提供服务,并使用相邻低层的服务,所以单层的改变仅影响到上一层。根据功能,分层可以将单个的大程序分成独立的单个小程序。这使得程序的编写和修改变得容易。

例如,计算机网络能够在三类物理介质上通信:铜线电缆、光纤光缆和无线电波。为了能在这些介质上发送信号,计算机必须使用特殊类型的网络接口卡(NIC)及其设备驱动程序。NIC 的设备驱动程序用于通信过程的最低层,上一层接收消息,然后把消息传输到物理介质上。如果工程师突然设计了全新类型的物理传输介质,而计算机用户还能够在该介质上通信,那么只需安装新的 NIC 和 NIC 设备驱动程序,而所有的上层程序可保持不变。

当然,分层也会带来性能损失,还会有一些与通过多层程序传输数据有关的经常性开支,但是维护程序的容易性足以抵消这些损失。

对等进程

在网络中,发送计算机和接收计算机在同一层使用相同的通信协议实现大致相同功能的过程,叫作"对等进程"。

每个协议不仅取决于它的上一层和下一层,也取决于与其对等的协议。这种手拉手的形式就是"对等进程",如图 4.2 所示。在使用分层协议和服务的网络系统中,通常是从上面的进程接收数据,并向较低的进程传递数据,实际上就是进程与对等进程之间的通信。

使用对等协议和增加协议报头的信息,可以使对等进程实现网络通信。例如,图 4.2 中的两个秘书可在信封上增加短信的简单协议进行通信。当用户 A 发送电子邮件给用户 B 时,A 的电子邮件应用和 B 的电子邮件应用使用同样的网络通信协议发送和接收消息。也就是说,A 和 B 的电子邮件程序是作为对等进程运行的。

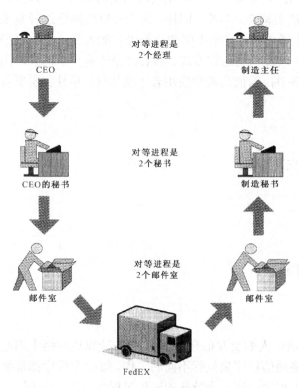

图 4.2 对等进程图

分层的网络通信系统

为了减少计算机网络设计的复杂性,人们往往按功能将计算机网络划分为多个不同的功能层。其实早在最初设计 ARPANET 时就提出了分层模型。

网络通信系统的分层模型

网络通信系统的分层模型就是将计算机网络抽象为五层结构的一种模型(如图 4.3 所示),它清楚地描述了应用进程之间如何进行通信的情况。

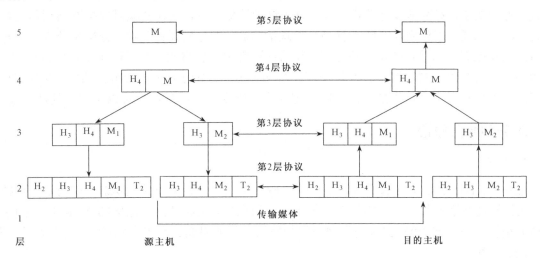

图 4.3 网络通信系统的分层模型

在本质上,这个分层模型描述了把通信问题分为几个子问题(称为层次)的方法,每个子问题对应特定的层,以便于研究和处理。例如,在第 5 层运行的某个应用进程产生了消息 M,并把它交给第 4 层进行发送。第 4 层在消息 M 前加上一个信息头(Header),其中主要包括控制信息(如序号),以便目的主机上的第 4 层在低层不能保持消息顺序时把乱序的消息按原序装配好。在有些层中,信息头还包括长度、时间和其他控制字段。在许多网络中,第 4 层对接收的消息长度没有限制,但在第 3 层通常存在一个限制。因此,第 3 层必须将接收的消息分成较小的单元,如报文分组(Packet),并在每个报文分组前加上一个报头。在本实例中,消息 M 被分成 M_1 和 M_2 两部分。第 3 层确定使用哪一条输出线路,并将报文传给第 2 层。第 2 层不仅给每段消息加上报头信息,而且还要加上尾部信息,构成新的数据单元,通常称之为帧(Frame),然后将其传给第 1 层进行物理传输。在接收端,报文每向上递交一层,该层的报头就被剥掉,绝不可能出现带有第 N 层以下报头的报文交给接收端第 N 层实体的情况。

在图 4.3 所描述的通信过程中,关键是虚拟通信与物理通信之间的关系,以及协议与接口的概念。网络中对等层之间的通信规则就是该层使用的协议,例如,有关第 N 层的通信规则的集合,就是第 N 层的协议。而同一计算机的相邻功能层之间通过接口(服务访问点)进行信息传递的通信规则称为接口,在第 N 层和第 $N+1$ 层之间的接口称为 $N/(N+1)$ 层接口。总的来说,协议是不同机器对等层之间的通信约定,而接口是同一机器相邻层之间的通信约定。不同的网络,分层数量、各层的名称和功能,以及协议都各不相同。然而,在所有的网络中,每一层的目的都是向它的上一层提供一定的服务。例如，第 4 层的对等进程，在概念上认为它们的通信是在水平方向应用第 4 层协议。每一方都好像有一个称为"发送到另一方去"的进程和一个称为"从另一方接收"的进程，尽管实际上这些进程是跨过第 3 层/第 4 层接口与下层通信而不是直接同另一方通信。

协议层次化不同于程序设计中模块化的概念。在程序设计中，各模块可以相互独立，可任意拼装或者并行；而层次则一定有上下之分，它是根据数据流的流动而产生的。

在研究开放系统通信时，常用实体（Entity）来表示发送或接收信息的硬件或软件进程。每一层都可看成是由若干个实体组成的。位于不同计算机网络对等层的交互实体称为对等实体。对等实体不一定非是相同的程序，但其功能必须完全一致，且采用相同的协议。抽象出对等进程这一概念，对网络设计非常重要。有了这种抽象技术，设计者就可以把网络通信这种难以处理的大问题，划分成几个较小且易于处理的问题，即分别设计各层。分层设计方法将整个网络通信功能划分为垂直的层次集合后，在通信过程中下层将向上层隐蔽下层的实现细节。但层的划分应首先确定层次的集合及每层应完成的任务。划分时应按逻辑组合功能，并具有足够的层次，以使每层小到易于处理。同时，层次也不能太多，以免产生难以负担的处理开销。

服务和服务原语

1. 服务

服务（Service）这个普通的术语在计算机网络中是一个极为重要的概念。在网络体系结构中，服务就是网络中各层向其相邻上层提供的一组操作，是相邻两层之间的界面。由于网络分层体系结构中的单向依赖关系，使得网络中相邻层之间的界面也是单向的：下层是服务提供者，上层是服务用户。

在网络中每一层中至少有一个实体。实体既可以是软件实体（如一个进程），也可以是硬件实体（如一块网卡）。N 层实体实现的服务为 $N+1$ 层所利用，而 N 层则要利用 $N-1$ 层所提供的服务。N 层实体可能向 $N+1$ 层提供几类服务，如快速而昂贵的通信或慢速而便宜的通信。$N+1$ 层实体是通过 N 层的服务访问点（SAP）来使用 N 层所提供的服务。N 层 SAP 就是 $N+1$ 层可以访问 N 层服务的接口。每一个 SAP 都有一个唯一地址。例如，可以把电话系统中的 SAP 看成标准电话插孔，而 SAP 地址是这些插孔的电话号码。要想与他人通话，必须知道他的 SAP 地址（电话号码）。在伯克利版本的 UNIX 系统中，SAP 是套接字（Socket），而 SAP 地址是 Socket 号。邻层间通过接口交换信息，$N+1$ 层实体通过 SAP 把一个接口数据单元（IDU）传递给 N 层实体，如图 4.4 所示。IDU 由服务数据单元（SDU）和一些控制信息组成。为了传输 SDU，N 层实体可以将 SDU 分成几段，每一段加上一个报头后作为独立的协议数据单元（PDU）送出。PDU 报头被同层实体用来执行它们的同层协议，用于辨别哪些 PDU 包含数据，哪些包含控制信息，并提供序号和计数值等。

在网络中，下层向上层提供的服务分为两大类：面向连接服务和无连接服务。面向连接服务是电话系统服务模式的抽象。每一次完整的数据传输都必须经过建立连接、数据传输（发送或接收数据）和终止连接（连接释放）三个过程。连接本质上类似于一个管道，发送者在管道的一端放入数据，接收者在另一端取出数据。其特点是接收到的数据与发送端发出的数据在内容和顺序上是一致的。无连接服务是邮政系统服务模式的抽象。其中每个报文带有完整的目的地址，每个报文在系统中独立传输。无连接服务不能保证报文到达的先后顺序，一般也不对出错报文进行恢复和重传。换句话说，无连接服务不保证报文传输的可靠性。

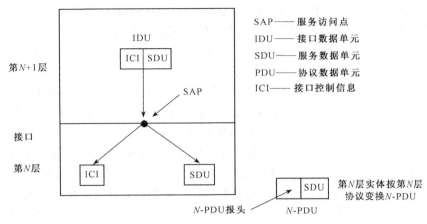

图 4.4　相邻层之间通过接口进行交互

2. 服务原语

服务在形式上是用一组服务原语来描述的。服务原语是指用户实体与服务提供者交互时所要交换的一些必要信息，以表明需要本地的或远端的对等实体做哪些事情。在计算机系统中，原语指一种特殊的广义指令（广义指令是指不能中断的指令）。计算机网络提出的服务原语概念，是指相邻层在建立较低一层对较高一层提供服务时两者交互所用的广义指令。服务原语描述所提供的服务，并规定通过服务存取端口所必须传递的信息。一个完整的服务原语包括原语名、原语类型、原语参数三部分。

原语名（Primitive Name）表示服务类别，分为以下几种：

- Connect（网络连接）；
- Disconnect（连接拆除）；
- Data（正常数据传输）；
- Expedited-Data（优先数据传输）；
- Reset（复位）。

对于面向连接的服务，服务原语的类型有四种，即请求原语、指示原语、响应原语和确认原语，如表 4.1 所示。这些原语供用户和其他实体访问该服务时调用。

表 4.1　服务原语的类型

原　语	意　义
Request	请求：用户实体请求服务做某种工作，如建立连接、发送数据、拆除连接、报告状态等
Indication	指示：用户实体被告知某事件发生，如连接指示、输入数据、拆除连接等
Response	响应：用户实体对某事件的响应，如接受连接等
Confirm	确认：用户实体收到关于它的请求的答复

第 1 类原语是"请求"（Request）原语，服务用户用它促成某项工作，如请求建立连接和发送数据。服务提供者执行这一请求后，将用"指示"（Indication）原语通知接收端的用户实体。例如，发出"连接请求"（Connect_request）原语之后，该原语地址段内所指向的接收端

的对等实体会得到一个"连接指示"（Connect_indication）原语，通知它有人想要与之建立连接。接收到"连接指示"原语的实体使用"连接响应"（Connect_response）原语表示它是否愿意接受建立连接的建议。但无论接收端是否接受该请求，请求建立连接的一方都可以通过接收"连接确认"（Connect_confirm）原语而获知接收端的态度。服务用户要拒绝建立连接的请求采用 Disconnect_request 原语。

原语参数种类较多，原语不同，参数也有差别。主要参数有目的服务访问点地址、源服务访问点地址、数据、数据单元、优先级、断开连接理由，以及与数据交换有关的其他信息。

"连接请求"原语的参数可能指明它要与哪台机器连接、需要的服务类别和拟在该连接上使用的最大报文长度。例如，一个用于建立网络连接的请求服务原语，其书写格式为：

Name_Connect.Request（主叫地址，被叫地址，确认，加速数据，QoS，用户数据）

"连接指示"原语的参数可能包含呼叫者的标识、需要的服务类别和建议的最大报文长度。如果被呼叫的实体不同意呼叫实体建立的最大报文长度，它可能在"连接响应"原语中提出一个新的建议，呼叫方会从"连接确认"原语中获知。这一协商过程的细节属于协议的内容。例如，在两个关于最大报文长度的建议不一致的情况下，协议可能规定选择较小的值。

需要注意：服务和协议是迥然不同的两个概念。协议是"水平的"，它是控制两个对等实体进行通信的规则或约定；服务是"垂直的"，即服务是由下层向上层通过层间接口提供的。尽管服务定义了该层能够代表它的用户完成的操作，但丝毫未涉及这些操作是如何实现的。服务描述两层之间的接口，下层是服务提供者，上层是服务用户。而协议是定义同层对等实体间交换帧、数据包的格式和意义的一组规则。网络各层实体利用协议来实现它们的服务。只要不改变提供给用户的服务和接口，实体可以随意地改变它们所使用的协议。在协议控制下，两个对等实体间的通信使本层能够向上一层提供服务。要实现本层协议，还需要使用下层提供的服务。本层的服务用户只能看见服务而无法看见下面的协议，下面的协议对上面的服务用户是透明的。这样，服务和协议就完全被分离开了。在 ISO/OSI-RM 之前的很多网络并没有把服务从协议中分离出来，造成网络设计的困难，现在人们已经普遍承认这样的设计是一种重大失策。

网络体系结构的定义

网络的体系结构是指计算机网络各层的功能、协议和接口的集合。也就是说，计算机网络的体系结构就是计算机网络及其部件所应完成的功能的精确定义。需要强调的是，网络体系结构本身是抽象的；而它的实现则是具体的，是在遵循这种体系结构的前提下用何种硬件或软件完成这些功能的问题。不能将一个具体的计算机网络说成是一个抽象的网络体系结构。从面向对象的角度看，体系结构是对象的类型，具体的网络则是对象的一个实例。

世界上最早出现的分层体系结构是美国 IBM 公司于 1974 年提出的系统网络体系结构（SNA）。此后，许多公司都纷纷制定了自己的网络体系结构。这些体系结构大同小异，各有特点，但都采用了层次型的体系结构。例如，Digital 公司提出的适合本公司计算机组网的数字网络体系结构（DNA）。层次型网络体系结构的出现，加快了计算机网络的迅速发展。随着全球网络应用的不断普及，不同网络体系结构的用户之间也需要进行网络互联和信息交换。为此，国际标准化组织（ISO）在 1977 年推出了著名的开放系统互连参考模型（Open System Interconnection/Reference Model），简称 ISO/OSI-RM。OSI 试图让所有计算机网络都遵循这一标准，但是由于许多大的网络设备制造公司及软件供应商已经各自形成相对成功的体系结构和商业产品，特别是 Internet 的迅猛发展，这个良好的愿望并没有实现。在因特网（Internet）中得到广泛应用的 TCP/IP 及其相应的体系结构反而成为事实上得到广泛接受的网络体系结构。

协议层间的差别

协议的协作层叫作"协议栈"。在协议栈中，高层使用低层提供的服务。具体地说，面向传输的服务在低层。协议栈高层与低层的不同主要在于：
- 高层是内容，低层是信令；
- 高层是逻辑方式，低层是物理方式；
- 高层是端到端，低层是点到点。

内容与信令

高层与消息的格式与内容有关，负责对等进程（发送者和接收者）之间的沟通。低层与表示二进制比特流的信号的物理传输方法有关。这样，高层协议处理应用程序使用整个数据结构或对象，低层协议仅与分配物理连接的信令有关。

逻辑与物理

高层协议对接收者使用概念、符号或术语表示消息。低层协议使用更明确的标识，如街道地址。例如在写信时，只需给他的信标明"寄：制造部门负责人"，而不需要知道那人是谁，在什么地方。低层协议负责提供传输到物理目的地所必需的更明确的地址。

端到端与点对点

没有物理连接（电缆或无线电信道）不能传输二进制比特流（电脉冲、光或无线电能量）。因此，低层协议只支持以某种物理方式连接的设备之间的通信。相反，高层的过程不需要物理连接，因为它们可以在没有物理链路的情况下与对等者通信。

为了理解这一差别，下面举例说明。例如，露天运动场上的卖主，他要把一个面包给离他 10 个席位的顾客。他先把面包给离他最近的人，这个人又把面包给下一个人……最后把面包交到顾客手中。在这种情况下，卖主和顾客是端到端通信，因为他们在物理上不连接。然而，端到端过程是由多个点到点链路完成的，即站在卖主和顾客之间的每个人构成一个个结点。

层间协调工作

网络中对等层之间的通信规则就是该层使用的协议。例如，有关第 N 层的通信规则的集合，就是第 N 层的协议。而同一计算机的相邻功能层之间通过接口（服务访问点）进行信息传递的通信规则称为接口，在第 N 层和第 $N+1$ 层之间的接口称为 $N/(N+1)$ 层接口。总的来说，协议是不同机器对等层之间的通信约定，而接口是同一机器相邻层之间的通信约定。不同的网络，分层数量、各层的名称和功能，以及协议都各不相同。然而，在所有的网络中，每一层为上一层提供服务，并使用下一层的服务。无论何时不同层的协议在一起工作时，它们都使用以下基本技术：
- 封装和协议报头；
- 分段；

- 解封装;
- 重组。

封装与协议报头

目前,所有现代通信系统都使用称为"封装"的技术。当数据沿着协议栈移动时,从上层接收数据的每一层都增加其自身的协议报头来"重新包装"消息而传输,如图4.5所示。有些协议还把数据增加到消息的末尾,这种数据称为"尾部"。

每个协议报头包含几项数据,这些数据对另一端的对等进程是有用的。协议报头中的每一项叫作"域"。每个协议指定其报头域的顺序和长度(按比特)。报头域的数量、长度和内容随着协议的不同而不同。例如,在TCP/IP协议栈中,IPv4数据报头分配4比特描述报头长度、16比特描述数据报总长度,32比特描述发送者的地址,32比特描述接收者的地址。而有的协议还可以包括描述消息优先级或消息内容的数据类型。

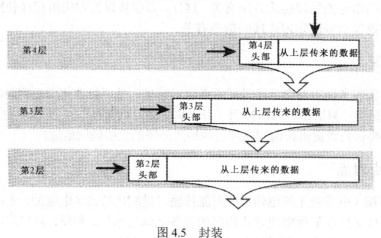

图 4.5 封装

分段

假定上一层的进程当中有长消息要发送到其对等进程,但是消息太长,较低层不能承载,所以要规定消息的长度,就像公用邮递业务规则限制包裹最大尺寸一样。如果必须运输这么多的货物量,而它对一个容器来说又太大,则可以把它分成几个小箱。为了把箱的总数和顺序告诉接收者,应为每箱增加顺序信息,如"5之1""5之2"等。

以同样的方法,一些协议可以把长消息分成较短的段或片段。协议报头包括消息中每片段的相对位置和域的总数。所有段都要传输到下一层。

或者还可以把顺序信息插入消息当中,指明共有多少个部分和每个部分在消息中的位置。但是,当较低层打开每个信封时,首先要看初始消息以确定每封信有多少部分,然后再传递到较高层。这就使得高层卷入了较低层的操作,从而体现不出分层通信体系的许多优点。

解封装

当消息通过发送计算机的协议层时,它已被几个协议报头封装。当消息到达接收计算机时,封装过程被反过来。从底层开始,每个过程除去其自身的报头(打开其自身的信封),并将封装的数据传递到上一层,这个过程称为"解封装",如图 4.6 所示。

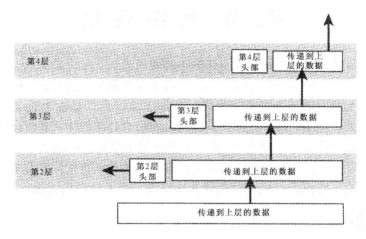

图 4.6 解封装

每个进程只除去由其对等进程增加的报头,并不以任何方式打乱数据,同时把它传递到上一层。当数据到达最高层时,仅留下初始消息,最高层不管在较低层传输期间包装的各种协议报头。

重组

如果把初始消息分成一系列较小片段进行传输,则接收端的进程在解封装前应按顺序放置片段,然后把片段重新组装成正确顺序,并把重组后的消息传递到上一层。

练习

1. 判断对错:为了实现通信,通信实体必须使用相同的协议。
2. 判断对错:程序和进程是用来提供服务的。
3. 判断对错:对等通信实体使用相同的层实现通信。
4. 判断对错:每一层为其他层提供服务。
5. 判断对错:处于最底层的程序直接为用户提供最复杂的服务。
6. 当进程接收来自上一层的数据时,需要做什么?
7. 当协议接收来自上一层的数据很长时,需要做什么?
8. 当协议接收来自下一层的数据时,需要做什么?

补充练习

1. 服务的分层在日常生活中很常见。例如,在快餐店里就有好几层服务。这些服务层看起来不是垂直的分层形式,但是对于管理、交通和货物流来说它们可以看成是垂直的。在服务层之间有一个与邻接层之间的"握手"操作。描述您在日常生活中熟悉的 3 种服务关系。
2. 描述服务、程序、进程和协议之间的关系。

第三节 网络通信

互联网支持流模式、报文传输模式两种基本的通信模式。流模式是指一系列的字节串从一个应用程序流到另一个应用程序的模式，例如下载电影时就用到流模式。报文传输模式是指网络所接收和传递的数据是报文。该模式允许一个报文从一台计算机上的某个应用直接发送给另一台计算机上的某个应用，或者广播到指定网络的所有计算机上；多台计算机上的多个应用也可以发送报文到某一特定的计算机上。本节主要介绍信息通过网络从一台计算机到另一台计算机传输的基本原理。关于这部分的具体细节在本丛书的其他分册中还将介绍，在此主要介绍局域网中路由任务的一般概念，例如传输其他计算机上数据的应用需求。

学习目标

- ▶ 了解客户机重定向程序软件的作用；
- ▶ 掌握网络中一台计算机向其他计算机请求资源时的步骤；
- ▶ 了解请求本地数据和远程数据之间的差别。

关键知识点

- ▶ 客户机重定向程序软件负责在网络中定向传输消息。

请求本地数据

假如用户正在桌面计算机上进行数据库应用，其数据库保存在特定的记录组中。如果这些记录存储在计算机硬盘（"本地"硬盘）上，那么可以按照如下步骤开始工作：首先，应用请求操作系统（OS）从硬盘找到数据。然后，OS 与硬盘驱动器通信并从驱动器读取数据，同时把数据转移到应用所使用的内存中。当然，在这一过程中，除了应用命令外其他的过程该用户都是看不见的。

问题是，当数据库记录存储在大楼内另外的计算机硬盘上时，怎么通过网络传输？在这种情况下又如何获取数据呢？

配置客户机

在请求使用网络资源前，首先必须能在网络上通信。也就是说，必须在用户的计算机上安装以下部件（除了桌面操作系统外）：

- ▶ NIC，在物理网络介质（电缆或无线电信道）中发送和接收信号。
- ▶ NIC 设备驱动器，允许操作系统与安装的 NIC 通信。
- ▶ 网络通信软件或协议栈，提供管理网络通信细节的分层通信协议。
- ▶ 客户机重定向程序软件与操作系统一起安装，但它必须和其他应用一样安装和配置。操作系统销售商使用不同的名称描述各自的重定向器，如"请求器""外壳（UNIX）"或"微软网络客户机（Microsoft Windows）"。客户机重定向程序必须与其服务器和对等计算机所使用的网络软件相兼容。这样，如果网络服务器使用微软的服务器软件，那么客户工作站也需要使用微软网络客户机。

重定向程序一经安装，它就开始等待请求文件或服务应用。如果是请求本地资源，重定向程序把请求传递到本地操作系统；如果是请求网络服务器（或对等计算机）的资源，重定向程序使用客户机网络通信软件和 NIC 在网络上发出请求。这个过程如图 4.7 所示。

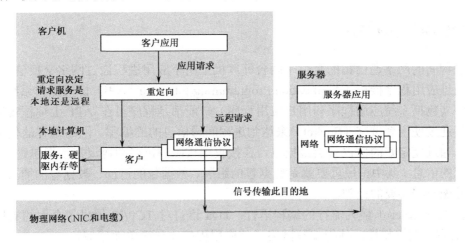

图 4.7　网络通信过程

通过网络驱动器请求数据资源

假如计算机已经连接到网络上，而且客户机软件也已建立并配置。当该计算机需要使用存储在其他计算机上的数据库记录时，一般要完成以下步骤：

▶ 命令应用程序打开记录，在不同的网络计算机上选择目标驱动器。该计算机必须是文件服务器或对等计算机。如果该计算机的使用者已经配置了使该驱动器或其数据可共享，那么就可以访问该计算机上的文件；否则，就无法访问。

▶ 请求操作系统取回数据。这时，重定向程序软件一般直接进入操作系统进行请求。

▶ 重定向程序分析请求是在远程的磁盘驱动上，所以重新定向程序把请求传递给网络通信软件。

▶ 协议栈的每一层控制等待传输请求的不同工作部分。例如，某一层请求标注明确的目的地址，而另一层核对网络电缆是否准备接收新的传输。每一层都把其自身的协议报头附加到请求上。

▶ 最低层协议把完整的请求传递到 NIC。这需要操作系统的帮助，但在这里，操作系统为最初的"读数据"请求提供不同的服务。

▶ 完整的请求从计算机的中央处理单元发出，越过本地总线，到达 NIC。

▶ NIC 产生物理信号（电、光或无线电信号）表示请求的二进制数据，然后将该信号传输到网络的传输介质（电缆或无线电信道）中。

▶ 目的计算机的 NIC 确认寻址信号，复制二进制数据，而其他计算机不理睬该信号。然后，目的计算机把请求传递给本地网络通信协议栈。

▶ 当请求从一层传递到下一层时，不断地被拆封装，直到传递给目的协议栈。当消息到达栈的顶部时，最高层把请求传给数据库应用。

> 数据库服务器应用与本地操作系统合作，从其硬盘驱动器中读取数据。

当数据库服务器应用传输数据返回到提出请求的客户机上时，这个过程是相反的。数据在传递时，首先通过服务器网络协议栈封装，在物理网络中传输，然后由目的计算机接收，并由目的协议栈解封装，最后传递给客户应用。

网络编程与套接字

应用进程间的网络通信指的是位于两台计算机上两个应用进程通过网络交换信息的过程。应用进程通过应用程序接口（Application Programming Interface，API）访问操作系统内核。各种应用程序（包括系统应用程序和用户应用程序）一般都是程序员在 API 上编程实现的。网络编程是指通过使用套接字（Socket）来达到进程间通信目的的编程。网络编程的任务是在发送端把信息通过规定好的协议封装数据包，在接收端按照规定好的协议把数据包进行解封装，提取出对应的信息。其中，最重要就是数据包的组装、数据包的过滤、数据包的捕获、数据包的解析，并做一些必要的处理。

作为目前 Internet 上最为流行的编程语言，Java 语言对 TCP/IP 提供了全面的支持，并且由于 Java 语言的网络特性，使得编写网络通信应用程序非常简单而便捷。

应用程序接口（API）

一般情况下，应用进程在使用系统调用之前需要编写一些程序，特别是需要设置系统调用中的许多参数，因而常常把系统调用接口称之为应用程序接口（API）。从程序设计的角度看，API 定义了许多标准的系统调用函数，应用进程只要调用这些标准的系统调用函数，就可以得到操作系统的服务。

由于 TCP/IP 能运行在多种操作系统的环境中，因而已有多种可供应用程序选择使用的 TCP/IP 应用程序接口。其中最著名的是：美国加州大学伯克利分校为 Berkeley UNIX 操作系统定义的一种 API，称为套接字接口（Socket Interface）；微软公司在其操作系统中采用的 API，称为 Windows Socket。

Berkeley UNIX 操作系统定义的套接字接口是一组用来结合 UNIX I/O 函数创建网络应用的函数（如表 4.2 所示），大多数现代系统都能实现它，包括所有的 UNIX 变种、Windows 和 Macintosh 系统。

表 4.2　Berkeley UNIX 定义的套接字接口

原语	功　能
socket()	客户机和服务器使用 socket() 函数创建一个套接字描述符
bind()	为套接字设置本主机的 IP 地址和端口号
listen()	表示该套接字愿意接受连接请求，并设置等待队列的长度
accept()	服务器通过调用 accept() 函数等待来自客户机的连接请求
connect()	客户机通过调用 connect() 函数来建立与服务器的连接
send()	在建立好的连接上发送数据
receive()	从建立好的连接上接收数据
close()	释放一个连接

套接字（Socket）

套接字是支持 TCP/IP 网络通信的基本操作单元，它可以看作不同主机之间的进程进行双向通信的端点，简单地说就是通信双方的一种约定，用套接字中的相关函数来完成通信过程。在 TCP/IP 中，为了在通信时不致发生混乱，端口号必须与主机 IP 地址结合起来一起使用，称之为套接字或插口，以便唯一地标识一个连接端点。在发送端和接收端分别创建一个套接字的连接端点即可获得 TCP、UDP 服务。

套接字由 IP 地址（32 位）与端口号（16 位）组成，即套接字地址用"IP 地址：端口号"来表示。例如，端点 192.168.7.12:80 表示 IP 地址为 192.168.7.12 的主机上的 80 号 TCP 端口。

在 TCP 中，一个套接字可以被多个连接同时使用，这时一条连接需要由两端的套接字来识别，即每条连接可以用"套接字 1、套接字 2"来标识。也就是说，一个连接是由它两端的套接字地址唯一确定的，并把这对套接字地址称为套接字对，表示为：

客户机的 IP 地址：客户机的端口号，服务器的 IP 地址：服务器的端口号

因此，一对连接两端的套接字可以唯一地标识这条连接。套接字的概念并不复杂，但非常重要，必须清楚套接字、端口和 IP 地址之间的关系。例如，若一台 IP 地址为 192.168.7.12 的主机，端口号为 1200，则套接字为（192.168.7.12:1200）；若该主机与另一台 IP 地址为 192.168.11.8 的机器之间建立 FTP 连接，则这一连接的套接字对可表示为（192.168.7.12:1200，192.168.11.8:21）。

基于套接字的通信

要通过 Internet 进行通信，至少需要一对套接字：一个运行在客户端，称之为 ClientSocket；另一个运行于服务器端，称为 ServerSocket。采用流模式的客户端与服务器端进行套接字调用的顺序如图 4.8 所示。根据连接启动的方式以及本地要连接的目标，套接字之间的连接过程可以分为三个步骤，即服务器监听、客户端请求、连接确认。

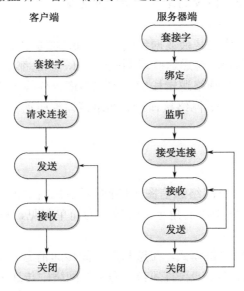

图 4.8 采用流模式的客户端和服务器端进行套接字调用的顺序

▶ 服务器监听是指服务器端套接字并不定位具体的客户端套接字，而是处于等待连接的状态，实时监控网络状态。
▶ 客户端请求是由客户端的套接字提出连接请求，要连接的目标是服务器端套接字。为此，客户端的套接字必须首先描述它要连接的服务器的套接字，指出服务器套接字的地址和端口号，然后再向服务器端套接字提出连接请求。
▶ 连接确认是当服务器端套接字监听到或者接收到客户端套接字的连接请求时，它就响应客户端套接字的请求，建立一个新的线程，把服务器端套接字的信息发送给客户端；一旦客户端确认了此连接，连接即可建立。而服务器端继续处于监听状态，继续接收其他客户端的连接请求。

练习

1. 判断对错：客户机重新定向程序可以替代客户机操作系统。
2. 重定向器、操作系统、NIC、应用、网络传输介质、协议栈这些组件分别与下列哪一功能相匹配？（   ）
       a. 提供低级计算机服务　　b. 将本地请求路由到操作系统，将远程请求路由到网络
       c. 为用户执行明确的任务　　d. 增加包含寻址信息和控制信息的报头
       e. 承载物理信号　　　　　　f. 将二进制数据转换为物理信号
3. 接收层接收来自下层的信息时需要做什么？（   ）
       a. 地址译码　　b. 概括　　c. 解封装　　d. 封装
4. 当一台计算机与另一台计算机的进程在同样的层上操作时，这两台计算机被认为是（   ）。
       a. 客户　　b. 对等　　c. 服务器　　d. 以上都不是
5. 为消息增加数据并提供信息的项目称为（   ）。
       a. 协议报头　　b. 协议翻译器　　c. 协议栈　　d. 字符提供器
6. 解封装的意义是（   ）。
       a. 去除协议报头，传递其余数据到栈　　b. 增加协议报头，传递整个消息到栈
       c. 将消息分成较小段，传递这些段到栈　　d. 以上都不是
7. 将以下这些组件安排在网络逻辑栈中，请说出逻辑栈显示的请求是如何从用户应用向下运行的：用户应用、操作系统、网络接口卡、网络接口卡驱动器、客户机重定向程序和网络通信协议栈。

补充练习

1. 用你们班级的成员模拟网络通信图中的网络组件。例如，一个人扮演客户应用的角色，其他人扮演客户机重定向程序的角色，等等。为简单起见，只用一个人表示整个网络协议栈。
2. 采用客户机/服务器的通信模式，在层与层之间传递消息，在信封或包装纸里封装每个消息（物理网络不封装消息，仅仅运送它们）。为了在网络中传递消息，每一层的协议报头需要什么类的信息？
3. 现在做更有趣的练习，模拟客户机和服务器上的三个应用。客户机的每个应用都能与

服务器上的三个应用之一通信,对于接收者来说,更多的协议信息对传递每个消息是必需的吗?是不是所有的协议或者只有一些协议需要较多的报头信息?

第四节　OSI 参考模型

每个计算机制造商都为它自己的产品开发各自的协议,有些制造商甚至为不同的计算机平台开发多个协议。例如,IBM 在 20 世纪 60 年代就有 12 个协议。然而,大家知道,计算机和应用程序必须使用通用协议才能进行通信。如果数据通信中存在许多不同协议,那将计算机连接到网络是很困难的。因此,为了克服因多种协议引起的混乱,计算机企业共同制定了官方的和实际上的通信标准,其中最重要的一个标准就是 OSI 参考模型。

OSI 不是协议,而是一种参考模型,或者说是描述各种数据通信协议的功能和相互作用的抽象结构;它为人们提供了讨论和比较网络功能的一种概念性结构。讨论 OSI 参考模型的重要原因是该参考模型的使用非常广泛,许多数据通信规范都是以它来构造其表示方式的。

学习目标

- 了解为什么要创建 OSI 模型,并说出 OSI 模型各层的名称;
- 描述物理层协议的功能,了解每种物理介质所需的物理层协议;
- 理解链路的概念,掌握数据链路层的主要服务;
- 了解分组与帧之间的关系以及分组地址与帧地址的异同;
- 了解网络层如何通过多条链路传输分组,应用程序如何向其他应用程序传输信息,以及端口是如何用来对应用程序发送信息的;
- 了解会话层的一般操作以及会话层与连接的区别;
- 掌握表示层所提供的基本服务和在计算机中表示信息的一般方法;
- 了解网络中常用的应用程序,以及用户应用程序与应用服务程序之间的区别;
- 了解 Web 浏览器与 Web 服务器之间的交互过程。

关键知识点

- OSI 模型的层为理解网络提供了框架;
- 物理层处理的是经过物理介质的比特流;
- 数据链路层地址就是 NIC(网络接口卡)地址,负责处理单一物理链路上的帧;
- 网络层地址就是目的计算机地址,负责处理分组(包);
- 传输层地址就是进程地址,负责进程的收发报文;
- 会话层就是会话开始和结束,以及达成一致会话规则的地方;
- 表示层是与计算机数据的表示格式有关的进程;
- 应用程序是在计算机上完成某项任务所必需的。

OSI 协议栈

OSI 参考模型是国际标准化组织(ISO)创立的(ISO 是由许多国家的标准化组织成员组成的)。它允许网络间的互联,只要求使用的通信软件遵循其标准,而无须考虑低层的硬件。

换句话说，OSI 参考模型定义了一组中性的数据通信规则，遵循这些规则的产品通常能一起协调工作，即使这些产品由不同的制造商生产。

OSI 参考模型是一种开放标准，术语"开放"表示标准规范是公开的、可获取的。是否依从标准是自愿的，新产品的开发也不一定非要遵循其标准。然而，许多制造商发现基于标准的产品更具竞争力；用户也需要硬件和软件的灵活性，以便与其他厂商产品的"互操作"，而不想局限于单一厂商的解决方案。

OSI 参考模型是一种分层的体系结构，它描述了理论上的协议构成，如图 4.9 所示。它由 7 层服务和协议组成，从具体的物理层到抽象的应用层。电子邮件程序和 Web 浏览器等用户程序处在抽象的应用层；而具体的物理层产生比特流，并通过缆线等物理介质传输比特流。

OSI 参考模型共有 7 层，每一层由一些实体（包括软件和硬件元素）组成，在逻辑上可分为两个部分：第 1～4 层（较低层），与原始数据的传输有关；第 5～7 层（较高层），与网络应用程序有关。OSI 模型的每一层描述协议所提供的服务，但并不规定协议必须如何实现。

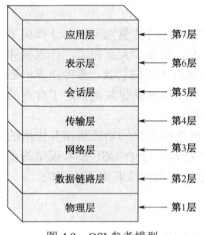

图 4.9　OSI 参考模型

物理层

物理层是 OSI 参考模型的最低层，它不使用其他任何层提供的服务。物理层通过物理传输介质为第 2 层——数据链路层提供传输信号的服务。

硬件设备

物理传输介质可以是电缆（同轴或双绞线）、光缆、卫星链路以及普通的电话线等。所以，物理层包括下列设备：

- ▶ 网络接口卡（NIC）；
- ▶ 光收发信机；
- ▶ 无线电收发信机；
- ▶ 调制解调器。

通过缆线的比特流

物理层进程通过物理连接传输比特流。进程不必了解它们装载的帧、分组和报文的意义或结构。例如，进程不知道所传输的是 8 位的字节还是 7 位的 ASCII 字符。

物理层进程只认识传输介质本身，而不认识任何通过介质的收发通信设备。物理层进程所使用的传输协议根据连接的特性不同而不同，它与下述事项有关：

- ▶ 如何表示二进制数 0 和 1；
- ▶ 怎样表示传输何时开始和结束；
- ▶ 在同一时刻比特流是只能向一个方向流动，还是可以双向流动。

这些问题由使用到的通信信道类型决定（例如双绞线电话线与同轴电缆的特性就不一致）。

注意，物理层不一定必须是物理上的缆线，也可以是通过空间的无线电波。

最小错误检测

物理层进程只认识单个比特信号，不能检测数据传输中的错误。

有些物理层进程能检测到基本的错误（如掉线），并将这些错误标记传输到高层。不过，大多数错误检测与所有的错误纠正是高层的任务。

数据链路层

数据链路层是 OSI 参考模型的第 2 层。在物理连接时数据链路层与帧的传输有关而与比特流的传输无关。数据链路层是这样为网络层服务的：将一个分组信息封装在帧中，再通过一个单一的链路发送帧。结点之间的物理路径称为链路。

通过链路传输帧

当物理层比特流在链路上传输时，数据链路层将比特流分组并加地址，然后传输到与物理链路相连的特定结点。数据链路层传输的每一组比特流称为"帧"。也就是说，在数据链路层数据以帧为单位进行传输。帧通常由发送计算机的 NIC 产生。

1. 帧内分组

网络层对称之为"分组"的数据进行处理。这样，网络层将数据分组传输到数据链路层；数据链路层在数据首尾分别添加一个头部和尾部，即把数据打包，封装成帧。头部和尾部含有对等数据链路进程需要使用的协议信息。

2. 帧的基本格式

数据链路层采用帧作为数据传输逻辑单元。显然，数据链路层协议的核心任务是根据所要实现的数据链路层功能来规定帧的格式。尽管不同的数据链路层协议给出的帧格式存在一定的差异，但它们的基本格式大同小异，如图 4.10 所示。将帧格式中具有特定意义的部分称为域或字段。

图 4.10 帧的基本格式

在图 4.10 中，帧开始字段和帧结束字段分别用来指示帧或数据流的开始和结束，常称为帧定界符。地址字段给出结点的物理地址信息。物理地址可以是局域网网卡地址，也可以是广域网中的数据链路标识。地址字段用于设备或机器的物理寻址。长度/类型字段提供有关帧长度或类型的信息，也可能是其他一些控制信息。数据字段承载来自高层（即网络层）的数据分组。帧检验序列（FCS）字段提供与差错检测有关的信息。通常把数据字段之前的所有字段统称为帧头，数据字段之后的所有字段称为帧尾。

通常，帧头部信息包括发送和接收网络接口卡（NIC）的地址；帧尾部包含有错误校验信息,用于接收点数据链路层进程确定帧在传输期间是否受到破坏。数据链路层把帧传输给物理层,在链路上传输二进制数据流。接收点数据链路层进程从物理层接收比特流,并确定帧的起始位和结束位,然后去掉帧的头部与尾部,将分组传输到网络层。

数据链路层服务

在发送点数据链路层为网络层提供下列服务:
- 从网络层接收任意长度的数据分组;
- 接收数据将要传输到的连接点地址;
- 控制访问共享物理层介质,如广播网络;
- 在帧中附加顺序信息;
- 在帧中附加检错码与纠错码,使接收对等进程知道什么时候发生了错误;
- 在数据帧中附加握手信息,以便与对等进程协作排除问题;
- 与对等进程握手,确保分组已被正确接收;
- 使用物理层服务传输帧;
- 传输期间,不向物理层以超过接收数据链路层进程可以处理的速率发送帧。

在接收点数据链路层的网络层提供以下服务:
- 从物理层接收比特流,并将比特流封装成帧;
- 检查错误,如果发现错误就采取纠正措施(如重发);
- 通过与其对等进程握手处理问题,如丢弃帧;
- 将帧按正确的顺序再现分组;
- 将每个去封装的分组传输到网络层。

图 4.11 示出了数据链路层与物理层的关系。

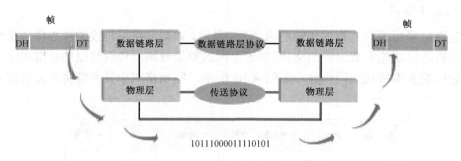

图 4.11 数据链路层与物理层的关系

检错与纠错:FCS

除物理层外,所有协议在所传输的数据中都要附加一定的报头信息。数据链路层还增加一个"尾部"。该尾部通常包括一个数据域,叫作帧校验序列(FCS)。接收点数据链路层进程根据 FCS 判定每帧是否已正确地传输。

发送点数据链路层进程通过一个专门算法从帧的数据中求出 FCS。当目的数据链路进程接收到帧时,就对接收数据进行相同的算法计算。如果计算结果相同,就表明帧在传输过程中没有受到破坏。

FCS 只能检测大部分基本错误,所以数据链路层不能完全解决纠错问题。其他类型的错误纠正需要由更高层解决。

数据链路层协议

有很多不同的数据链路层协议,其中几个常见的数据链路层协议包括:
- 高级数据链路控制(HDLC),它是 ISO 的标准和子集;
- 同步数据连接控制(SDLC),它是 IBM 的协议;
- D 信道链路接入程序(LAPD),用于综合业务数字网(ISDN);
- 局域网(LAN)协议,如以太网、令牌环和光纤分布式数据接口(FDDI);
- 广域网(WAN)协议,如帧中继和 ISDN。

一条链路,一帧数据

物理层只"认识"传输的物理介质本身;而数据链路层则知道物理链路的另一端还存在另外的结点,所以它具有一定的智能。但是,数据链路层进程同时只能与一条物理链路的一个对等结点进行通信。

当然,许多设备可以同时连接到相同的物理链路上。连接到相同总线或集线器上的所有结点形成一个广播网络。每个结点的物理层进程接收其他结点发送的信号。数据链路层简单地接受网络层的指令,并将分组和帧传到网络层提供的目的结点。同时,只有目的结点的数据链路层进程才将该帧解封装并将分组上传到网络层。当其他结点的数据链路层进程识别到该帧不是发给自己的时就将其丢弃。

通常数据链路层用来将信息(如分组信息)传到网络中的下一个结点。下一个结点可能就是目的结点,也可能是一个可以提供将信息传递到目的结点的路由设备。数据链路层不关心分组中包含什么信息,而仅是将分组传递到网络中的下一站。

帧头部包含了目的地址和源地址。目的地址包括网络中下一站的地址,源地址指出帧起始点。帧通常是由 NIC 产生。当分组传递到 NIC 后,NIC 通过添加头部和尾部将分组封装。接着帧沿着链路传输到目的地址的下一站。因此,数据链路层为网络层提供的服务就是将一个分组传输到网络的下一个结点。

当分组经过一个新链路时,就会产生一个新的帧,但分组基本保持不变,如图 4.12 所示。发送计算机与接收计算机在物理上不直接相连,所以从发送计算机将数据传输到接收计算机需要经过两条物理链路,即从发送计算机到路由器设备和从路由器设备到接收计算机。

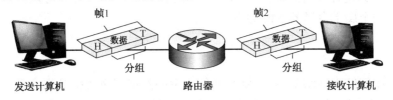

图 4.12 帧和链路示意图

网络层

网络层是 OSI 参考模型中的第 3 层。它负责将网络中的信息包从一个结点送到另一个结点。有时候源结点和目的结点并不直接相连，因而信息必须经过若干称之为中间结点的第三结点。网络层的工作就是使用中间结点（如果需要）将分组传输到目的结点。

网络中的分组

网络层的一个进程同与结点连接的通信链路的另一端的对等进程进行通信。网络层的任务是发送和接收分组（包）。

网络层接收上层（传输层）的信息并通过添加一个头部来封装数据。头部包含由对等网络层进程使用的协议信息，使得分组能够到达目的地。网络层再把分组传输给数据链路层。图 4.13 所示为分组与网络层的关系。

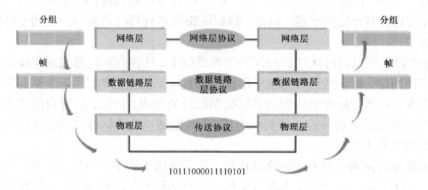

图 4.13 分组（包）与网络层关系

网络层地址与数据链路层地址

网络层头部中的地址标识了源计算机与目的计算机。网络地址与数据链路层地址不同。

数据链路层地址（NIC 地址）标识的是一特定的硬件，这是由于它使用固化在每块 NIC 中的唯一数字。数据链路层地址就像人名或指纹，它们唯一标识了一个个体。

而网络层地址是通过软件分配给计算机的"逻辑"地址。网络层地址标识的是计算机在网络中的作用或者与其他计算机之间的关系。不同的计算机在不同时间可以分配相同的网络地址，然而却只有一个属于自己的 NIC 地址。

分组路由

如果结点是中间结点（路由器），则在此结点中的网络层负责把分组向前转发到目的地。网络层必须处理可能使用不同通信协议以及不同寻址方案的结点类型之间的分组交换，如图 4.14 所示。

假定结点 A 有一分组要传输到结点 D。由于两个结点不在相同的物理链路上，所以结点 A 的数据链路层进程不能直接传输分组。但是，结点 A 的网络层知道结点 B 是到达结点 D 之前的"下一结点"。这样，它把结点 D 的网络地址加到分组中，并将它与传输到结点 B 的指令一起下传到数据链路层。离开结点 A 的数据链路层帧的地址是结点 B（使用结点 B 的 NIC 地址），而帧内的分组地址是结点 D（使用结点 D 的网络地址）。

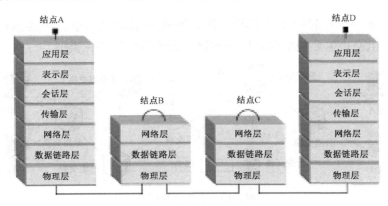

图 4.14　网络层与分组路由

结点 B 的数据链路层进程识别出帧的地址是 B，它解封装后将分组上传到网络层进程。网络层进程识别出分组的地址是结点 D。结点 B 的网络层知道它必须转发该分组。但是，结点 B 与结点 D 也不是直接相连的。所以，结点 B 将分组先传输到 C。

同样，结点 C 的网络层识别出其必须转发该分组。由于结点 C 和结点 D 是直接相连的，所以结点 C 直接将分组和帧传输到目的结点 D。

数据传输方法

网络层最重要的服务之一是在非连接结点之间传输数据。当然，网络层也提供其他重要的服务。网络层数据传输方法主要包括电路交换、分组交换。

1. 电路交换

电话业务是电路交换的典型例子。一个电话呼叫通过公共电话交换网络建立一条临时通路，称为"虚电路"。与该呼叫有关的所有信号通过同一物理通路传输，直到通话结束。如果通话者挂断电话，就立即呼叫相同的目标用户，网络可能会给新的呼叫建立不同的通路。

另一方面，电路的两端都不知道建立该电路所需的接续过程。如图 4.15 所示，两个结点只知道通过交换网络进行通信，而具体的物理通路是不可见的。

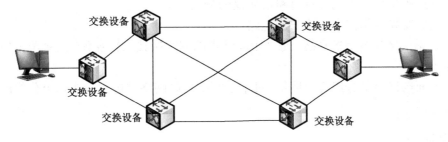

图 4.15　虚电路

电路交换网络取决于完全的连接。当拿起电话呼叫时，连接是不完全的，直到呼叫的对方应答为止。

当虚电路上的数据流量较小时，未使用的容量就被白白浪费了。例如，一个长途电话，即使在通话期间没有说话，计费也一直在进行，直至通话结束。

2. 分组交换

分组交换就像一个实际的邮件系统，许多数据分组可以共享相同的物理传输链路，如图 4.16 所示。分组交换主要包括面向连接网络、无连接网络两种类型。

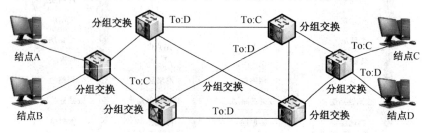

图 4.16　分组交换网络

- 面向连接网络——面向连接的分组网络兼有分组交换和电路交换的特性。它们将传输的数据分成分组，然后按序列在相同的虚电路上发送这些分组。与电路交换网络类似，在传输数据分组前，源结点与目的结点之间必须建立完全连接。虚电路建立后，路由只要建立一次即可。如果虚电路的一个结点出现故障，电路就断开，此后的数据传输必须通过其他路由重新建立虚电路后才能进行。面向连接网络可以有效地传输数据，比较适合传输对时间敏感的应用业务，如语音或视频等。
- 无连接网络——无连接分组网络通过任何可能的通路发送数据分组。各个分组在传输期间可能不在同一条路径上，甚至在多条并行路径上传输。所有分组到达目的结点后，再重新整理成为原来的次序。由于分组可能通过不同的路径，所以每个分组都必须包含目的结点的全网络地址。处理分组的中间结点利用该地址确定是否将数据帧传输到下一结点。如果结点出现故障，网络就能够立即建立一条新的路由。

网络层服务

网络层为传输层提供下列服务：
- 提供一个统一的寻址方案，这样就为每一个结点提供了一个唯一的地址，从而解决了在不同类型和版本的网络之间的不同寻址约定和重复结点地址问题；
- 网络层处理使用不同数据链路层协议的分组；
- 为电路交换网络建立和维护虚电路；
- 对于无连接分组交换网络，每个中间结点的网络层独立转发分组，直至分组到达目的结点；
- 对于面向连接的分组交换网络，每个中间结点的网络层进程完成每个分组的独立路由选择。

网络层协议

网络层使用的通用协议包括：
- X.25——一种面向连接的分组交换协议，由 ITU-T（国际电信联盟）制定。X.25 在公用数据网络中（尤其是在欧洲）被广泛使用。

- 网际协议（IP）——DARPA（美国国防部高级研究计划局）为互联网工程开发的网络协议之一，是互联网上使用的主要协议。
- 网际包交换（IPX）——Novell NetWare 的网络层协议，从 XNS 协议族演化而来。

传输层

在计算机网络中，通常需要将应用程序信息传到指定的计算机中。当信息到达指定的计算机后，还必须将它交给计算机中相应的应用程序。计算机环境中可能会同时运行多个应用程序。因此，信息必须正确标识，以保证正确交付给接收端对应的应用程序。

端到端通信

在 OSI 参考模型中，传输层（又称运输层）处于第 4 层。传输层可以"看见"整个网络，使用低层提供的"端到端"通信为高层服务。

传输层的任务是把信息从网络的一端传输到另一端，如图 4.17 所示。传输层是 OSI 参考模型中最低的端对端层。当传输层进程执行时，结点看上去是相邻的，这是依靠了更低层通过中间结点保护数据传输并使其通过网络来实现的。

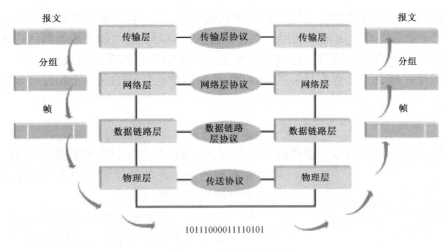

图 4.17 消息和传输层

传输层是分层网络体系结构中的"关键层"，因为传输层驻留在发送机制（例如，公共 IP 网络）与企业网的交界处。

传输层服务

传输层提供的基本服务包括：寻址；连接管理；流量控制和缓冲；复用与并行化；可靠通信与按序传输；服务质量管理。

1. 寻址

传输层负责在一个结点内对一个特定的进程进行连接。传输层也必须在不同对等进程之间跟踪多个连接，这是因为同一结点的多个进程可能会同时进行通信。例如，一个用户可能正在访问一台计算机的 Web 页面，从另一台计算机上下载文件，同时在第三台计算机上检查 E-mail。

相反，一台单一的 Web 服务器可以用作 Web 服务器应用、E-mail 应用和文件存储。

每个结点通过网络地址来标识，每个进程通过称之为"端口号"的数值来标识。当连接建立时，发送传输层进程将目的主机的网络地址和目的应用进程的端口号同时传输给网络层。传输层是通过使用端口号来处理结点上的进程寻址的。

网络地址是网络层报头的一部分，端口号则放置在数据的传输层报头中。为方便起见，常常使用"熟知"的端口号。例如，用于 Web 访问的 HTTP 为端口 80。

2. 连接管理

TCP 的传输层负责建立和释放进程间的连接。当连接建立时，两个对等进程都知道通信正在发生。首先它们互相同意进行通信，然后互相协作开始交换数据。相反，较低层则只知道是否存在分组、帧或比特。

在每个结点，传输层对任务所需的资源（如内存）进行定位。在数据传输期间，双方主机的传输层进程相互联系，以确认接收的数据没有差错或丢失。如果因为网络问题而使连接中断，双方计算机将检查原因，并将有关信息通知给高层应用程序。通信完成后，对等进程断开连接，并为其他应用进程释放资源。

3. 流量控制和缓冲

网络中的每个结点都能以一个特定的速率接收信息。这一速率由计算机的计算能力和其他因素决定。每个结点还有一定数量的用于存储数据的处理器内存。如果数据到达速率过快以致接收点不能处理，或者到达的数据超过存储容量，多余的数据就简单地丢弃。

传输层确保在接收方结点有足够的缓冲区，且保证数据传输的速率不超过接收方结点可以接收数据的速率。

4. 复用与并行化

由于在同一结点可能有多个进程同时进行通信，传输层必须同时跟踪多个连接。为了对上层提供有效的服务，传输层进程通常在一个或多个传输信道上使用以下两种技术：

▶ 复用——当传输信道可以提供比上层所需的更快速服务时，传输层就可以在单一信道上复用多个传输，以便更有效地使用信道带宽。复用就是传输层交替处理两个或多个进程，如图 4.18 所示。接收端的传输层进程根据存储在传输层报头中的地址和序列数据再生原始信息。

▶ 并行化——当上层需要比单一信道所能提供的更高速服务时，传输层可以通过多条路径发送数据流（如果可能的话），为上层应用提供有效的吞吐速率。

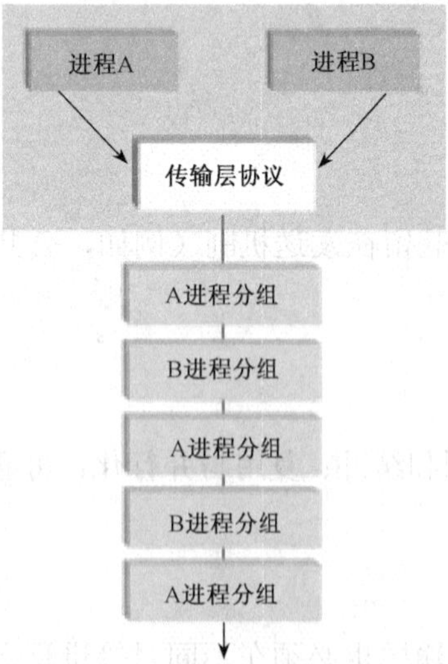

图 4.18 传输层与复用示意图

5. 可靠通信与按序传输

传输层还负责为上层提供可靠的通信服务。它必须能够恢复各种问题，如：

- 出错分组；
- 丢失分组；
- 时间无规律地延迟，然后数据包又突然出现；
- 重复分组；
- 无序传输等。

如果分组出错、丢失或长时间延迟，接收端则通过要求发送端重发有问题的数据来解决。当然，如果延迟的消息重发，而原始消息最终也到达，接收端将收到重复的消息。所以，除了检错数据外，传输层报头还要包括序列信息，以标识各个数据段及其位置。这样，接收端即可丢弃重复传输的消息。

6. 服务质量管理

在数据网络中，"服务质量"描述的是传输链路的特性，如吞吐量、建立时间和精度等。例如，GEO 卫星链路具有较高速率和精度，但是建立传输的延迟较大。

OSI 参考模型允许传输层用户设定所需的服务质量。例如，交互式应用要求响应时间短，对吞吐量、建立时间和传输延迟要求较高，但对差错率要求相对较低；而文件传输应用可以在空闲时进行，对建立时间和传输延迟等的要求较低，但必须是无差错传输。

传输层协议

在传输层可能用到如下协议：
- 顺序包交换（SPX）——从施乐网络系统（XNS）协议族演化而来的用于 Novell NetWare 的传输层协议。
- TCP——传输控制协议，互联网的又一个重要协议。

会话层

会话层和表示层为驻留在应用层的应用程序提供可重用的服务。之所以叫作会话层，是因为它很类似于两个实体间的会话。例如，一个交互的用户会话从登录到计算机开始，到注销时结束。

会话类似于人们之间的一次谈话。为了使谈话双方能够有序、完整地进行信息交流，谈话中应有一些约定：
- 首先，双方愿意相互谈话；
- 通常他们不同时说话；
- 他们把谈话分成几个部分（例如，"让我来描述这件事情，然后您告诉我您的看法"）；
- 他们以一种有序的方式结束谈话（例如，"以后再和您聊""好的，再见"）。

与此类似，会话层给上层提供可与上层进行会话的服务，这些服务包括：
- 建立会话（不同于连接）；
- 管理对话（避免双方同时发送数据）；
- 管理活动（把会话分成多个活动）；
- 礼貌地结束会话（双方都同意结束）。

会话的建立、管理和结束

会话控制实体间连接的信息流。图 4.19 示出了连接时控制通信会话的两种可能方式：
▶ 在建立一次连接中，可以发生一次或多次会话；
▶ 一次会话需要建立几次连接才能完成。

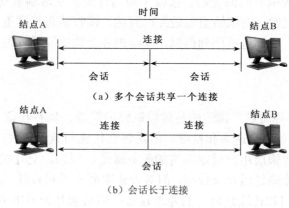

图 4.19　会话与连接

在图 4.19（a）中，可以进行多次会话，但不需要一次又一次地建立连接。在图 4.19（b）中，在不干扰会话连接的情况下，传输连接可以被打断并重新建立。注意：会话层不能把多个会话汇聚到一个传输连接中。这个工作是由传输层完成的。

与人们之间的谈话相似，图 4.19（a）中的情况类似于您给家里打电话，接通后，您的家人轮流和您讲话，多个会话开始、结束，但电话始终是接通的。图 4.19（b）中的情况类似于在一次电话通话中，当还没有讲完话时电话就断线了。

会话层服务中一个重要部分是会话连接的"有序释放"（Orderly Release）。而低层仅支持连接的突然终止。在一次谈话中，在挂断电话前应该确信对方已经讲完话，这是一种礼貌。会话层在两个结点的对话中也采用了这种方式。

对话

传输层允许在一个信道上同时进行双向通信（全双工）。但是有效的会话是对话方式，即在同一时刻只有一方在说话。

1. 令牌传递

会话层提供允许应用程序进行对话的服务：当一个结点在"说话"时，其他结点在"侦听"。这可通过称为"令牌传递"的系统进行管理。令牌传递如图 4.20 所示。只有具有令牌的结点才可以说话；当该结点说话结束时，就将令牌传递给下一结点。令牌来回传递即可控制对话过程。

2. 活动管理

在对话过程中，需要确认参加会话的结点间的数据何时开始和结束。例如，如果一个文件应用程序正在传输几个文件，则接收点必须被告知一个文件什么时候结束，下一文件什么时候开始。在发送器中可以插入称为"分界符"的标志位，在接收端通过对数据流进行扫描来找出该标志位（需要几个计算周期）。当然，在数据流中与分界符相似的数据也可能使接收数据出错。活动管理通过将数据流分割为"活动"来解决这些问题。以文件传输为例,每个文件是一个活动。会话层通过在会话层报头中插入控制信息来标识活动的开始和结束。

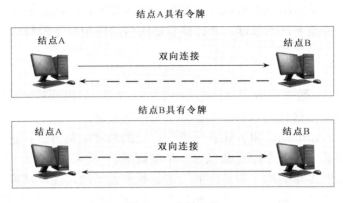

图 4.20　令牌传递

3. 同步点

在活动内,会话层支持"同步点"。在人的对话过程中,同步点相当于在问"Did you get that?"它允许你在继续谈话之前确认其他人已明白你所说的话。

同步点完成类似的功能。同步点告诉接收者"在继续进行之前处理已发送给他的所有事情"。以文件传输应用为例,同步点可能是指"在取更多数据之前,将所有发送给你的数据写到磁盘中"。这样,如果该点以后的数据流发生错误,则通信双方都确信他们可以从最后一个同步点重新开始会话。

会话层协议

用于会话层的常用协议包括:
- ISO 8327;
- IBM 公司 SNA 的先进程序通信协议(APPC);
- DEC 公司 DNA 的会话控制协议。

表示层

正如人类语言可以使用不同符号来表示相同的意思一样,计算机也可用不同符号和方法来表示信息。OSI 参考模型的表示层用来处理计算机上的信息是如何表示的。换句话说,表示层处理计算机存储信息的格式问题。

表示层的服务

表示层提供下列 3 个主要服务:
- 数据表示——表示层解决了连接到网络的不同计算机之间数据表示的差异。例如,可以处理使用 EBCDIC 字符编码的 IBM 大型机和一台使用 ASCII 字符编码的 IBM PC 或兼容 PC 之间的通信。
- 数据安全——表示层通过对数据进行加密与解密,使任何人(即使是窃取了通信信道的人）都无法得到机密信息、更改传输的信息或者在信息流中插入假消息。表示层能够验证信息源，也就是确认在一个通信会话中的一方正是信息源所代表的那一方。
- 数据压缩——表示层也能够以压缩的形式传输数据，以最优化的方式利用信道。它压缩从应用层传递下来的数据，并在接收端回传给应用层之前解压缩。

数据表示

在不同的计算机中，数据的表示方法是不一样的。这样，如果计算机采用的数据格式不同，那它就不能处理具有不同格式的数据。数据的主要不同点是：
- 字符编码——EBCDIC 和 ASCII 是使用广泛的两种编码方式，也有其他方式的编码。
- 浮点数的格式——一个浮点数包含一个尾数域、一个指数域和一个符号标识。每个域是用以某种顺序排列的一定长度的二进制数来表示的，在单精度和双精度浮点数中，二进制数的长度分别为一个字长和两个字长。两种精度使用二进制数的数目根据计算机不同而不同。

例如，3^{-1} 是一个浮点数，其中"3"是尾数，"-1"是符号标识和指数。

不同的编译器中数据的表示也是不同的，即使它们编译的是同一种语言。例如，一个布尔型的数值（一个只有"真"和"假"两个值的变量）在一台计算机中以 1 字节存储，而在另一台中却以 2 字节存储。

数据表示的另一个例子就是 Web 文档的格式。提交给 Web 浏览器的信息是以一种特殊的格式表示的。这些文档叫作 HTML 文档。HTML 是一种基于文本的格式化语言，用来生成格式化文本。Web 浏览器读取文档信息并以 HTML 指示的格式码显示出来。因为格式化及显示 HTML 文档的智能是内建在 Web 浏览器中的，因此这些文档一般都比较小。

数据安全

网络中的数据安全也是表示层的功能之一。必须警惕下列三种威胁：
- 未经授权就使用网络，包括使用假标识。使用假标识指的是假冒他人，即以他人身份登录到网络或发送信息。
- 从网络中窃取数据（例如搭线窃听）。
- 在数据流中加入错误信息或从中删除信息。

第一种威胁与用户的身份验证有关，这常常是操作系统登录进程的责任。操作系统有多种方法检测试图通过用户验证进程的尝试。例如，大多数系统限制键入口令的次数，这就很难通过反复试验来猜出口令。

当由应用程序来管理用户验证时，应用程序必须提供类似于操作系统所提供的验证用户身份的安全措施。这些措施应该由应用程序提供，而不是由网络提供。

数据窃取和加入错误信息都是网络的问题。但是可以通过在信息源给数据加密，在信息的接收方给数据解密的方式使这两种威胁减小。与数据本身一样，用来验证信息和给信息排序的头部数据也应该加密，这样就可以防止错误信息或删除信息。

有各种各样的数据加密方法。一般使用密钥进行加密，即把信息中的二进制数、字节或字进行重新排序（变位密码），或者把明码文本中的某些字节或信息中的某些字用加密字节或字代替（替换密码）。同样，在接收端用密钥对接收信息进行译码和解密。

数据压缩

在网络结点间传输的数据经常有许多是重复的。例如，金融数据经常包含有一长串 0。许多消息里可打印字符大大超过不可打印字符，且空格、元音字母和数字字符多于辅音字母与数学符号。因为网络结点间实际传输的数据量决定了网络的运行费用及网络传输的效率，因此数据在传输之前需要进行压缩。数据压缩是通过一些方法将数据转换成更加有效、需要更少存储量的格式来减少需要传输的字节数。

假如发送方的数据是经过压缩的，显然接收方需要相应的协议来解压数据。目前已制定了多种压缩协议。例如，一种称为"游程编码"的技术，它用一个计数比特和跟在其后面的被编码的二进制数来表示一串重复的二进制数，如图 4.21 所示。在这个例子中，字符"+"用来标识一个游程编码域的开始。"+"字符不能出现在输入报文的任何地方，否则接收方会误认为是游程编码字段的开始。这个问题可通过将源报文中的"+"编码为"++"来解决。

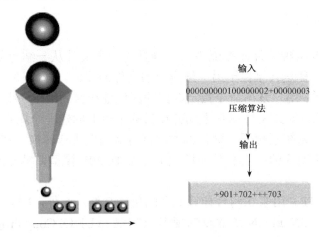

图 4.21　数据压缩示例

游程编码方法利用了数据具有重复相邻元素的特征。其他一些技术则利用了数据的其他特征。使用哪种数据压缩技术，这取决于特定的应用和数据特征。

应用层

应用层位于 OSI 协议栈的最高层，它包含了一些应用程序，通过激活这些网络程序和服务来完成有用的工作。一些应用程序可由程序员专门针对单独的网络进行编写，而另一些则是应用广泛的标准应用程序。当这些应用程序需要与网络中的对等实体进行通信时，可以使用其专有协议和低层提供的服务。

应用程序可以分为以下两类：
- 直接为用户提供标准服务的用户应用程序，这些应用程序都有其应用层级的标准协议。最典型的用户应用程序是 E-mail。
- 为其他应用程序提供服务的应用服务程序，最典型的服务是虚拟文件存储。

每个应用程序必须拥有自己的协议来通过网络进行通信。另外，OSI 的应用层进程将信息从本层传递到协议栈的相邻层——表示层，但对信息本身不进行修改和封装。

比较常用的应用程序有：
- 电子邮件（E-mail）；
- 文件传输和访问；
- 虚拟终端；
- Web 浏览器和服务器。

电子邮件（E-mail）

电子邮件可能是在许多网络中最常见的应用程序。其主要优点就是消息传递非常快捷，几乎可以瞬间传输到同一个网络的某个地址中。

应用最广泛的 E-mail 协议之一是简单邮件传输协议（SMTP）。SMTP 定义了协议、使用协议的过程以及用户邮箱间传输 E-mail 消息，但它不定义存储和检索邮件消息的程序。与使用二进制码的其他通信协议不同，SMTP 使用简单的英语字头。

文件传输和访问

网络用户普遍需要两种文件操纵能力：一种是将一个文件从一结点复制到另一结点的能力，即文件传输；另一种是共享位于另一结点上的文件的能力，即文件共享或远程文件访问。

文件传输比较简单：用户发出命令指定数据的源地址和目的地址，然后文件传输程序开始传输文件，这种传输保留原始文件原封不动并在目的结点上创建一个副本。当然，如果源结点与目的结点采用的操作系统不相同，则传输的数据可能需要进行转换。在 OSI 参考模型中，这种转换是由表示层来完成的；而在其他环境中，如 TCP/IP 模型，结点间可能需要做的转换由应用程序自己完成。

文件传输协议（FTP）用来在两台计算机之间传输文件。此外，UNIX 系统提供了一个广泛使用的程序，叫作 UNIX 到 UNIX 的复制规则（UNIX to UNIX Copy Program，简称 UUCP）。UNIX 使用自己的专用协议在 UNIX 系统之间进行文件复制。

文件共享比文件传输复杂得多，因为在文件共享过程中始终要维护该文件的唯一备份。当访问文件的远程结点想修改共享文件时，该文件必须被锁定，或至少是与之相关的部分必须被锁定。因为每一个结点都可以撤销其他结点做出的修改，所以锁定会阻止其他程序同时更改同一数据。在保持文件的完整性和避免网络误操作的同时，提供文件共享是一件很困难的事情。

文件共享协议允许一个结点上的用户及运行在其上的应用程序把共享的文件看作该结点上文件系统的扩充。除了访问共享文件数据的速度与访问本地文件的速度有所不同以外，共享文件和本地文件的操作一样。在网络中传输数据比在软盘中传输数据慢得多。

虚拟终端

一个终端其实就是一个显示器和键盘，是大型机的输入设备和输出设备。通常，它也叫"哑"终端，因为自己的软件很少，甚至没有。它只能作为大型机的附属设备。IBM 3270 和 DEC VT-100 是常用的终端。

但是，现在不存在终端设备的标准。为了得到预期结果，终端需要接收一些输入流，但是不同公司生产的终端在输入流中使用不同的控制码（甚至同一家公司生产的不同终端都使用不同的编码）。因此，应用程序必须根据所使用的不同终端产生不同的控制流。

随着网络的发展，出现了许多不同的终端。为了避免应用程序和终端之间的不兼容性，就发展了虚拟终端的概念。虚拟终端协议提供了一个"通用"终端的抽象概念，它集成大多数主要终端产品的一般特征，但是不考虑供应商特有的特征。

首先，通过编写应用程序来产生虚拟终端的控制码。然后，为每种类型的实际终端硬件写一个软件驱动程序，它把标准虚拟终端码翻译成硬件需要的编码。如果某应用程序需要利用给定终端的独特硬件资源，它必须"转义"虚拟终端协议以发布特殊的命令。但是，这样做就有与其他终端类型不兼容的可能性。

使用最多的虚拟终端协议是 Telnet 程序，IBM 3270 协议也是一个虚拟终端协议。但是，虚拟终端协议和终端模拟程序不同。终端模拟程序是允许计算机（如 PC）通过模仿终端协议来模拟终端的应用程序。例如，应用程序"tn3270"可以使基于 Intel 的 PC 在网络上作为一种 IBM 3270 显示设备出现。在终端模拟器和虚拟终端协议之间会出现混淆，这是因为终端模拟器可以模拟虚拟终端。例如，PC 和 Macintosh 能够通过使用程序使它们成为 Telnet 终端。因此，术语"Telnet"的使用很宽松，它用来标识模拟器程序而不是虚拟终端协议。

Web 浏览器和服务器

20 世纪 90 年代中期 Web 的发明标志着互联网新时代的开始。曾经一度是命令行工具与 UNIX 服务器的领域如今已是 Web 浏览器的世界。在很大程度上，是由于现代计算机的 GUI 界面才使得互联网的易用性和普及率得到惊人的发展。今天，Web 浏览器已经成为最流行的应用程序之一。

Web 浏览器（如 Microsoft 公司的 Internet Explorer）是一个客户端应用程序，它允许用户检索一个叫作 HTTP 服务器的远端主机上的超文本文档。HTTP 服务器也经常被称为 Web 服务器。图 4.22 示出了 Web 浏览器与 Web 服务器之间的关系：Web 浏览器应用程序使用 HTTP 协议访问位于 Web 服务器上的 Web 页面。

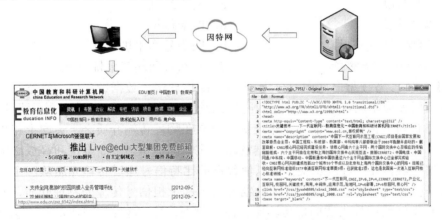

图 4.22　Web 浏览器和 Web 服务器之间的关系

Web 浏览器的主要工作是显示从 HTTP 服务器上检索的 HTML（超文本置标语言）文档。Web 浏览器阅读文档，并按照 HTML 格式和存储在浏览器中的用户格式进行显示。因为显示 HTML 文档的指令嵌入在浏览器内，所以 Web 文档通常不大。

Web 服务器的主要工作是通过 Web 页面响应浏览器请求。HTTP 应用程序每小时能够处理上百万个请求（只要硬件处理能力足够）。这表明客户浏览器任何时候想检索文档，只要向服务器发送请求即可。对于服务器,每个请求都是一个独立事件,与其他请求无关。所以,如果一个用户花上几小时阅读一特定的 Web 页面,服务器都可能不知道。

在典型的 Web 浏览器与 Web 服务器的会话中,主要有以下步骤:
- ▶ Web 浏览器向 HTTP 服务器发送连接请求;
- ▶ HTTP 服务器接受请求,并通知浏览器连接成功;
- ▶ 浏览器向服务器传输文件请求;
- ▶ 服务器检索文件,并向浏览器传输文件内容;
- ▶ 浏览器接收文件数据,并显示;
- ▶ 服务器传输完文件后,断开与浏览器的连接。

注意,只有两个进程在工作,即应用层协议(HTTP)在 Web 浏览器与 Web 服务器之间传输信息(HTML)。浏览器应用程序提供用户接口,并显示检索的 HTML 文档。

典型问题解析

【例 4-1】在 OSI 参考模型中,物理层的功能是 (1) 。对等实体在依次交互作用中传输的信息单位称为 (2) ,它包括 (3) 两部分。上下邻层实体之间的接口称为"服务访问点"(SAP),网络层的服务访问点也称为 (4) ,通常分为 (5) 两部分。

(1) a. 建立和释放连接　　　　　b. 透明地传输比特流
　　c. 在物理实体间传输数据帧　d. 发送和接收用户数据
(2) a. 接口数据单元　　　　　　b. 服务数据单元
　　c. 协议数据单元　　　　　　d. 交互数据单元
(3) a. 控制信息和用户数据　　　b. 接口信息和用户数据
　　c. 接口信息和控制信息　　　d. 控制信息和校验信息
(4) a. 用户地址　　　　　　　　b. 网络地址
　　c. 端口地址　　　　　　　　d. 网卡地址
(5) a. 网络号和端口号　　　　　b. 网络号和主机地址
　　c. 超网号和子网号　　　　　d. 超网号和端口地址

【解析】OSI 参考模型自底向上分为 7 层,即物理层、数据链路层、网络层、传输层、会话层、表示层和应用层,每一层都完成网络系统中对应的一系列功能。物理层是 OSI 模型中的最低层,它向下直接与传输介质相连接,建立在物理传输介质之上;向上相邻且服务于数据链路层。其作用是在两个或多个数据链路层实体间提供建立、维持和释放必需的物理连接,传输数据位流,并执行差错检查,以使数据的比特信号通过传输介质从一个系统传输到另一个系统。换言之,物理层不指具体的物理设备和承担信号传输的物理介质,而是在物理介质之上为数据链路层提供透明地传输比特流的物理连接。这种物理连接允许执行全双工或半双工的二进制位流传输,传输可以通过同步方式或异步方式完成。(1) 中选项 a 不准确,面向连接的服务都建立和释放连接;物理层没有数据帧的概念,只是传输比特流,所以选项 c 错误,选项 d 也不准确;选项 b 正确,即物理层的功能是透明地传输比特流。

协议作用于对等实体,每个层对应实体之间通过对应的通信协议来实现相互操作,对等实体之间传输的信息称为该层的"协议数据单元"(PDU)。例如,应用层的实体通信所传递的数据就是 APDU(Application PDU)。每个 PDU 都是将上层协议的数据作为本层 PDU 的数据部分，并且加上本层的基本协议头控制信息。在接收端要将本层的控制信息去掉，交给上层协议。（2）中选项 c 正确，即协议数据单元；（3）中选项 a 正确，即控制信息和用户数据。

两相邻协议层之间所有的调用和服务访问点以及服务的集合是相邻协议层之间的接口。在 Internet 中每一台处于统一网络体系结构中的计算机有一个唯一的识别地址，称为"网络地址"或"IP 地址"。端口地址是传输层的服务访问点（SAP），即 TSAP。网卡地址是物理地址，即硬件地址。在一个共享传输介质的子网中计算机的网络接口卡之间必须规定一个在该子网内唯一确定的物理地址才能完成数据帧的发送和接收，可以配置网络地址与物理地址的对应关系。在（4）的选项中只有网络地址作用于网络层，所以选项 b 正确，即网络层的服务访问点也称为"网络地址"。

以 IP 地址为例，网络地址通常由两个部分组成，分别是网络号和主机地址。例如，B 类地址 172.168.0.1/16，网络号是 172.168.0.0，主机号是 0.0.0.1。（5）中选项 b 正确，即网络号和主机地址。

参考答案：（1）选项 b；（2）选项 c；（3）选项 a；（4）选项 b；（5）选项 b。

练习

1. 为什么会有 OSI 参考模型？它能为网络做些什么？
2. 判断对错：物理层总是使用物理上的一根线缆。
3. 判断对错：物理层知道数据链路层交给它传输的字母。
4. 大多数 OSI 模型协议在所传输的数据中都要附加一定的报头信息。数据链路层还增加一个"尾部"。尾部的作用是什么？
5. 描述传输层怎样处理多个应用程序进程。
6. 假如没有流量控制，网络会发生什么情况？
7. 如果必须保证消息的正确传递，应在传输层的报头中加上什么信息？
8. 描述如何使用端口号作为进程地址。
9. 填空：会话层与（   ）层和（   ）层交互操作。
10. 填空：（   ）和（   ）是用来表示数据的两种字符编码标准。
11. 填空：（   ）是出于安全目的记录数据的行为。
12. 填空：（   ）用于处理数据以优化通信信道。
13. 填空：将加密的数据翻译还原以使用户程序理解的进程叫作（   ）。
14. 填空：用来对数据译码的元素叫作（   ）。
15. 在 OSI 参考模型中，（   ）实现数据压缩功能。
    a．应用层　　　　b．表示层　　　　c．会话层　　　　d．网络层

【提示】表示层处理系统间用户信息的语法表达形式，每台计算机可能有自己表示数据的方法，需要协商和转换来保证不同的计算机可以彼此理解。参考答案是选项 b。

16. 在 OSI 参考模型中，实现端到端的应答、分组排序和流量控制功能的协议是（   ）。
    a．数据链路层　　b．网络层　　　　c．传输层　　　　d．会话层

【提示】在题目中提到的"端到端的应答"，只有传输层（含）以上才称为"端到端"，以下则称为"点到点"。选项 a 和 b 都不正确，由功能判断选项 d 也不正确，选项 c 正确。

补充练习

1．当消息不能发送时互联网会将消息返回吗？解释原因。
2．分成小组演示传输层的功能。在 5 张纸上写上 5 条简短的消息，并标上 1～5 的号码。小组的每个成员负责自己所在层。这个练习，只需要 OSI 参考模型中的低 4 层。
3．画一张描述 Web 服务器和 Web 浏览器的网络图。

第五节　TCP/IP 模型

TCP/IP 是一个成熟稳定并且至今唯一在因特网（Internet）上应用的协议栈，在计算机网络体系结构中具有非常重要的地位。使用 TCP/IP 的分层模型既为网络和系统定义了一系列协议层，允许任何类型的网络设备之间进行通信，支撑着因特网的正常运转，也便于讨论和理解计算机网络的工作原理。

学习目标

▶ 了解 TCP/IP 模型的基本层次以及各层之间的相互关系；
▶ 掌握 TCP/IP 模型各层协议的主要功能。

关键知识点

▶ TCP/IP 模型是一个计算机网络工业标准。

TCP/IP 协议栈

TCP/IP 协议栈常称为 TCP/IP 协议族，也称之为 TCP/IP 模型。"协议栈"与"协议族"常作为同义词使用，用来表达一个参考模型的实现；但是，协议族侧重的是一系列协议的集合，协议栈则侧重的是在每一层实现一个或多个协议族中的协议。

为确保所形成的网络通信系统是完整的和有效的，必须认真构筑一整套协议。TCP/IP 协议栈为网络和系统定义了一系列协议层，允许任何类型的网络设备之间进行通信。正如介绍 OSI 参考模型时所述，TCP/IP 协议栈也包括层次结构和各层功能描述两部分。与 OSI 参考模型不同的是，TCP/IP 协议栈从早期的分组交换网络（ARPANET）发展而来，没有正式的协议模型。然而，根据已经开发的协议标准，可以将 TCP/IP 协议栈归纳成一个相对独立的四层协议体系结构，如图 4.23 所示。TCP/IP 协议栈包括网络接口层、网络互连层、传输层和应用层；每一层又包含相对独立的协议，它们可以根据系统需要进行组合搭配，以提供一切功能。

由图 4.23 可知，TCP/IP 协议栈是由一些交互性的模块组成的分层次协议体系结构，其中的每个模块都提供特定的功能。术语"分层次的协议"是指每一个上层协议由一个或多个下层协议支持。也就是说，TCP/IP 协议栈也是分层的，其中每一个高层协议都有一个或多个下层协议来支持。

▶ 网络接口层——包含 OSI 参考模型的物理层和数据链路层的基础网络，其中包括多种由底层网络定义的协议，如以太网、FDDI、X.25 等，还包括 SLIP、PPP。这些协议由硬件（如网络适配器）和软件（如网络设备驱动程序）共同实现。

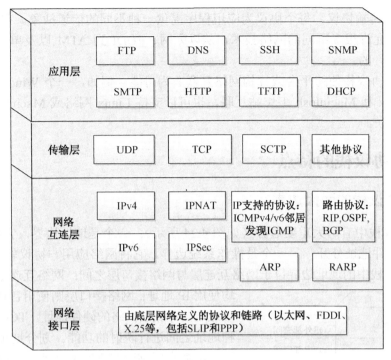

图 4.23 TCP/IP 协议栈

- 网络互连层——也称为 IP 层，IPv4/IPv6 是这一层的核心协议。IP 支持多种网络技术互连为一个逻辑网络。这一层还有一些其他的支撑数据传输的协议，如 ICMP、IGMP。IP 层对 IP 分组进行格式定义，并通过路由协议 RIP、OSPF 等路由报文。
- 传输层——在该层，TCP/IP 模型定义了用户数据报协议（UDP）、传输控制协议（TCP）、流控制传输协议（SCTP）和其他一些协议。其中：TCP 和 UDP 为应用程序提供可选逻辑信道，UDP 提供不可靠的数据报传输信道，TCP 提供可靠的字节流信道；SCTP 是一个对新应用（如 IP 电话）提供支持的新协议，它综合了 UDP 和 TCP 的优点。
- 应用层——在该层定义了许多协议，可以认为它组合了 OSI 参考模型的应用层、表示层和会话层的功能。但事实上 TCP/IP 并未定义表示层和会话层的相关协议，相关功能由应用程序自行处理。例如，应用程序可以使用一个基于字符的表示转换服务，称之为网络虚拟终端（NVT），这是互联网远程登录接入机制的一部分。主机的 TCP/IP 实现主要是提供一系列的应用程序，使得用户可以访问由传输层协议处理过的数据。这些应用程序使用了一定数量的非 TCP/IP，并与 TCP/IP 协议栈一起使用，包括用在 Web 浏览器的超文本传输协议（HTTP）、用于电子邮件的简单邮件传输协议（SMTP）等。

与 OSI 参考模型相比，TCP/IP 协议栈主要有三大优点：
- TCP/IP 协议栈的层次观念并不严格，在 TCP/IP 协议栈中 N 实体可以越过 $N–1$ 实体而调用 $N–2$ 实体，使 $N–2$ 实体直接提供服务。例如，应用层可以直接运行在网络互连层之上。
- TCP/IP 协议栈的顶层和底层的协议丰富，而中间两层的协议较少。IP 作为协议栈的焦点，它定义了一种在各种网络中交换分组的共同方法。在 IP 层之上可以有 TCP、

UDP 来传输协议，每个协议为应用程序提供一种不同的信道抽象。在 IP 层之下，这个模型允许很多不同的网络技术，从以太网、FDDI 到 ATM 以及单一的点到点链路都是允许的。

▶ TCP/IP 协议栈使跨平台或异构网络互联成为可能。例如，一个 Windows 网络可以支持 Linux 和 Macintosh 工作站互联，也可以支持 Linux 网络或 Macintosh 组成的异构网络互联。

TCP/IP 协议栈的特点

TCP/IP 协议栈的两大边界

TCP/IP 协议栈中有两大重要边界（如图 4.24 所示）：一个是地址边界，它将 IP 逻辑地址与底层网络的硬件地址分开；另一个是操作系统边界，它将网络应用与协议软件分开。

TCP/IP 协议栈中的地址边界位于网络互连层与网络接口层之间：网络互连层及其以上各层均使用 IP 地址；网络接口层则使用各种物理网络的物理地址，即底层网络的硬件地址。TCP/IP 提供了在两种地址之间进行映射的功能。划分地址边界的目的是为了屏蔽底层物理网络的地址细节，以便使互联网软件在地址问题上显得简单而清晰，易于实现和理解。TCP/IP 的不同实现，可能会使得 TCP/IP 软件在操作系统内的位置有所不同。影响操作系统边界划分的最重要因素是协议的效率问题，在操作系统内部实现的协议软件，其数据传递的效率明显要高。

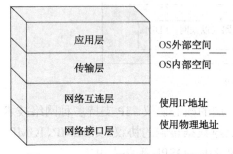

图 4.24　TCP/IP 协议栈的两大边界

无连接服务和面向连接服务的结合

在 TCP/IP 协议栈中，网络互连层（IP 层）作为通信子网的最高层，提供无连接的数据报传输机制；但 IP 并不能保证 IP 报文传输的可靠性。在 TCP/IP 网络中，IP 对数据进行"尽力传递"，即只管将报文尽力传输到目的主机，无论传输正确与否，不做验证，不发确认信息，也不保证报文的顺序。TCP/IP 的可靠性体现在传输层，传输层协议之一的 TCP 提供面向连接的服务。因为传输层是端到端的，所以 TCP/IP 的可靠性被称为端到端可靠性。端到端可靠性的思想有两个优点：

▶ 面向连接协议的复杂性比无连接协议要高出许多，而 TCP/IP 只在 TCP 层提供面向连接的服务，比若干层同时向用户提供连接服务的协议族要显得简单。

▶ TCP/IP 的效率相当高，尤其是当底层物理网络很可靠时；因为只有 TCP 层为保证可靠性传输做必要的工作，不像 ISO/OSI-RM 中需要多层来保证可靠传输。

包容性和对等性

TCP/IP 协议栈是为包容各种物理网络技术而设计的，这种包容性主要体现在 TCP/IP 协议栈的沙漏形结构中，如图 4.25 所示。这种沙漏形结构使得 TCP/IP 的功能非常强大，不同网络上 IP 的运行不受底层网络技术（如各种局域网和广域网）的影响。TCP/IP 的重要思想之一就是通过 IP 将各种底层网络技术统一起来，达到屏蔽底层细节、提供统一平台的目的。在这个平台上可以进行各种应用软件开发。由于允许多种网络技术共存，可使 Internet 提供普遍适用的连接。

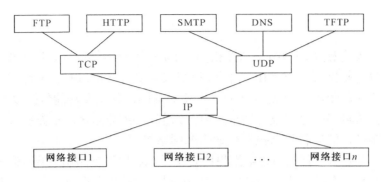

图 4.25　TCP/IP 协议栈的沙漏形结构视图

TCP/IP 协议栈的另一个重要思想是：任何一个能传输数据报文的通信系统，均可看作一个独立的物理网络，这些通信系统均受到网络互联协议的平等对待。大到广域网小到局域网，甚至两台机器之间的点对点专线以及拨号电话线路，都可以认为是网络，这就是互联网的网络对等性。网络对等性为协议设计者提供了极大方便，简化了对异构网的处理。可见，TCP/IP 完全撇开了底层物理网络的特性，是一个高度抽象的概念。正是这一抽象的概念，为 TCP/IP 赋予了巨大的灵活性和通用性。

使用 TCP/IP 的分层模型

把各种协议集中起来成为一个统一整体的抽象结构，就可称为分层模型。鉴于 OSI 参考模型与 TCP/IP 协议栈各自的优点和不足，为便于阐明计算机网络原理，往往采取折中的办法，即综合 OSI 参考模型和 TCP/IP 协议栈的优点，采用 TCP/IP 协议栈的一种实用分层模型，如图 4.26 所示。这个模型也是 Andrew S. Tanenbaum 最早建议的一种层次型参考模型，其中包含了 5 个既相互独立又有联系的层。

物理层

物理层是使用 TCP/IP 协议栈的分层模型的最低层，其主要功能是将比特流通过某一种传输介质发送到另一个系统。物理层规定了底层传输介质和相关硬件的细节，与机械特性、电气特性、无线电频率和信号等有关的所有规范，都属于这一层。

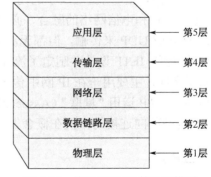

图 4.26　使用 TCP/IP 的分层模型

数据链路层

"网络接口层"这一术语为 TCP/IP 的设计者所使用，但一些标准化组织倾向于使用"数据链路层"来称呼第 2 层，在计算机网络界有时也称之为媒体访问控制（MAC）层。该层中的协议规定了单一网络之间的通信及网络硬件与第 3 层的接口（通常通过软件来实现）的相关细节。有关网络地址、网络可支持的最大分组长度、用于接入底层介质的协议以及硬件寻址等方面的规范，都属于数据链路层。在这一层传输的数据称为帧。该层负责接收从 IP 层交来的 IP 数据报，并将 IP 数据报通过底层物理网络发送出去；或者从底层物理网络上接收物理帧，抽出 IP 数据报，交给网络层。

网络层

网络层与 OSI 参考模型的网络层功能相同，负责在多个网络间通过网关/路由器传输信息。网络层的主要协议包括网际协议（IP）、网际控制报文协议（ICMP）、地址解析协议（ARP）和逆地址解析协议（RARP）。IP 是互联网最重要的基础，其主要功能包括以下方面：

- 处理来自传输层的分组发送请求，将分组装入 IP 数据报，填充报头，选择去往目的结点的路径，然后将数据报发往适当的网络接口。
- 处理输入数据报。首先检查数据报的合法性，然后进行路由选择：假如该数据报已到达目的结点（本机），则去掉报头，将 IP 报文的数据部分交给相应的传输层协议；假如该数据报尚未到达目的结点，则转发该数据报。
- 处理 ICMP 报文，即处理网络的路由选择、流量控制和拥塞控制等问题。

传输层

传输层的作用与 OSI 参考模型中传输层的作用一样，即在源结点和目的结点的两个进程实体之间提供可靠的端到端数据传输。为保证数据传输的可靠性，传输层协议规定接收端必须发回确认信息；若分组丢失，必须重新发送。另外，传输层还要解决不同应用进程的标识和校验等问题。传输层以上各层不再关心信息传输问题，所以传输层常被认为是计算机网络体系结构中最重要的一层。

在使用 TCP/IP 的分层模型中，传输层提供两种基本类型的服务：

- 第一种服务是传输控制协议（TCP）。它为字节流提供面向连接的可靠传输。
- 第二种是用户数据报协议（UDP）。这是一个不可靠的、无连接的传输层协议，它可为各个数据报提供尽力而为的无连接传输服务。UDP 常用于那些对可靠性要求不高，但要求网络延迟较小的场合，如语音和视频数据的传输。

随着 IP 和电信网络的融合，必然需要在 IP 网上传输电话信令。现今的 IP 网大部分业务通过 TCP 或 UDP 来传输，但都无法满足在 IP 网中传输电话信令的要求。为实现 IP 网与电信网络的互通，IETF 设计并制定了流控制传输协议（SCTP）。SCTP 处于 SCTP 用户应用层与 IP 网络层之间，主要用于在 IP 网中传输 PSTN 的信令消息，同时也可以用于其他信息在 IP 网中的传输。SCTP 运用"耦联"（Association）定义交换信息的两个对等 SCTP 用户间的协议状态。SCTP 也是面向连接的，但在概念上，SCTP "耦联"比 TCP 连接更为广泛。

应用层

从用户的角度看，似乎一旦数据从一个终端系统进程传输到另一个终端系统进程，网络的任务就基本上完成了。但事实上并非如此，仍然有许多工作要由应用层完成。在协议栈模型中，通常会在传输层和用户之间添加一个应用层（但 TCP/IP 协议栈确实在传输层就终止了）。应用层包括所有的高层协议。早期的应用层有远程登录协议（Telnet）、文件传输协议（FTP）和简单邮件传输协议（SMTP）等。远程登录协议允许用户登录到远程系统并访问远程系统的资源。

文件传输协议提供在两台机器之间进行有效数据传输的手段。简单邮件传输协议最初只是文件传输的一种类型，后来慢慢发展成为一种特定的应用协议。随着因特网的应用发展，后来又出现了许多应用层协议，如用于将网络中的主机名字地址映射成网络地址的域名服务（DNS），用于传输网络新闻的 NNTP（Network News Transfer Protocol）等。

在应用层中，应用层协议、应用服务以及用户应用程序常常用共用一个名称，例如，TCP/IP 中的文件传输协议（FTP）就是一个应用层协议，也是一个应用服务，同时还是一个一个执行的应用程序。

典型问题解析

【例 4-2】在 OSI 参考模型中上层协议实体与下层协议实体之间的逻辑接口叫作"服务访问点"（SAP），在 Internet 中网络层的服务访问点是（　　）。

　　a．MAC 地址　　　b．LLC 地址　　　c．IP 地址　　　d．端口号

【解析】MAC 地址是物理地址、硬件地址和网卡地址。LLC 地址是逻辑链路层的 SAP。注意局域网中的寻址要分两步走，第一步是用 MAC 地址找到网络中的某一个站，第二步是用 LLC 地址信息找到该站中的某个 SAP。端口号是传输层上的 SAP（即 TSAP），网络层的服务访问点就是网络地址，在 Internet 中就是 IP 地址。所以选项 a、b 和 d 错误，选项 c 正确，即网络层的服务访问点是 IP 地址。参考答案是选项 c。

【例 4-3】在 TCP 中，采用（　　）来区分不同的应用进程。

　　a．端口号　　　　b．IP 地址　　　　c．协议类型　　　d．MAC 地址

【解析】一台拥有 IP 地址的主机可以提供许多服务，如 Web 服务、FTP 服务、SMTP 服务等，这些服务完全可以通过 1 个 IP 地址来实现。那么，主机是怎样区分不同的网络服务呢？显然不能只靠 IP 地址，因为 IP 地址与网络服务的关系是一对多的关系。实际上是通过"IP 地址+端口号"来区分不同的服务的。需要注意的是，端口并不是一一对应的。例如，当你的电脑作为客户机访问一台 WWW 服务器时，WWW 服务器使用"80"端口与你的电脑通信，但你的电脑则可能使用"3457"这样的端口。参考答案是选项 a。

【例 4-4】Telnet 采用客户机/服务器工作方式，采用（　　）格式实现客户端和服务器的数据传输。

　　a．NTL　　　　　b．NVT　　　　　c．Base64　　　　d．RFC 822

【解析】网络虚拟终端（NVT）是一种虚拟的终端设备，它被客户机和服务器所采用，用来建立数据表示和解释的一致性。Telnet 使用了一种对称的数据表示：当每台客户机发送数据时，把它的本地终端的字符表示映射到 NVT 的字符表示上；当接收数据时，又把 NVT 的表示映射到本地字符集合上。

在通信开始时，通信双方都支持一个基本的 NVT 终端特性子集（只能区分何为数据、何为命令），以便在最低层次上通信。在这个基础上，双方通过 NVT 命令协商确定 NVT 的更高层次上的特性，实现对 NVT 功能的扩展。在 Telnet 中存在大量的子协议用于协商扩展基本的 NVT 的功能，由于终端类型的多样化，使得 Telnet 协议族很庞大。参考答案是选项 b。

练习

1. 填空：TCP/IP 模型分为（　　　）层。
2. 填空：端口是应用进程的标识，可以看作 OSI 的（　　　）。
3. 填空：为保证可靠的 TCP 连接，采用了所谓（　　　）的方法。
4. 填空：TCP 数据传输分三个阶段，即（　　　）、撤除和数据传输。
5. 填空：应用程序间的通信就是（　　　）的通信。
6. 判断正误：TCP/IP 符合国际标准。
7. 判断正误：UDP 是面向连接的协议。
8. 判断正误：IP 层的服务是一种不可靠的服务。
9. 判断正误：传输层用端口作为主机的唯一标识。
10. 判断正误：TCP 在数据传输时只能采用单工方式。
11. 判断正误：TCP 的基本传输单元是 TCP 报文段。
12. 判断正误：客户机/服务器模式必须工作在不同的计算机中。
13. 判断正误：客户机/服务器模式中的客户机和服务器都是指计算机。
14. 判断正误：UDP 不需要建立连接，所以也不需要端口号。
15. 判断正误：Outlook 是个邮件服务器程序。
16. 判断正误：PoP 是邮件服务器与接收用户间的邮件协议。
17. TCP/IP 正确的层次顺序是（　　　）。
    a. TCP、IP、FTP　　　b. UDP、TCP、IP　　　c. IP、TCP、FTP　　　d. ICMP、IP、UDP
18. 发送邮件客户与邮件服务器之间的协议是（　　　）。
    a. SMTP　　　b. SNMP　　　c. PoP　　　d. IMAP
19. TCP 对应 OSI 参考模型的（　　　）。
    a. 传输层　　　b. 网络层　　　c. 数据链路层　　　d. 应用层

本 章 小 结

计算机使用多种进程和协议通过网络传输信息。这些协议相互协作，形成逻辑层的"栈"。每一层使用下一层的服务，并向上一层提供服务。上层的协议指引数据从一个应用到另一个应用，而较低层协议指引数据到目的计算机。最低的协议只与在网络物理介质中发送和接收的信号有关。

在网络协议栈的逻辑层上，被称为"重定向程序"的客户机应用起着重大的作用。当客户机应用需要资源时，如数据或存储服务，重定向程序就会接受这些请求，否则请求将直接进入操作系统。然后重定向程序将请求传递到本地操作系统，确定请求的资源在本地计算机上是否可用。如果资源在远端，则重定向程序将请求传递给网络协议栈通过网络传输。应用程序接口（API）规范了应用程序如何与协议软件进行交互的细节，一个程序创建一个套接字，然后使用该套接字调用一系列函数。

OSI 参考模型是一个逻辑上的定义和一个规范，它把网络从逻辑上分成 7 层，每一层都有相关、相对应的物理设备，如路由器、交换机。OSI 参考模型是一种框架性的设计方法，建立 7 层模型的主要目的是为解决异种网络互联时所遇到的兼容性问题，其主要功能是帮助不同类型的主机实现数据传输。它的最大优点是将服务、接口和协议这三个概念明确地区分开来，通过 7 个层次化的结构模型使不同系统、不同网络之间实现可靠的通信。

本章介绍的一些重要概念可由图 4.27 所示概括。首先，在帧建立之前，每层都要将自己生成的头部加到数据上（封装）。数据链路层是唯一真正的封装层，在构建帧的时候在数据的首尾添加头部和尾部。在通信链路的接收端，每层都要在除掉各自的头部（解封装）后再将数据向下一层传输。对等层通信发生的原因是因为对应层只处理含有特定层头部的数据。

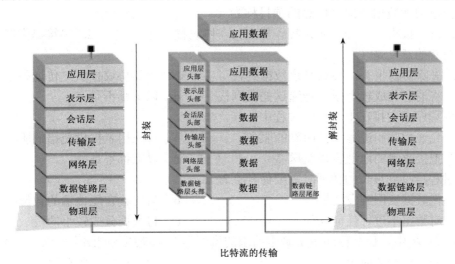

图 4.27　OSI 结构总结图

TCP/IP 协议栈是网络互联的基础，主要由网络层的 IP 和传输层的 TCP 组成。TCP/IP 定义了电子设备如何连入因特网，以及数据如何在它们之间传输的标准。从协议分层模型方面来讲，TCP/IP 由网络接口层、网络层、传输层、应用层4 个层次组成。每一层都通过呼叫它的下一层所提供的网络来完成自己的需求。通俗地讲，TCP 负责发现传输的问题，一有问题就发出信号，要求重新传输，直到所有数据安全、正确地传输到目的地；而 IP 给因特网的每一台计算机规定一个地址。由于 ARPANET 的设计者注重的是网络互联，允许通信子网（网络接口层）采用已有的或将来有的各种协议，所以这个层次中没有提供专门的协议。实际上，TCP/IP 可以通过网络接口层连接到任何网络上，如 X.25 交换网或 IEEE 802 局域网。

在讨论计算机网络体系结构时，通常用使用 TCP/IP 协议栈的分层模型，即五层实用模型分析网络系统的工作原理。

小测验

1. 在计算机网络中协议的作用是什么？（　　）
    a．决定谁先接收到信息　　　　　　b．决定计算机如何进行内部处理
    c．提供通信规则　　　　　　　　　d．为控制计算机的使用者提供规则
2. 下面哪种说法更好地描述了进程、服务和协议之间的关系？（　　）
    a．服务决定协议所处的位置　　　　b．进程由使用协议提供的服务

c. 所有进程使用同样的协议　　　　d. 以上都是

3. 协议层的另一种说法是什么？（　　）
   a. 组（pile）　　b. 堆（heap）　　c. 栈（stack）　　d. 程序

4. 当接收层接收来自下层的信息时需要做什么？（　　）
   a. 地址译码　　b. 概括　　c. 解封装　　d. 封装

5. 若一台计算机和另一台计算机的进程在同样的层上操作，则这两台计算机被认为是（　　）。
   a. 客户　　b. 对等　　c. 服务器　　d. 以上都不是

6. 为消息增加数据并提供信息的项目称为（　　）。
   a. 协议报头　　b. 协议翻译器　　c. 协议栈　　d. 字符提供器

7. 解封装的意义是（　　）。
   a. 去除协议报头，传递其余数据到栈　　b. 增加协议报头，传递整个消息到栈
   c. 将消息分成较小段，传递这些段到栈　　d. 以上都不是

8. 通信程序被安排在下面哪个过程中？（　　）
   a. 允许程序和进程提供明确的服务　　b. 对应用者提供免错的服务
   c. 把接收者的地址告诉发送者　　d. 以上都不是

9. 当进程接收到很长的数据时需要做什么？（　　）
   a. 把数据发回到发送层　　b. 只传输它能传输的数量
   c. 对数据不进行任何动作　　d. 将数据分成较小的段

10. 在客户机中，什么程序负责确定请求的资源是在本地还在网络上？（　　）
    a. 需要资源的应用　　b. 网络接口卡驱动器
    c. 客户机重定位程序软件　　d. 桌面操作系统

11. 以下哪一项是用来描述计算机进程通信的？（　　）
    a. 对等　　b. 客户机/服务器　　c. 主/从　　d. 以上都不是

12. OSI 参考模型的目的在于提供（　　）。
    a. 为软件/网络业制定标准　　b. 为硬件/网络业制定标准
    c. 为网络终端用户提供参考　　d. 以上均是

13. 下列哪个最准确地描述了应用层的功能？（　　）
    a. 文件传输和接入　　b. 电子邮件程序　　c. Web 浏览器　　d. 以上都是

14. OSI 参考模型的表示层（　　）。
    a. 管理计算机读取信息的方式　　b. 是信息会被扰乱的地方
    c. 与字节和整型数顺序有关　　d. 以上均是

15. 压缩数据是哪一层的功能？（　　）
    a. 应用层　　b. 会话层　　c. 表示层　　d. 数据链路层

16. 传输层协议的主要目的是什么？（　　）
    a. 通过物理链路传输比特流　　b. 通过物理链路传输帧
    c. 通过网络传输分组　　d. 在进程之间传输消息

17. 传输层不处理（　　）。
    a. 寻址　　b. 连接管理　　c. 流量控制　　d. 缓冲　　e. 以上均不是

18. 哪一层通信时使用端口？（　　）

a. 会话层　　　　　b. 传输层　　　　c. 应用层
19. 以下哪个是传输层协议的例子？（　　）
　　a. 以太网　　　　　b. IP　　　　　　c. TCP　　　　　　d. RS-232
20. 网络层协议的主要目的是什么？（　　）
　　a. 通过物理链路传输比特流　　b. 通过物理链路传输帧　　c. 通过网络传输分组
21. 数据链路层协议的主要目的是什么？（　　）
　　a. 通过物理链路传输比特流　　b. 通过物理链路传输帧　　c. 通过网络传输分组
22. 网络层对应的是分组，数据链路层对应的是（　　）。
　　a. 帧　　　　　　　b. 信号　　　　　c. 比特流　　　　　d. 协议族
23. 物理层协议的主要目的是什么？（　　）
　　a. 通过物理链路传输比特流　　b. 通过物理链路传输帧　　c. 通过网络传输分组
24. 如下图所示，W/S 表示 Web 服务器，W/B 表示 Web 浏览器，R 表示路由设备。每对设备用一条物理链路（L）连接。

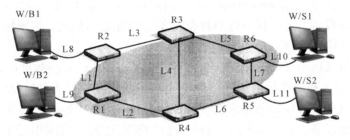

　　对于下列问题，试分别给出网络地址（逻辑地址）或 NIC 地址（数据链路层）。
　　（1）假定 Web 浏览器 W/B1 发送一分组到 Web 服务器 W/S1。当分组离开 Web 浏览器 W/B1 时，分组头部信息包含什么目的结点地址？它是网络地址还是 NIC 地址？
　　（2）从 Web 浏览器 W/B1 到 Web 服务器 W/S1 的分组封装在不同帧中。当帧从 R2 传输到 R3 时，分组头部信息包含什么目标地址？
　　（3）当帧在路由设备 R3 与 R6 之间传输时，帧头部信息包含什么目的地址？
　　（4）Internet 是什么网络的最好例子？

第五章 网络设备

在计算机网络中存在许多不同类型的网络组件,即可以从逻辑功能的角度对网络设备进行划分,也可以从网络体系结构的角度进行划分。

若按照网络设备的逻辑功能进行划分,有以下几种常见名称:

- 信道服务单元(Channel Service Unit,CSU)与数据服务单元(Data Service Unit,DSU)。CSU 是通信终端与电信局端设备相连接的设备;DSU 是把用户设备与通信终端相连接的设备。通常把两者合一称为 CSU/DSU。
- 网络控制单元(Network Control Unit,NCU)。NCU 是网络中可独立运作的信息收集和处理设备,负责控制网络数据的传输与网络的运行。
- 通信控制单元(Communication Control Unit,CCU)。CCU 是网络中负责主机与终端之间通信的设备,它控制与远端数据设备的全部通信信道,实现包括差错控制、中断接入控制、确认控制、串并转换等功能。
- 分组交换机(Private Branch Exchange,PBX)。PBX 实现数据终端与交换机之间的 X.25 接口协议和交换机之间的信令协议,并以分组的方式存储和转发等。
- 数据终端设备(Data Terminal Equipment,DTE)。DTE 是指在数据传输中产生与接收数据的终端设备,如计算机等。DTE 通过 DCE 连网,实现相互通信。
- 数据连接设备(Data Communication Equipment,DCE)。DCE 是指任何用于连接 DTE 以便让数据在 DTE 之间进行传输的设备。如调制解调器、接口卡等都是常见的 DCE 设备。
- 终端设备(Terminal Equipment,TE)。TE 是指连接到网络或者其他通信系统上便于接收或者传播数据的设备。

若从计算机网络体系结构的角度划分,网络设备可以划分为:

- 物理层网络设备:物理层网络设备有中继器、集线器。
- 数据链路层网络设备:数据链路层网络设备有网卡、网桥、交换机。
- 网络层网络设备:网络层网络设备有路由器和网关。

组建计算机网络,需要了解网络设备的功能和特点,各种组网设备在网络环境中的位置、作用,以及组网设备之间的关系。本章从计算机网络体系结构的角度,简单介绍网络设备以及每种网络设备的基本功能和使用方法,包括中继器、集线器、网桥、交换机、路由器和网关,并讨论每种网络设备与开放系统互连(OSI)参考模型之间的联系。

第一节 中继器和集线器

中继器和集线器是属于 OSI 参考模型物理层的设备,在网络中用于延伸计算机之间的连接距离。中继器也用于不同缆线类型之间的转换。集线器是一个多端口的中继器,为网络提供集中连接和物理介质扩展。本节介绍中继器和集线器的主要特性和连接方法。

学习目标

- ▶ 熟悉中继器和集线器的功能；
- ▶ 了解中继器与集线器的异同；
- ▶ 掌握几种主要集线器的连接方法。

关键知识点

- ▶ 中继器对比特操作并拓展物理介质的长度；
- ▶ 集线器为网络设备互连提供中心连接点。

中继器

中继器是一种最简单的网络互连设备，运行于 OSI 参考模型的物理层，如图 5.1 所示。因为物理层与比特有关，中继器的工作就是要重发比特。如果在一个中继器的输入端口上收到一个 "1" 比特，中继器的输出端口上就再生一个 "1" 比特。类似地，如果在一个中继器的输入端口上收到一个 "0" 比特，中继器的输出端口上就再生一个 "0" 比特。所有收到的信息都传给每个相连的网络段，因此中继器被认为是一个 "非鉴别" 的设备。

图 5.1　中继器示意图

当向缆线连接的局域网（LAN）中加入结点时，连接两个网段的电子无源器件设备延伸了缆线。这最终将会超过缆线网段所允许的长度，因此这就需要连接不同的缆线类型，或者需要从中央控制点引出两条以上的缆线。中继器就用于这种场合。图 5.2 示出了中继器在网络中的使用情况。

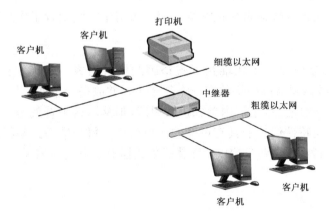

图 5.2　中继器和物理介质

中继器把 LAN 的一个网段和另一个网段连接起来，有可能会连接不同类型的介质。例如，以太网中继器可以把以太网细缆线与双绞线或以太网粗缆线连接起来。但是，中继器不能用于连接两种不同 LAN 协议类型，如以太网和令牌环。中继器从一个缆线段到另一个缆线段再生电信号。由于中继器精确再生所收到的比特信息，因此也再生错误；但中继器的速度很快且时延很小。

作为以太局域网的网间设备,中继器只适用于一个小地理区间内的、相对较小的局域网(少于 100 个结点),例如一个办公楼的一层或两层。中继器不提高性能,因此无法用于连接负载重的 LAN。由于每个比特都被复制到相连的网段,所以所有的数据都通过中继器。因此,如果使用中继器连接多个 LAN 网段,可能会因为中继器不过滤任何通过的数据而影响网络性能。

集线器

集线器(Hub)是一种集中连接缆线的网络组件,有时被认为是一个多端口的中继器。集线器的主要功能是对接收到的信号进行再生、整形、放大,以增加网络传输的距离,同时把所有结点集中在以它为中心的结点上。集线器工作于 OSI 参考模型的物理层。

集线器的分类

集线器是管理网络的最小单元,以集线器组成的网络,物理拓扑是星状结构,逻辑拓扑是总线状结构。集线器按配置形式可分为独立式集线器、堆叠式集线器、插槽机箱式集线器。

1. 独立式集线器

独立式集线器是单个盒子,服务于一个计算机工作组,与网络中的其他设备是隔离的。独立式集线器可以通过双绞线与计算机连接,组成局域网,比较适合于较小的独立部门、家庭、办公室或实验室环境。独立式集线器可以是被动式的,也可以是智能型的。

独立式集线器并不遵循某种固定的设计,它提供的端口数目也不固定,常见的独立式集线器有 4 个端口、8 个端口和 12 个端口之分。最常用的独立式集线器是用于连接计算机的以太网 10Base-T 集线器,如图 5.3 所示。

10Base-T 集线器的名字来自这样一个事实:这些集线器在双绞线上用基带信号提供 10 Mb/s 的连接。缆线从单个结点的 NIC 扩展到中心集线器,客户机和服务器都连接到集线器。随着交换机的普及使用,集线器将会被淘汰,但还可用于家庭或者工作组网络环境。

2. 堆叠式集线器

一个堆叠式集线器由若干个按堆叠方式搭砌的模块组成,各模块由短缆线相连,如图 5.4 所示。这些集线器通常按栈搭放在一个架子上,并放在一个通信柜中。这种类型的设备具有网管能力,虽然从物理上看它们由单独模块组成,但从网络来看就是一个逻辑独立的设备。堆叠式集线器的可扩展特性使它们具有可变的端口密度。每个堆叠式集线器具有 12 个或 24 个端口,一般可搭砌 128 个或更多端口。堆叠式集线器对小办公室来说是很理想的,通常称为"部门"集线器。

3. 插槽机箱式集线器

插槽机箱式集线器是可配置的最大集线器。插槽机箱式集线器的端口个数在 48~144 之间。插槽机箱式集线器能够提供多种模块和物理连接选项,光纤、路由器、网关、网桥和中继器都可以混合匹配地连接在一个插槽机箱式集线器中,如图 5.5 所示。

从共享外壳、中央处理单元(CPU)和外围设备(如电源)的角度来看,插槽机箱式集线器是高效的。插槽机箱式集线器比较适合于 100~1000 个用户连网的大型商务或企业环境。

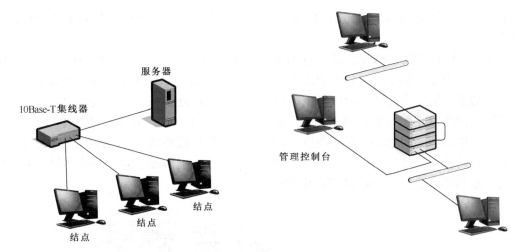

图 5.3 以太网 10Base-T 集线器连接（星状拓扑）　　图 5.4 堆叠式集线器

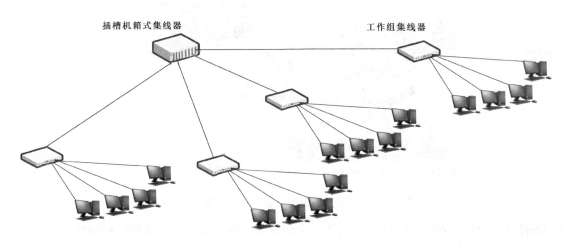

图 5.5 插槽机箱式集线器

集线器的连接

根据所使用的端口和连接电缆的不同，集线器之间的连接方式有堆叠和级联两种方法。

1. 集线器的级联

当某个以太网集线器的端口被用完后，其他计算机就不能连到集线器上了。随着网络的增长，当需要更多的结点时，可以增加集线器来提供更多的物理端口，以连接更多的设备。集线器的级联是指使用集线器的普通端口或特定端口进行集线器之间的连接。普通端口是指集线器的某一个常用端口（如 RJ-45 端口）；而特殊端口就是为集线器级联专门设计的一种级联端口，一般都标有 Uplink 字样。

使用普通端口级联的方式如图 5.6 所示，这是一个以太网集线器到集线器级联的连接示意图。其中，结点 H 不再连接到第一个集线器上，这个端口被用来连接另一个集线器。许多集线器都提供这样一个端口，它既可以连接设备，也可以连接集线器。这个端口里通常有一个开关，可以在计算机连接和集线器连接之间进行转换。（另一种不使用开关连接集线器的方法是使用一个以太网交叉电缆）。当连接计算机时，开关置为某位置，而连接其他集线器时开关置为相反的位置。

从图 5.6 中可以看到，原来连接结点 H 的端口现在被用来连接另一个集线器。结点 H 现在连接到了另一个集线器上。这种配置还代表一个单独的冲突域。如果一个帧从结点 A 产生，被发送到集线器，集线器将把该帧从每个端口发出去，包括连到另一个集线器的上行端口。第二个集线器将接收这个帧并把它发送到每个端口。随着网络增长，可能会增加更多的集线器，使得连到网上的结点数目增加。在某些点上，可能必须放置服务器，它能提供严格的对等网络所没有提供的特性。但是用集线器互连时，它们的所有结点仍然处于同一个冲突域。不管信息从哪里来，要到哪里去，每个结点都将收到该帧。

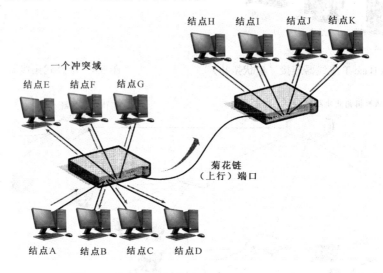

图 5.6　集线器到集线器级联（使用普通端口）

随着网络流量的增加，性能将会达到一个临界点。换句话说，在这种广播网络中，所有设备共享 10 Mb/s 的带宽是不够的。为了解决这个问题，需要使用其他设备把网络分离到不同的冲突域。

目前，大多数集线器都带有 Uplink 端口，当使用集线器提供的专门用于上行连接的 Uplink 端口时，通常可利用直通线的双绞线将该端口接至其他集线器上除 Uplink 端口外的任意端口。

2．集线器的堆叠

堆叠方式是指将若干集线器用电缆通过堆叠端口连接起来，以实现单台集线器端口数目的扩充。需要注意的是，只有堆叠式集线器才具备这种端口，一个堆叠式集线器一般同时具有 UP 和 DOWN 堆叠端口。

集线器堆叠，是通过厂家提供的一条专用连接电缆，从一台集线器的 UP 堆叠端口直接连接到另一台集线器的 DOWN 堆叠端口。这种集线器的连接通常不占用集线器上原有的普通端口，而且这种堆叠集线器端口具有智能识别功能，能够在集线器之间建立一条较宽的链路。

练习

1．判断对错：中继器的工作是过滤掉会导致错误重复的比特信息。
2．判断对错：中继器用来扩展缆线段的长度，且可扩展到用户所需的任意长度。

3. 判断对错：中继器是一个被动式设备。
4. 判断对错：中继器可以用来连接以太网和令牌环网段。
5. 判断对错：中继器和集线器运行在 OSI 参考模型的物理层。
6. 判断对错：面板有发光二极管的集线器是可管理控制的集线器。
7. 简述集线器的主要功能。
8. 集线器有哪几种连接方法？

补充练习

1. 画一个有 4 个堆叠式集线器和 1 个管理控制台的集线器堆叠的连接框图。
2. 研究各种不同类型集线器（如五端口集线器）的冲突域问题。

第二节　网　桥

网桥工作在 OSI 参考模型的数据链路层，因此也称为"第 2 层设备"或"链路层设备"。网桥用于分割数据流以提高网络的整体性能。网桥也用来提供跨广域的连接。虽然网桥的普适性正在因为交换技术的广泛使用而不再常用，但网桥不仅仍是计算机网络中的一种设备，而且是交换设备工作原理的基础。

学习目标

- 了解网桥的功能和类型；
- 说出两种使用网桥的理由。

关键知识点

- 网桥使用帧地址做出桥接决策。

网桥与桥接

网桥（Bridge）也称桥接器，"桥接"是连接两个 LAN 网段（如两个集线器）并在网段之间存储转发数据帧的一种机制。一般情况下，被连接的网段具有相同的逻辑链路控制规程（LLC），但介质访问控制协议（MAC）可以不同。网桥以混杂模式侦听每个网段（即接收所有被发送到网段上的帧），当网桥从一网段接收到一个完整的帧时，会将此帧的一个副本转发到另一个网段上。因此，连接到一个网桥的两个 LAN 网段，其行为表现与单一 LAN 相似，即连接于其中任一网段的计算机可以给两个网段的任一计算机发送帧。此外，广播帧也会转发给两个网段内的所有计算机。因此，计算机并不知道它们是连接在单一 LAN 网段还是被桥接的网段上。

起初，网桥是作为具有两个网络连接接口的独立硬件设备使用的。后来，网桥技术已经合并在其他网络设备中了。通常认为，网桥是数据链路层的连接设备，准确地说它工作在 MAC 子层上。网桥在两个 LAN 的数据链路层间传输信息，起桥接的作用。

网桥的功能

网桥的操作既需要硬件也需要软件。网桥侦听所有与其连接的网段上的信号，检查每个输入帧的目的 MAC 地址，并利用内部端口和目的 MAC 地址表来决定是否将帧转发到网络的其他网段。网桥具有如下 3 个重要功能：

- ▶ 帧的转发——如果帧的目的地址位于另一个网段，网桥就将帧发往与该网段连接的端口。
- ▶ 帧的过滤——网桥并不盲目地将每个帧从一个 LAN 转发到另一个 LAN，而是利用 MAC 地址执行过滤操作，即：网桥检查帧中的目的地址，必要时才将帧转发到另一个 LAN 网段。当然，若 LAN 支持广播或多播，网桥必须转发每个广播帧或多播帧，从而使得桥接 LAN 的操作像单一 LAN 一样。
- ▶ 自适应或自学习——网桥通过记录输入帧的源 MAC 地址来自动建立和维护网桥表。利用帧中的源 MAC 地址记录发送者的位置，并利用目的 MAC 地址决定是否转发该帧。如果该帧的目的 MAC 地址不在网桥表中，网桥就将该帧向所有端口广播。

网桥将帧中的源 MAC 地址记录到它的转发地址数据库（即网桥表，或称地址查找表）中，该转发库存放在网桥的内存中，其中包括网桥所能见到的所有连接站点的 MAC 地址。这个转发地址数据库是互联网所独有的，它指出了被接收帧的方向，或者仅说明网桥的哪一边接收到了帧。能够自动建立这种数据库的网桥称为自适应网桥。图 5.7 所示说明了网桥如何使用网桥表来决定将帧转发到哪个端口。当一个具有目的 MAC 地址 ADR1 的帧到达时，网桥将该帧转发送到与端口 3 相连的网段中。当一个具有目的 MAC 地址 ADR3 的帧到达时，网桥将该帧转发送到与端口 1 相连的网段中。

在一个桥接网络中，所有网桥均应采用自适应方法，以便获得与它有关的所有站点的地址。网桥在工作中不断更新其转发数据库，使之渐趋完备，有些厂商提供的网桥允许用户编辑地址查找表，这样有助于网络的管理。

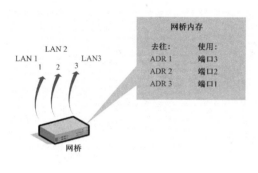

图 5.7　网桥表

数据流分割

在以太网 LAN 中，当一个结点在传输数据时，LAN 就处于忙状态。当 LAN 中的结点数目增多时，LAN 的利用率也随之增加。当到达某临界点时，LAN 将成为瓶颈。网络用户会感觉到网络性能下降，他们会发现将太多的时间花费在等待接入 LAN 上。但是，LAN 上的数据流趋向于本地化。部门内结点之间的通信比它们和其他部门结点之间的通信要多得多。通常，"服务器"结点为一个部门提供虚拟文件存储，大量的数据流趋向存在于用户结点和这个服务器之间。如果一个 LAN 分为两个网段，每个网段的利用率近似为原来的一半，则网桥可以用来连接这两个部分，需要流经网桥的那部分数据流相对较少，如图 5.8 所示。Windows Client1 可以给 Windows Server1 发送一个数据分组，而 Windows Client2 也可以同时给 Windows Server2 发送一个数据帧。尽管网桥会收到每个帧的副本，但它不会转发其中任何一个，因为这两个数据帧发送的目的 MAC 地址与源 MAC 地址都位于各自的同一网段。因此网桥只是丢弃这两个帧而不转发。这种本地化的通信能力，使得可以桥接园区内多建筑物的网络，或实现住宅与 ISP 间的桥接。

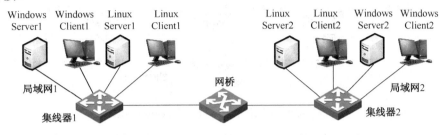

图 5.8　网桥和数据流分割

这种利用网桥进行网络分割的效果称为"数据流分割"，是提高网络利用率的一种有效方法。

网桥的类型

网桥有多种形状和大小。最简单的网桥就是在个人计算机（PC）上与小型 LAN 网段相连的适配卡（NIC）。最复杂的网桥将一种类型的帧转换成另一种类型的帧，并且（或者）将帧以较高的速度发送到很长的距离之外。按照工作原理网桥可分为透明网桥、源路由网桥两类：

- 透明网桥——也称为生成树网桥，由各个网桥自己来决定路由选择，决定是否转发所接收到的每一个帧，以及将这个帧向网桥的哪一个端口转发。透明网桥采用逆向学习的方法获得路由信息，每个网桥都有一张路由表，表中记录了端口和网络地址的对照信息，透明网桥能够一边转发帧，一边通过学习建立起端口和网络地址的对照表。
- 源路由网桥——由源端主机决定帧传输要经过的路由，开始时由源端主机发出传向各个目的站点的查询帧，途经的每个网桥转发该帧，查询帧到达目的站点后，再返回源端。返回时，途经的网桥将它们自己的标识记录在应答帧中，这样就可以从不同的返回路由找到一条最佳的路由。由于　源路由网桥过于复杂，未成为标准，作为一个附加特性，主要用在令牌环网络中。

网桥具有许多优点并仍广泛用于计算机网络；但网桥不能同时在一对端口间转发数据，否则会引起流量瓶颈。另外，网桥的操作速度相对较慢。所以，网桥已被更快、更有效的交换机所取代。

分布式生成树

在网桥出现之前，广泛应用的是集线器（多端口的转发器），并采用 CSMA/CD 机制。CSMA/CD 是一种分布式介质访问控制协议，网络中的各个结点都能独立地决定数据帧的发送与接收，但必须有能力随时检测冲突是否发生。为了改进 CSMA/CD 效率低的问题，引入了透明网桥。透明网桥虽比集线器"聪明"，但依然存在单点故障问题。所谓单点故障，就是一旦一个结点发生故障，则整个网络就会瘫痪。为了防止单点故障，需要对网桥进行冗余配置，但是如此一来，又会出现环路问题，如图 5.9 所示。其中有 4 个 LAN 网段由 3 个网桥连接，并假设计算机也都被插入各集线器中（图中未画出），为避免单点故障，计划在其中插入第 4 个网桥实现冗余。

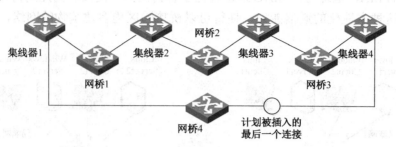

图 5.9 将要插入第 4 个网桥的桥接网络示意图

在图 5.9 中,在插入第 4 个网桥之前,网络正常运行,即任何一台计算机可以发送单播帧到另一台计算机,或者发送广播帧或多播帧给所有计算机。对广播和多播的支持是因为网桥总是转发目的 MAC 为广播或多播 MAC 地址的帧。如果插入第 4 个网桥,则将产生一个环路,会随之发生问题,除非至少有一个网桥被禁止转发广播帧;若没有被禁止转发,广播帧副本将在环内永远循环,同时连接到各集线器的计算机将会收到无数的广播帧副本。网络环路造成了以下影响:

- ▶ 广播风暴;
- ▶ 多重复数据帧;
- ▶ MAC 地址表不稳定。

为了禁止环路引起无限循环,引入分布式生成树(Distributed Spanning Tree,DST)来构造一个无环的网络。也就是说,网桥需要执行一个生成树协议(Spanning Tree Protocol,STP)。为了使用 STP,以太网网桥利用一个为生成树保留的多播地址(01:80:C2:00:00:00)在结点之间相互通信。STP 包括以下步骤:

(1)选出根结点。推选机制很简单,各网桥多播一个包含各自网桥标识符(ID)的分组,拥有最小 ID 的网桥即被选为根结点。

(2)计算最短路径。每个网桥都可以计算出一条到达根网桥的最短路径;所有网桥与根网桥的最短路径连接起来,即构成了生成树。

(3)转发帧。一旦计算出生成树,网桥便可以开始转发数据帧。连接在最短路径上的接口可以转发数据帧,而没有连接在最短路径上接口则被阻塞。

最初,STP 是由数字设备公司于 1985 年提出并为以太网设计的;现在,已有多种生成树算法并进行了标准化。其中,1990 年,IEEE 制订了名为 IEEE 802.1d 的工业标准算法,于 1999 年更新为 IEEE 802.1q。IEEE 802.1q 标准提供了一种在一组逻辑上独立的网络上运行生成树的方法,这种逻辑网络共享物理介质且不会有任何混乱和干扰:

- ▶ 在任何两个 LAN 之间仅有一条逻辑路径;
- ▶ 在两个以上的网桥之间用不重复路径把所有网络连接到单一的扩展局域网上。

练习

1. 填空:网桥工作在 OSI 参考模型的(　　)层。
2. 填空:网桥(　　)MAC 帧。
3. 填空:当一个网桥不转发帧时,(　　)出现。

4. 填空：如果网桥接收到具有广播地址的帧，它将（　　　）。

5. 判断对错：和连接 1 000 km 以外的 LAN 网段一样，网桥也可以用于连接位于同一栋建筑内的 LAN 网段。

6. 判断对错：交换机用于数据流分割，但网桥不具有这种功能。

补充练习

从本质上来说有透明桥接、源路由桥接两种类型的桥接方式：
1. 研究、比较这两种类型的桥接方式。
2. 什么是生成树（spanning-tree）算法？它用于哪种类型的网桥？
3. 与集线器相比，网桥的等待时间更长吗？请解释。

第三节　交　换　机

交换就是转接，交换机是用来提高 LAN 性能的数据链路层（第 2 层）设备。它作为网络设备与网络终端之间的纽带，是组建各种类型网络不可或缺的重要设备。同时，交换机还最终决定着网络的传输速率、稳定性、安全性以及可用性。在许多网络中，交换机已经替代集线器和网桥来提高终端用户的性能。本节介绍交换机的操作以及如何在网络中实现交换操作。

学习目标
- 掌握交换机的基本功能；
- 了解交换机与网桥之间的区别，了解交换机是怎样增加网络带宽的；
- 初步掌握交换机的基本配置方法。

关键知识点
- 交换机能比集线器提供更高的性能；
- 交换机使用帧地址来决定交换操作。

交换机的基本功能

交换机是一种由许多高速端口组成的设备，用来连接 LAN 网段（网段交换）或连接基于端到端的独立设备（端口交换）。交换机是基于透明网桥原理工作的，它通过转发、过滤和学习来分割数据流，并产生分离的冲突域。交换机通过计算帧中的目的 MAC 地址，并将各个帧交换到正确的端口上来实现这些操作。转发决策不考虑封装在帧中的其他信息。与网桥类似，当交换机不知道目的地址时，如果向各个端口发送广播帧（具有广播地址的帧），就会形成广播风暴。

交换机基于网桥的工作原理转发帧

当一台交换机第一次开机时，它像一个标准的被动集线器那样广播各个帧。交换机查看各

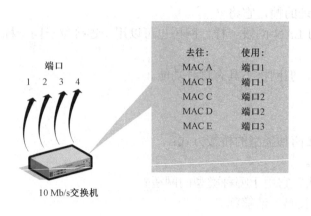

图 5.10　交换机内存中的关联表

个帧有没有新的源地址；如果有，就将这些地址加入交换机的内存表中。这样，过了一段时间，交换机就建立起一张帧地址和端口号的关联表，如图 5.10 所示。

与网桥不同，交换机是通过高速硬件实现其主要工作的，所以可以提供接近单一 LAN 的性能。另外，交换机的所有端口还可共享 LAN 带宽，即交换机把整个 LAN 介质带宽（如 10 Mb/s 以太网）集中到一个端口上用于端到端的帧传输，如图 5.11 所示。这样，交换机就增加了有效的网络带宽。

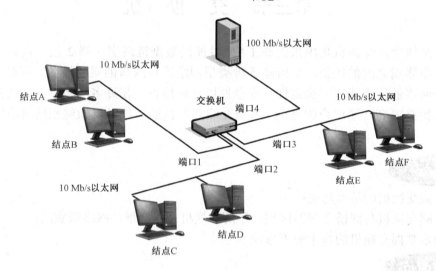

图 5.11　以太网交换机工作示意图

当一台交换机连接几个 LAN 网段时（如图 5.11 所示），它就是一台网段交换设备。交换机端口也可连接到单独的设备，这时称该交换机为端口交换机。从技术上说，因为交换机的工作是将帧从一个端口转发到另一个端口，所以可将交换机看成端口交换机。但是，术语"端口交换机"广泛用于工业界，描述的是将单个结点与交换机端口相连接这样的一种实际情况。

当一个帧从结点 A 发送到结点 E 时，交换机把该帧从端口 1 发送到端口 3。在这里，端口 2 和端口 4 仍是空闲的，可以以全速率 10 Mb/s 发送帧。如果结点 A 向结点 B 发送一个帧，交换机将该帧限制在一个单独的网段，这个网段包含结点 A 和结点 B。因此，交换机通过在结点或虚电路间创建临时逻辑连接来把整个网络的带宽最大化，这一处理是基于每帧的。

如果一个具有结点 A 的 NIC 目的地址的帧进入交换机，交换机就把该帧发送到端口 1。如果一个具有结点 E 的 NIC 目的地址的帧进入交换机，交换机就把该帧发送到端口 3。

交换机可能会同时在多个网段之间交换帧。例如，图 5.12 所示的交换机收到一个来自结点 E 发往结点 G 的帧，同时还收到一个来自结点 A 发往结点 D 的帧，则可以同时交换这两个帧。这样对于相关拓扑结构的 LAN 就得到了两倍于常规 LAN 带宽的网络效率。

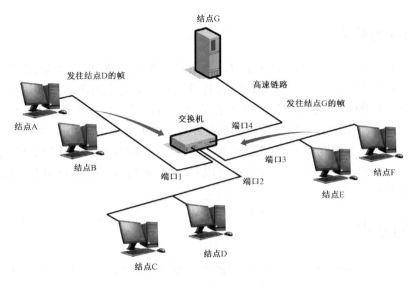

图 5.12　帧交换原理示意图

当一台交换机接收到一个帧时，如果帧中的目的地址不在交换机的内存中，交换机就像集线器一样把这个帧发送给所有的端口。当交换机接收到一个带有广播（或多播）地址的帧时，也会把帧发送给所有端口（或所有属于这个帧对应的多播组的端口）。

数据流分割

由于交换机根据帧地址来过滤数据流，因此它可以在分离的网段或冲突域内分割网络数据流。由于交换机能将整个网络带宽分配给每个临时的端到端连接，所以交换机也能改善网络的总体性能。相反，网桥的各个连接则共享网络带宽。

图 5.13 示出了一般以太网架构，其中以太网交换式 LAN 通过一对半网桥和以集线器为中心的 LAN 连接。注意，连接到集线器的可用带宽与连接到交换机的可用带宽不同。集线器将 10 Mb/s 的带宽分配给所有连接到其上的设备，而交换机为每个连接到其上的设备分配 10 Mb/s 带宽，所以交换机的有效带宽是 30 Mb/s。

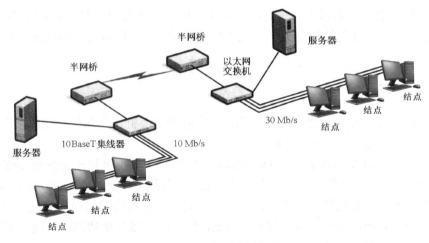

图 5.13　一般以太网架构

第 3 层交换的概念

网桥和交换机（多端口网桥）可以分割以太网的冲突域，减少某个网段的站数，提高每个站的带宽，而且交换机内可以存在并行传输的几条通道，提高全网的数据传输速率。网桥和交换机均是属于第 2 层的交换连接设备。第 2 层交换的问题是，其工作基于 MAC 地址，不涉及网络层的功能，没有路由能力，当转发目的地址不明的帧时，只能广播该帧，这会造成广播风暴，形成拥塞。解决这个问题的一个想法就是让交换机具有路由能力，因此出现了第 3 层路由交换机。第 3 层交换机既可以对帧操作，也可以对分组操作，能够实现路由器的某些功能，主要用于企业网的组网。

交换机的分类

交换机可以分为不同的类型，每种交换机支持不同的速率和 LAN 类型，如以太网、令牌环和光纤分布式数据接口（FDDI）。

从应用规模上分，交换机可以分为企业级交换机、部门交换机和工作组交换机，企业级交换机是指能够支持 500 个信息点以上的大型企业使用的交换机，部门交换机是指支持 300 个信息点以下中型企业使用的交换机，工作组交换机是指支持 100 个信息点以内的交换机。

从结构上分，交换机可以分为模块式交换机和固定式配置交换机。固定式配置交换机一般具有固定的接口配置，其硬件不可升级，如 Cisco 的 Catalyst 1900/2900 交换机、3COM 的 Super Stack II 系列交换机等。模块式交换机又称为机箱式交换机，它可以根据需要配置不同的模块。其模块可以插拔，交换机上有相应的插槽，使用时将模块插入插槽中，具有很强的可扩展性。一般的骨干交换机都使用模块式结构。这些扩展模块有：千兆以太网模块、快速以太网模块、令牌环模块、FDDI 模块等。大中型交换机可以支持不同类型的协议和传输介质，所以能够将具有不同协议、不同结构的网络连接起来。但是，模块式交换机的价格都比较昂贵。

交换机的级联和堆叠

当一台交换机的端口数量不能满足连网计算机用户的数量要求时，就需要扩充交换机的端口。常见的方法是将一台交换机与另一台交换机连接起来。交换机之间的连接有级联和堆叠两种方式。

交换机的级联

交换机的级联方法是将一台作为主交换机，其他的交换机作为二级交换机，并将其某个端口与主交换机的端口连接，如图 5.14 所示。

双绞线级联既可以使用普通端口（即 MDI-X 类型端口），也可使用特殊的 Uplink 端口（即 MDI-II 类型端口）。交叉双绞线与直通双绞线（也称为跳线）是指两端有 RJ-45 插头的双绞线；但是两者的线序不同，跳线两端的线序没有交叉，交叉双绞线两端线序有交叉。交换机的级联可以延伸网络距离，级联范围可以扩展到 400 m，但不能无限制地级联，超过一定数量就会引起广播风暴，导致网络性能下降。

当主交换机与二级交换机的距离较远时，可以用普通的光纤跳线进行级联。交换机的光纤口比 RJ-45 快，所以用光纤进行级联时可以提高整个网络的速度。

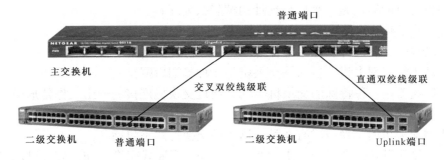

图 5.14　交换机的级联

交换机的堆叠

要对交换机进行堆叠，需要使用支持堆叠功能的堆叠式交换机，如 Catalyst3500 系列交换机。可用一条堆叠线将两台堆叠式交换机连接起来。若干台堆叠在一起的交换机可以看作一台具有很多端口的大型交换机。

不同交换机堆叠起来的最大数目是不同的，有限制堆叠的最大数目是 5 个，而有的可以堆叠多达 8 个。

注意堆叠与级联的区别。级联是交换机的某个端口与上级交换机进行连接，连接的端口可能成为传输的瓶颈。堆叠是将交换机的背板通过高速线路连接在一起，这样堆叠的交换机端口之间具有较好的性能。

交换机之间的连接不论使用 5e 类双绞线还是使用 6 类双绞线，只是在性能上有所不同，并没有使用上的差别。光纤链路不同，单模光纤和多模光纤千万不能混用，否则光纤端口将无法通信。另外，光纤端口均没有堆叠的能力，只能用于级联。

练习

1. 交换机通常工作在 OSI 参考模型的哪一层？
2. 简要描述端口交换和网段交换的区别。
3. 画一个五端口集线器的框图。给端口标上 1～5 的数字，并画出通过结点 E 到结点 A 的一个连接，结点 A 在端口 1，结点 E 在端口 5。
4. 如果结点 A 正在向结点 E 发送数据，列出结点 A 的数据将会出现的所有端口号。画一个和第 3 题一样的框图，把五端口集线器换成交换机。
5. 使用与第 3 题同样的框图，用正确的端口号填写下述交换机的内存表。

到 MAC 的地址	使用的端口号
结点 A	
结点 B	
结点 C	
结点 D	
结点 E	

6. 交换机对目的结点地址不在内存表中的帧怎么处理？
7. 交换机对目的地址是一个广播地址的帧怎么处理？
8. 下面关于交换机的说法中，正确的是（　　）。
  a．以太网交换机可以连接运行不同网络层协议的网络
  b．从工作原理上讲，以太网交换机是一种多端口网桥
  c．集线器是一种特殊的交换机　　d．通过交换机连接的一组工作站形成一个冲突域

【提示】参考答案是选项 b。

9. 以太网交换机的交换方式有 3 种，这 3 种交换方式不包括（　　）。
  a．存储转发式交换　　b．IP 交换　　c．直通式交换　　d．碎片过滤式交换

【提示】交换机在传输源端口和目的端口的数据包时，通常采用直通式、存储转发式和碎片隔离式 3 种数据包交换方式。目前存储转发式是交换机的主流交换方式。参考答案是选项 b。

10. 100Base-TX 交换机，一个端口通信的数据速率（全双工）最大可以达到（　　）。
  a．25 Mb/s　　 b．50 Mb/s　　 c．100 Mb/s　　 d．200 Mb/s

【提示】全双工通信，即通信的双方可以同时发送和接收信息。所以带宽是 200Mb/s。参考答案是选项 d。

补充练习

1．访问一个类似于 http://www.3Com.com 的站点，搜索关于交换机的信息。把找到的交换机的信息进行分类（例如，小型办公室/家庭办公室和企业），并给出找到的信息。

2．用一个 Web 搜索引擎查找关于第 3 层交换机的信息。什么是第 3 层交换机？这种技术有什么好处？这种技术是专有的吗？

第四节　路　由　器

路由器（Router）是连接因特网中各局域网、广域网的设备，它会根据信道的情况自动选择和设定路由，以最佳路径，按前后顺序发送信号的设备。路由器是互联网的枢纽，目前路由器已经广泛应用于各行各业，各种不同档次的产品已成为实现各种骨干网内部连接、骨干网间互联以及骨干网与因特网互联互通的主力军。路由和交换之间的主要区别就是交换发生在 OSI 参考模型第 2 层（数据链路层），而路由发生在第 3 层，即网络层。路由器作为网络层设备是协议相关的，它对分组（包）而不是对帧进行操作。

学习目标

 ▶ 了解路由器为什么不同于网桥或交换机；
 ▶ 掌握路由器的主要功能和工作原理，初步掌握路由器的基本配置方法；
 ▶ 了解路由器的主要优缺点。

关键知识点

 ▶ 路由器是通过分组地址将信息进行路由操作的。

路由器的功能

路由器通常比中继器、网桥和交换机复杂，它工作在 OSI 参考模型的网络层。路由器通常有多个网络接口，分别连接局域网（称为局域网端口）和广域网（称为广域网端口）。

连接网络

路由器是将网络分段成独立子网，并在各个子网之间提供安全、控制和备份的设备，其每个端口与不同的网络或子网相连。也就是说，路由器用于连接多个逻辑上分开的网络。所谓逻辑网络，是指一个单独的网络或者一个子网。局域网内如果有多个异构网络需要互连（如以太网、ATM、FDDI 网络），就需要借助于路由器。由于现在的局域网大多数是以太网，所以局域网内的各子网的连接一般使用第 3 层交换机，而不是路由器。此时，路由器主要是连接因特网。有的大型局域网有多个区域（如校园网有多个校区），由于局域网的传输距离有限，为了实现局域网间的连接，必须借助于广域网，而且需要使用路由器进行连接。

路由选择与数据转发

为了便于数据流分割，路由器通常可以替代网桥或交换机。注意，为了做到"可被路由"，架构中必须包含网络层，如图 5.15 所示。

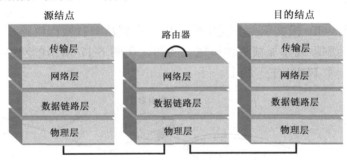

图 5.15 路由器和 OSI 参考模型

路由器从物理上和逻辑上对网络进行分割。这是通过计算包中的目的地址来实现的，目的地址指示网络中目的结点的位置。网络层地址（包地址）同时标识了目的网络和目的结点，就像一个人的姓名同时标识家族姓氏和单个个体一样。

如果数据包地址指示的目标在同一个网段（或子网）内，路由器就把数据流限制在那个网段内；如果数据包的地址在另一个网段，路由器就把数据包发送到与目标网段对应的物理端口上，如图 5.16 所示。路由表存储在路由器的内存中，把数据包地址和物理端口号对应起来。

源结点的 IP 进程在准备一个报文时，会将目的地址和源地址信息放置在报头。然后将目的地址与自身的地址相比较，决定二者是否在同一网络中（或子网中）。

如果是在同一网络中，IP 进程使用所有适合数据链路层（如以太网或者令牌环网）的协议直接将报文发送到目的主机。如果目的主机不在同一网络中，IP 进程则检查路由表，看是否设置了到达目的地的路由信息。

如果找到一条预定的路由信息（叫作"静态"路由），IP 进程就会发送报文到指定路由器。本质上，静态路由配置相当于告诉 IP 进程："如果看到以 xxx 开头的地址，就将报文转发到路由器 Y，以便进一步路由"。随后，指定路由器可能会将报文进一步转给其他网络上的其他路由器，直到报文到达目的地。

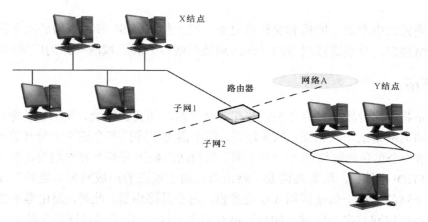

图 5.16 子网与路由

如果 IP 进程没有找到静态路由信息，它会将报文转给默认网关，进行进一步路由和传递。IP 的默认指令本质上是："如果没有这个网络地址的静态路由信息，就把它发送到路由器 X 去考虑这件事吧"。

路由器重组帧

在网络中传输时，IP 报文保持其完整性。但当数据从一种数据链路层移动到另一种数据链路层时，路由器会删除或添加帧头和帧尾。例如，在图 5.17 所示的网络中，两个以太网被几台路由器连接到一个 FDDI 主干线上。

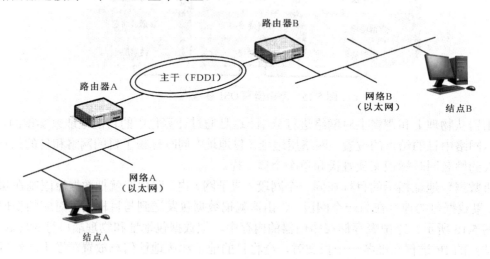

图 5.17 路由器和数据链路

如果结点 A 发送数据到结点 B，结点 A 的 IP 进程识别出数据需要被传输到一个远端网络，就必须先传输到一台路由器。这样，结点 A 用指向默认路由器（路由器 A）的以太网帧来封装 IP 报文（目的地址是结点 B）。然后，结点 A 通过以太网将此帧传输到路由器 A。

既然此帧指向路由器 A，路由器 A 就负责处理此帧。检查报头，发现地址指向网络 B，于是路由器 A 用指向路由器 B 的 FDDI 帧封装报文,再将其传输到 FDDI 环。

路由器 B 处理指向它的帧信息,检查其报头,发现报文中地址是指向结点 B 的。于是路由器 B 用指向结点 B 的以太网帧封装报文,再将其传输到以太网上。

当结点 B 收到从结点 A 传来的数据包后,报文已经被封装了 3 个不同的帧,使用了 2 个不同的数据链路层协议。但是从以太网到 FDDI,再返回以太网,无论帧格式发生什么变化,IP 报文始终没有变。

广播域

在一些网络中,多个设备竞相访问共享的传输介质。冲突域只是这种网络的一部分,广播域同样重要,它是传输广播帧的网络区域。

广播流量或者隐藏流量组成了携带网络"管理开销"信息的帧。发送广播帧的原因有多个。如果某结点要发送一个报文,只知道目的网络地址,不知道 NIC 地址,它就会广播一条消息,请求与报文地址匹配的结点响应,用其 NIC 地址做回答。在 TCP/IP 网络中,此过程由地址解析协议(ARP)完成。服务器、路由器和打印机也会周期性地广播消息,叫作"服务公告",向其他网络设备声明它们的存在。这些无用传输(或者不太有用)基本上占用了 5%~20% 的网络流量,因此,大量的广播流量会显著降低 LAN 上的可用带宽。

广播帧有一个特殊的目的地址,全为 0。这个特殊地址告诉所有收到此帧的计算机如何处理它。当某网桥或者交换机看到某帧指向特定的 NIC 地址时,它会做出交换的决定。但是,当某第 2 层的设备看到一个带有广播地址的帧时别无选择,只能将该帧发送到每一个端口。因此,广播流量会发生在所有物理上互连或者与第 2 层设备连接的所有设备上。这个范围的网络叫作"广播域",以太网广播域如图 5.18 所示。

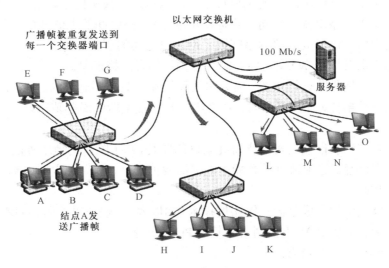

图 5.18 以太网广播域

换句话说,交换机或者网桥能够把简单的大型 LAN 冲突域分割成几个较小的冲突域。但是由交换机创造的每个冲突域仍旧是相同广播域的成员。这就意味着一个冲突域造成的广播流量仍旧会被转发到所有其他冲突域。

解决这个特殊广播流量问题(当使用交换机时)的一个方法是规划每一个交换机,告诉它将广播帧发送到何处。这种技术称为"虚拟局域网（VLAN）"。

为了分割广播域，用于负荷广播的路由器有必要在第 3 层分割网络。路由器能够在每一个网络分段中有效地处理常规网络流量和广播流量，仅仅转发网段间的流量。这个方法能提高整个网络的有效吞吐量。

多协议路由器

虽然路由器能够轻松地处理不同的数据链路层协议，但高层协议是另一回事了。如果把两个 LAN 连接起来，并且每个 LAN 都用了两种通信架构（如 SNA 和 TCP/IP），就需要使用两台路由器，每种架构用一个。每台路由器都可以使用同样的数据链路层协议集。TCP/IP 结点之间的通信通过一台路由器，而 SNA 结点之间的通信则通过另外一台路由器。

为了避免使用两台具有独立 LAN 端口的路由器所带来的开销和额外的管理，人们设计了多协议路由器。但是，这种设备不执行数据链路层以上的协议转换。多协议路由器只是简单地把两台路由器的功能捆绑在一个盒子里，多协议路由器之间的连接则需要在每个 LAN 上有一个单独的端口。

Internet 路由器就是一种典型的多协议路由器。不同的网络，如那些 Internet 服务提供者（ISP）和电信公司的网络，是由路由器和点对点的连接所连接起来的。报文从一个网络传输到另一个网络，穿过 Internet，直到到达目的地。连接各网络的路由器自身处理所有的报文发送。用户不必告诉自己的信息在 Internet 上应该按照哪条路线移动。

路由器的优缺点

路由器是网络中进行网际连接的主要设备，与网桥或交换机比较，它具有以下优点：
- 如同交换机，路由器可以向用户提供单独 LAN 网段间的无缝通信。与交换机不同的是，路由器可以形成完整网络间或者网段组之间的逻辑边界。
- 路由器提供有效的 WAN 访问，因为它们不转发广播流量。
- 路由器可以提供防火墙服务，因为它仅仅转发那些需要通过的流量。路由器能够防止发生灾难性事件，如广播风暴，使之维持其在发生地的局部范围内，预防波及整个网络。
- 路由器增强的智能使之可以支持冗余网络路径,基于除目的地址外的多种因素选择最好的转发路径。这种增进的智能也能提高数据安全，提高带宽利用率，对网络操作提供更多控制。
- 路由器能灵活地集成不同的链路层技术（如以太网、快速以太网、令牌环网和 FDDI），也能集成传统的 IBM 主机网络和基于 PC 的网络。

但是，路由器也有一些缺点：
- 路由器执行额外软件会增加报文的延迟时间，降低了路由器的性能，比起简单的交换机体系结构，显得慢了些。
- 为了"可路由"，体系结构必须有网络层，但并不是所有的体系结构都有网络层，并且那些协议必须被桥连。"不可路由"协议包括 DEC-LAT 终端通信协议, IBM 的 SNA 和 NetBIOS/NetBEUI。

练习

1. 路由器工作在 OSI 参考模型的哪一层？
2. 判断对错：路由器可以连接具有不同的第 2 层架构的网络。
3. 路由器防火墙和代理服务器是一样的吗？请解释。
4. 简述路由器的特点，如延时、处理速度（以每秒多少个包为单位）。
5. 简述路由器的各种配置模式。
6. （　　）是指路由器对数据包的转发能力，其值越大，网络的效率越高。
   a. 吞吐量　　　b. 背板能力　　　c. 路由表容量　　　d. 丢包率
7. （　　）位于网络中心，通常要求快速的包交换能力和高速的网络接口。它通常采用热备份、双电源、双数据通路等技术实现硬件的可靠性。
   a. 骨干级路由器　　　b. 企业级（分布层）路由器
   c. 接入级路由器　　　d. 服务器

补充练习

1. 访问路由器生产厂家的 Web 站点，例如http://www.3Com.com、http://www.cisco.com 或其他网站，查找最新的路由器产品信息。
2. 分成几个小组讨论在配置路由器时必须考虑的一些常规配置参数。用第 1 题的 Web 站点来查找这些信息。

第五节　网　　关

网桥和路由器可以用于运行多个通信协议的网络，但它们不能把使用不同架构的结点连接起来。TCP/IP 结点可以和其他的 TCP/IP 结点通信，但不能与 AppleTalk 结点或基于 SNA 的结点通信。网关提供了使用不同架构网络之间的连接。

学习目标

▶ 了解网关的类型与功能；知道什么时候需要使用网关；
▶ 了解协议转换器与 Internet 网关的区别。

关键知识点

▶ 网关用于互连两种网络架构。

网关的类型

由于通信架构和应用层协议之间有多种组合方式，所以网关的类型也有很多种。有一种称为协议转换器的网关，可以将协议从一种通信架构转化到另一种通信架构，把 TCP/IP 网络连接到 SNA 网络的结点就是协议转换器的一个例子，如图 5.19 所示。网关对多层协议的处理是不同的。为了说明这一点，可以把 SNA 和 TCP/IP 合在一起来解释网关的概念。

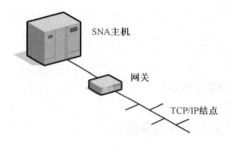

图 5.19 协议转换器网关

协议转换器可以工作在所有的协议层上,并且对连接每一端的各个层中的进程是透明的。图 5.20 示出了 TCP/IP 和 SNA 的各部分与 OSI 参考模型的对应关系,从这里可以看出这两个通信架构之间各部分的对应关系。这并不是一个精确的匹配。

注意,将一个 TCP/IP 协议栈转化为一个 SNA 协议栈的网关,此时必须同时转化双方的协议头。这是一个纯软件处理过程。需要注意以下两个问题:

- 协议不是精确对应的,不能独立转化。实际上,它们之间的转化必须作为一个综合任务来处理。例如,当从 IP 向 SNA 路径控制协议转化时,IP 元素必须也反映到 SNA 的传输控制协议上去。
- 协议层不完整。例如,协议转化程序必须处理功能管理协议,即这个层在 TCP/IP 一端并不存在。

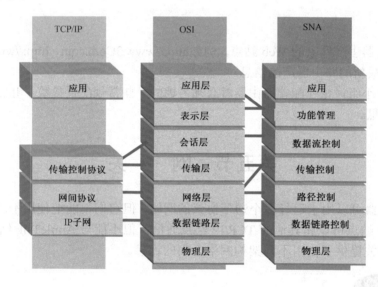

图 5.20 TCP/IP 和 SNA 各部分与 OSI 参考模型的对应关系

网关和协议转换器

"网关"这个术语也用于描述路由器,此时这些网关称作远程网关。例如,Internet 路由器就称为网关,这种类型的网关提供对远程网络的访问。

在有些书上将网关也称为协议转换器,但是网关与协议转换器是两个完全不同的概念。协议转换器是互连设备;网关是处在内网和外网之间的设备,相当于内、外网之间的屏障,在内、外网之间设置一台路由器或一台代理服务器都可以做网关。协议转换器实现传输层及以上层的网络互连,由于互连所涉及的层次高,协议转换器比较复杂,一般用在有特殊用途和要求的网络互连。对于网络体系结构差异比较大的两个子网,从原理上讲,在网络层以上实现网络互连是比较方便的。对于局域网和广域网而言,在 OSI 参考模型的下三层的结构差异比较大,因而大多数情况都是选用路由器进行网络互连。选择网络互连的层次越高,互连的代价就会越大,效率也会越低。

练习

1. 判断对错：网关和路由器执行完全相同的功能。
2. 判断对错：网关可以转化 OSI 模型的所有 7 个层。
3. 判断对错：当通信架构转化时，网关必须使用同一个数据链路层协议。
4. 判断对错：网关是一种协议转换器。
5. 判断对错：通常在通过一个网关时，处理信息所花的时间比中继器要少。

补充练习

1. 网关转化通信架构。这是连接不同网络的一个方便的办法吗？请解释。
2. 网关执行与路由器不同的功能。路由器有时称为"默认网关"。设想一个把路由器当作默认网关的例子。

本 章 小 结

  本章主要介绍了计算机网络中常用的网络设备，包括中继器、集线器、网桥、交换机、路由器和网关等。当数据流在网内和网际传输时，有时传输距离很远，这些设备提供了数据流的流向、容量，并对数据流进行管理。

  中继器和集线器工作在 OSI 参考模型的第 1 层。中继器用于放大电信号来提高计算机和网段的可到达性。集线器主要是重发所收到的信号，通常将其视为一个多端口中继器。集线器可以是一个仅为连接到计算机或结点的多路缆线提供中心连接的设备。所有连接到集线器的设备属于同一冲突域。

  网桥是一种在数据链路层实现局域网互连的存储转发设备，主要用来在本地 LAN 网段隔离数据流，当信息要发往远程地址时，它用来将数据流通过广域网转发。由于网桥允许桥接的各网段可同时工作，因此在一个网段中的两台计算机在通信的同时，另一网段的两台计算机也可以通信。网桥对帧操作，根据帧的目的地址做出操作决定。

  交换机工作在 OSI 参考模型的第 2 层，它具有集线器的许多常规特性，是网络结点的中央物理连接设备。交换机和集线器的不同之处在于交换机具有板载智能，能提供更大的带宽，使用专有的内存。交换机可以智能地在端口之间"交换"帧，同时其他端口也可用于交换别的 LAN 数据流。采用交换机连接计算机，可以实现多个端口之间同时交换数据包，使局域网的连接方式从共享式走向交换式。

  路由器工作在 OSI 参考模型的第 3 层，它具有连接网络、路由选择和数据转发等功能。路由器比中继器、网桥和交换机都要复杂，但能提供更强大的功能。路由器已经成为因特网的骨架，它的处理速度是网络通信的主要瓶颈之一，它的可靠性直接影响网络互连的质量。

  网关工作在 OSI 参考模型的高层，是计算机网络中最复杂的设备。网关实现传输层（又称运输层）以及上层的网络互连，为在不同网络架构之间的通信进行协议栈的转化。网关是处在内网和外网之间的设备，相当于内、外网间的屏障。

需要注意，这些网络设备随着功能的增加，其复杂度也增加了。不仅复杂度增加，而且信息通过这些设备时所花的时间也增加了。换句话说，中继器不如路由器复杂，信息通过中继器传输就比通过路由器要快；但路由器提供了比中继器更强大的功能。图 5.21 示出了本章中讨论的网络设备是如何与 OSI 参考模型相关联的。注意，交换机也能理解比特流，路由器也能理解比特流和数据帧。

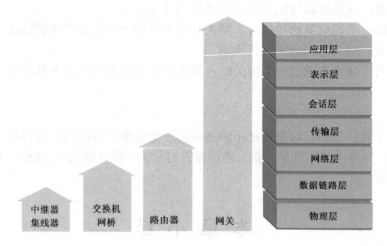

图 5.21　网络设备与 OSI 参考模型的关联

随着网络技术的发展，为了使交换机具有路由功能，克服传统路由器在传输连接上出现的瓶颈问题，人们提出了第 3 层路由交换的思想和产品，给出了两种实现方案：一种称为"一次路由，多次交换"；另一种是基于传统的路由，但是用硬件实现路由。目前，三层路由交换机已经得到广泛的应用。

小测验

1. 集线器和中继器工作在 OSI 参考模型的哪一层？（　　）
   a. 物理层　　　　　b. 网络层　　　　　c. 传输层
2. 下面哪个是集线器和中继器的功能？（　　）
   a. 提供缆线扩展　　　　　b. 重发数字信号
   c. 连接不同缆线类型　　　d. 上面所有的功能
3. 第 2 层交换机位于 OSI 参考模型的哪一层？（　　）
   a. 数据链路层　　b. 物理层　　　c. 传输层　　　d. 网络层
4. 交换机能同时交换两个帧吗？
5. 网桥工作在 OSI 参考模型的哪一层？（　　）
   a. 数据链路层　　b. 传输层　　　c. 物理层　　　d. 网络层
6. 路由器和网桥的区别是什么？（　　）
   a. 路由器对包进行操作　　b. 路由器仅用于 WAN　　c. 路由器总是比网桥更贵
7. 下面哪种情况下需要网关？（　　）
   a. 连接 IP 网和 AppleTalk 网　b. 连接 IP 网和 IP 网　　c. 将 3 个 IP 网连接在一起
8. 路由器与计算机串行接口连接，利用虚拟终端对路由器进行本地配置的接口是 (1)　，路由器通过光纤连接广域网接口是__(2)__。
（1）a.Console 口　　　　b.同步串行口　　　　c.SFP 端口　　　　d.AUX 端口
（2）a.Console 口　　　　b.同步串行口　　　　c.SFP 端口　　　　d.AUX 端口

9.下列关于局域网设备的描述中，错误的是（　　）。
  a. 中继器只能起到对传输介质上信号的接收、放大、整形与转发的作用
  b. 连接到一个集线器的所有结点共享一个冲突域
  c. 透明网桥一般用在两个 MAC 层协议相同的网段之间的互连
  d. 第 2 层交换机维护一个表示 MAC 地址与 IP 地址对应关系的交换表

【提示】网桥最重要的工作是构建和维护 MAC 地址表。参考答案是选项 d。

第六章 计算机网络的组建

本章的目的是利用一些重要的网络概念，从硬件和软件两个方面介绍组建一个计算机网络的技术要点和过程，深入细致的介绍可以参阅本丛书的其他分册。

从硬件上考虑，构建一个家庭网络或小型计算机网络需要准备计算机、集线器（或交换机）、网卡、网线、调制解调器等网络组件。在软件方面，要在使用操作系统（以 Windows 7 为例）的计算机系统上进行网卡驱动程序的安装及参数的设置，然后安装、配置所需的协议，设置计算机标识并分配工作组，等等。为了使对等用户能够相互访问资源，还需要配置网络服务和设置共享资源。尽管这些都比较简单，但完成这些安装配置后，用户就可以方便地相互通信和使用网络资源了。当介绍如何在网络中增加计算机或服务时，着眼点由对等网络转向客户机/服务器网络。

网络互连并形成互联网有多种方法可以实现，主要有如下基本策略：

（1）通过公共交换电话网（PSTN）拨号接入。家庭用户接入因特网较为普遍的接入方式是通过电话线，利用当地运营商提供的接入号码，拨号接入因特网，速率不超过 56 kb/s。特点是使用方便，只需有效的电话线及自带调制解调器（Modem）的 PC 就可完成接入。

（2）通过非对称数字用户环路（xDSL）接入。xDSL 是目前应用最广泛的铜线接入方式。ADSL 可直接利用现有的电话线路，通过 ADSL Modem 进行数字信息传输。理论速率可达到 8 Mb/s（下行）和 1 Mb/s（上行），传输距离可达 4~5 km。ADSL2+速率可达 24 Mb/s（下行）和 1 Mb/s（上行）。最新的 VDSL2 技术可以达到上下行各 100 Mb/s 的速率。特点是速率稳定、带宽独享、语音数据不干扰等。适用于家庭、个人等用户的大多数网络应用需求，可以满足一些宽带业务需求，包括 IPTV、视频点播（VOD）、远程教学、可视电话等。

（3）通过混合光纤同轴电缆网（HFC）接入。HFC 是一种基于有线电视网络铜线资源的接入方式，具有专线上网的连接特点。这种接入方式通过有线电视网利用电缆调制解调器（Cable Modem）实现高速接入因特网，适于拥有有线电视网的家庭、个人或中小型企业机构。特点是速率较高，接入方便（通过有线电缆传输数据，不需要布线），可实现各类视频服务、高速下载等。缺点在于基于有线电视网络的架构是属于网络资源分享型的，当用户激增时，速率就会下降且不稳定，扩展性不够。

（4）光纤宽带接入，即光纤用户接入网（FTTx）接入。FTTx 包括光纤到户（FTTH）、光纤到路边/小区（FTTC）、光纤到结点（FTTN）和光纤到办公室（FTTO）等。FTTx 网络可以是有源光纤网络（AON），也可以是无源光网络（PON）。由于 AON 的成本相对较高，实际上在用户接入网中应用很少，目前通常采用 PON。FTTx 的特点是接入速率高，可以实现各类高速率的因特网应用（视频服务、高速数据传输、远程交互等），缺点是一次性投入较大。

（5）无线网络接入。无线网络是有线接入的一种延伸技术，使用无线射频（RF）技术越空收发数据。目前已有多种无线接入方式，包括 GPRS、WiFi、WiMAX 蓝牙与 HomeRF 等接入技术，尤其是移动智能终端通过 3G/4G 接入因特网已经普及。

（6）卫星接入。这种接入方式适合偏远地方又需要较高带宽的用户。卫星用户一般需要安装一个甚小口径终端（VSAT），包括天线和其他接收设备，下行数据的传输速率一般为 1 Mb/s

左右，上行通过 PSTN 或者其他方式接入 ISP。终端设备和通信费用都比较低。

本章将采用把进程、协议和网络设备整合在一起的方法，讨论网络环境下计算机之间传递信息的技术，以便让读者尽快地了解如何将理论与实践紧密结合起来，形成网络工程师所应具备的知识与工程能力。为进一步讨论网络中的数据流量问题，还将介绍连接到网络中的两台计算机之间信息是如何流动的，包括在跨越链路时数据帧（含有从源结点发向目的结点的数据包）是如何构建的，以及应用程序之间是如何通过软件端口进行通信的。

第一节　构建小型计算机网络

在组建计算机网络时，将面对各种网络技术；对于不同的需求，网络结构也不一样。一般来说，常遇到的是对等网络、家庭网络的组建。对等网络又称工作组，网上每台计算机都具有相同的功能，无主从之分，任何一台计算机都是既可作为服务器，设定共享资源供网络中其他计算机使用，又可以作为工作站，没有专用的服务器，也没有专用的工作站。

利用 Windows 7 组建一个家庭网络或对等网络是非常容易的事情。本节的目的是展示所介绍过的网络各要素是如何在一个小型计算机网络中组合在一起的。

学习目标
- 掌握构建一个家庭网络的方法和步骤；
- 了解构建家庭网络及对等网络所需的软件、硬件；
- 熟悉在对等网络的两个客户端之间传输信息的协议栈结构。

关键知识点
- 在对等网络中，任何一台计算机都可发起与其他计算机的通信。

组建网络的基本要求

对等网络是指在计算机之间彼此共享信息，但不依赖于网络服务器的网络。一般来说，为了共享资源，对等网络存在于一个仅含有少数几个结点的网络中。

组建一个家庭网络，有多种网络技术可供选择，其中最常见的网络技术类型为无线网、以太网、HomePNA 等。在选择网络技术时，需要考虑计算机所在的位置和所需的网络速度。因此，构建一个家庭网络的常用软硬件有以下几种：
- 至少两台具有对等操作能力的计算机和操作系统（如 Windows 7/10）。
- 网络适配器。这些适配器（又称为网络接口卡或 NIC）将计算机连接到网络，以便它们之间进行通信。网络适配器可以连接到计算机的 USB 或以太网端口，也可以安装在计算机内部某个可用的外围组件互连扩展槽（PCI）中。
- 网络集线器或交换机。集线器或交换机将两台或两台以上计算机连接到以太网网络。交换机成本比集线器成本稍高，但速度快。集线器的速率应与 NIC 匹配。
- 路由器和访问点。路由器将计算机和网络互相连接（例如，路由器可将家庭网络连接到 Internet）。使用路由器还可以在多个计算机之间共享单个 Internet 连接。路由器可以是有线或无线的。对于有线网络，不需要使用路由器；但如果希望共享 Internet 连接，建议使用路由器。如果希望通过无线网络共享 Internet 连接，则需要无线路由器，且访问点允许计算机和设备连接到无线网络。

- 调制解调器。计算机通过电话线或电缆线使用调制解调器来发送和接收信息。如果希望连接到 Internet，则需要调制解调器。在订购有线 Internet 服务时，有些电缆提供商会提供电缆调制解调器（免费提供或另行购买），也会提供调制解调器和路由器的组合设备。
- 网络电缆，如非屏蔽双绞线（UPT）、两端 RJ-45 接口、连接器等。网络电缆将计算机互相连接，并将计算机连接到其他相关硬件，如集线器、路由器和外部网络适配器等。

常见网络技术所需的硬件如表 6.1 所示。

表 6.1 常见网络技术所需的硬件

组网技术	硬件需求	数量及说明
无线	无线网络适配器、蓝牙适配器	网络上的计算机每台 1 个（便携式计算机内置了适配器）
	无线访问点（路由器）、蓝牙网关	1 个
以太网	以太网网络适配器	网络上的计算机每台 1 个（目前，台式计算机几乎都内置网络适配器）
以太网	以太网集线器或交换机（仅当希望连接两台以上计算机但不共享 Internet 连接时才需要）	1 台（最好是 10/100/1000 集线器或交换机，并且应拥有足够的端口数来容纳网络上的所有计算机）
	以太网路由器（仅当希望连接两台以上计算机并共享 Internet 连接时才需要）	1 台（如果路由器没有足够的端口用于所有计算机，可能还需要 1 台集线器或交换机）
	以太网电缆	连接到网络集线器或交换机的每台计算机都需要 1 根（最好是 100/1000 Cat6 电缆，但不是必需的）
	交叉电缆（仅当希望将两台计算机直接互相连接，且未使用集线器、交换机或路由器时才需要）	1 根
HomePNA	家用电话线网络适配器（HomePNA）	网络上的计算机每台 1 个
	以太网路由器	1 台（如果要共享 Internet 连接）
	电话线	网络上的计算机每台 1 根（使用标准电话线将每台计算机插入电话插孔中）

在 Windows 7 中设置家庭网络

设置家庭网络或小型办公室网络的过程包括规划家庭网络、获取硬件、配置路由器、将路由器连接至 Internet、将计算机连接至网络、创建家庭组等 6 个步骤。

规划家庭网络

根据实际需求，确定网络类型。使用电话线（拨号）或宽带连接（电缆或 DSL）是连接到 ISP 最常见的方法。既可以选用有线连接，也可以选用无线连接。由于无线连接使用无线电波在计算机之间发送信息，可提供较灵活的移动性，故建议使用无线网。通常有以下方式可供选用：

- 无线——如果有无线路由器或网络，即使选用宽带连接，也可以选择无线方式。
- 宽带（PPPoE）——如果计算机直接连接到宽带调制解调器 [也称为数字用户线（DSL）或电缆调制解调器]，并且具有一个以太网上的点对点协议（PPPoE）Internet 账户，则可以选择此方式。在使用此类型的账户时,需要提供用户名和密码才能连接。
- 拨号——如果有调制解调器,但不是 DSL 或电缆调制解调器,或者需要使用综合业务数字网(ISDN)将计算机连接到 Internet,则可以选择拨号方式。

获取必要的硬件和(可选)ISP

根据所选用的网络类型,获取必要的硬件。每台计算机至少需要 1 台路由器和 1 台网络适配器,目前大多数笔记本计算机都已安装无线网络适配器。如果要连接到 Internet,还需要申请一个由 Internet 服务提供商(ISP)设置的账户。

配置家用路由器

如果家用路由器上显示 Windows 7 徽标或"与 Windows 7 兼容"的短语,则可以自动设置路由器。大多数家用路由器附带一个安装 CD,可用于帮助设置路由器。自动设置路由器的步骤为:
- 将路由器连接到电源;
- 单击打开"连接到网络";
- 按照屏幕上的说明进行操作。

注意,也可以按以下步骤手动设置路由器:
- 将路由器连接到电源。
- 将网络电缆的一端连接至计算机的有线网络适配器,将另一端连接至无线路由器(插入没有标记"Internet"、"WAN"或"WLAN"的任何端口中)。
- 打开 Web 浏览器,键入路由器配置网页的地址。对于大多数路由器来说,其配置网页的地址为 http://192.168.0.1 或 http://192.168.1.1。表 6.2 示出了访问一些常见路由器的相应网页信息。

表 6.2 访问常见路由器的相应网页信息

路由器	地址	用户名	密码
3Com	http://192.168.1.1	admin	admin
D-Link	http://192.168.0.1	admin	admin
Linksys	http://192.168.1.1	admin	admin
Microsoft 宽带	http://192.168.2.1	admin	admin
NETGEAR	http://192.168.0.1	admin	password

在访问这些网站时,网站会要求输入用户名和密码登录。若不知道用户名和密码,可以参考以上表格或查看路由器附带的信息。

如果有用户名和密码,可运行路由器设置实用工具。如果没有设置实用工具,可参考路由器附带的信息,手动进行如下设置:
- 通过指定服务设置标识符(SSID)来选择无线网络名称;
- 选择想要使用的安全加密类型(WPA、WPA2 或 WEP)并将其打开。

注意:建议尽可能使用 WPA2,不要使用 WEP,因为 WPA 或 WPA2 安全性更高。在尝试使用 WPA 或 WPA2 时,若它们不起作用,可以将网络适配器升级为使用 WPA 或 WPA2 的适配器。选择用于访问无线网络的安全密钥，将路由器的默认管理密码更改为新密码，这样其他人就无法访问该网络了。

将路由器连接至 Internet

将路由器连接至 Internet，可以为网络上的每位用户建立一个 Internet 连接。当不需要建立 Internet 连接时，这一步可省略，但大多数用户认为值得建立。这一步骤视用户所具备的 Internet 连接的类型不同，有以下两种方式：

- 如果使用的是 Internet 宽带（电缆、xDSL 或光纤）服务，则将宽带服务供应商提供的电缆连接至路由器（该连接通常会标记为"Internet"）。
- 如果使用的是独立的宽带调制解调器，则将以太网电缆的一端插入路由器的 Internet 端口，而将另一端插入调制解调器；然后将宽带服务供应商提供的电缆连接至调制解调器。

将计算机连接至网络

通常，可以使用有线连接将计算机永久连接至路由器，也可以切换至无线连接。若要将其他计算机连接至网络，请执行下列步骤：

- 登录到要连接网络的计算机。
- 打开"控制面板"，单击打开"连接到网络"。
- 从显示的列表中选择无线网络，然后单击"连接"。注意：如果已与局域网连接，则可能已与 Internet 连接。若要弄清楚是否已连接到 Internet，可打开 Web 浏览器，并尝试访问一个网站。
- 如果路由器支持 Windows Connect Now（WCN）或者 WiFi 保护设置（WPS），并且路由器上有按钮，则按下该按钮，等待数秒后路由器会自动将计算机添加至网络，无须键入安全密钥；如果提示键入安全密钥或密码，按提示执行该操作，然后单击"确定"；如果要使用 USB 闪存驱动器将网络设置复制到计算机中，而不是键入安全密钥或密码，按照"向网络添加设备或计算机"的提示完成操作。
- 连接到网络时，屏幕上会显示一条确认消息。

创建家庭组或者打开文件和打印机共享

使用家庭组，可轻松与家庭网络中的其他人共享图片、音乐、文档、视频以及打印机。在设置运行 Windows 7 计算机时，会自动创建一个家庭组。也可以通过下列步骤创建家庭组：

（1）单击打开"家庭组"，系统给出图 6.1 所示的创建家庭组对话框。

注意：如果网络上已存在一个家庭组，则 Windows 会询问是否愿意加入该家庭组而不是新建一个家庭组。如果没有家庭网络，则需要在创建家庭组之前设置一个家庭网络。如果计算机属于某个域，则可以加入家庭组，但无法创建一个家庭组；也可以访问其他家庭组计算机上的文件和资源，但无法与该家庭组共享自己的文件和资源。

（2）在"与运行 Windows 7 的其他家庭计算机共享"页上，单击"创建家庭组"按钮，系统给出图 6.2 所示的窗口，然后按照图 6.3 所示的提示信息完成操作。

图 6.1 创建家庭组对话框

图 6.2 有关家庭组的详细信息窗口

在网络上的某个人创建了家庭组后,下一步是加入该家庭组。加入时需要使用家庭组密码,可以从创建该家庭组的人那里获取该密码。在将要添加到该家庭组的计算机上执行下列步骤:

(1)单击打开"家庭组",系统显示图 6.4 所示的对话框。

图 6.3 创建家庭组的密码窗口

图 6.4 加入家庭组对话框

注意:如果未看到"立即加入"按钮,则可能没有家庭组。要确保事先已有人创建了一个家庭组,也可自行创建家庭组。

(2)单击"立即加入"按钮,然后按照图 6.5 和图 6.6 所示的信息和要求,单击"下一步",完成加入工作组的操作加入家庭组的设置也可以更改,如图 6.7 所示。

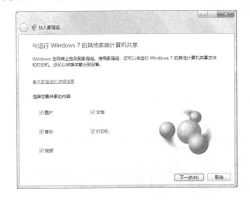
图 6.5 家庭组共享选择对话框

图 6.6 "键入家庭组密码"对话框

加入家庭组后,计算机上的所有用户账户都可以成为该家庭组的成员。

组建一个对等网络

对等网络（peer to peer，简称 P2P）也称为对等连接,是一种仅包含与其控制和运行能力等效结点的计算机网络。对等网络中的每个参与者具有同等的能力,它们可以发起一个通信会话。对等网络目前主要有 2 个应用方向：文件共享和协同工作,曾被称为"改变 internet 的新一代网络技术"。

图 6.7　"更改家庭组设置"界面

对等网络作为一种新型的分布式网络,目前尚无统一的标准,在此仅就流行的桌面操作系统（如 Windows）内置的组建对等局域网的方法做简单介绍。

由于对等局域网不需要专门的服务器来做网络支持,也不需要其他的组件来提高网络的性能,组网成本较低,因此构建一个小型对等局域网是相当简单而直接的事情。

对等网络的组网步骤

对等局域网的构建首先从物理层开始：确定网络的拓扑结构,选择合适的传输介质,根据传输介质的类型、网络的运行速度、网络的覆盖范围等选择网络连接设备,用电缆建立各计算机之间的物理连接。然后再到高层,安装对等网络的联网软件和 TCP/IP 协议栈。一般来说,电缆从计算机网卡引出而接入中央集线器。对等网中接入计算机的最常用的方法是通过双绞线（UTP）与中央集线器相连,如图 6.8 所示。最后设置资源共享。

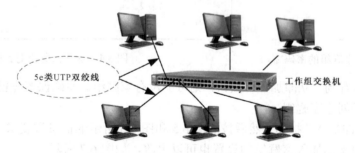

图 6.8　对等网络的连接

常用的对等网络软件

常用的对等网络软件主要有：
- 即时通信软件,如 ICQ 等。两个或多个用户可以通过文字、语音或文件进行交流,甚至还可以与手机通信。
- 实现共享文件资源的软件,如 Napster 和 Gnutella 等。用户可以直接从任意一台安装同类软件的PC上下载或上载文件,并检索、复制共享的文件。
- 游戏软件。目前,许多网络游戏都是通过对等网络方式实现的。
- 存储软件,如 Farsite 等。用于在网络上将存储对象分散存储。

- 数据搜索及查询软件，如 Infrasearch、Pointera 等。用来在对等网络中完成信息检索。
- 协同计算软件，如 Netbatch 等。可连接几千甚至上万台 PC，利用其空闲时间进行协同计算。
- 协同处理软件，如 Groove，可用于企业管理。

配置网络上的网关和 IP 地址

在安装了以太网网卡驱动程序之后，TCP/IP、NetBEUI 和 IPX/SPX 等协议也就自动安装到计算机了（默认）。

如果计算机上有多个网络适配器，并且为每个适配器配置了默认网关（在 IP 路由表中为子网之外的所有目标创建默认路由），则当连接到"不相互连接的网络"（没设计为直接进行通信的单独网络）时，就可能不会将网络上的信息路由到正确的目标。即使在配置多个默认网关时，也只有一个网关用于子网之外的所有目标。计算机同时连接到 Internet 和带有多个子网的 Intranet，就是该情况的一个例子。使用对两个适配器配置的一个默认网关，可以与 Internet 或 Intranet 上的所有计算机进行通信，但无法同时与 Internet 和 Intranet 上的计算机进行通信。若要解决此问题，可执行以下操作：对连接到具有最多路由的网络适配器（通常是连接到 Internet 的网络适配器）配置默认网关。

注意：不要对任何其他网络适配器配置默认网关，而要使用静态路由或动态路由协议将其他不相互连接的网络的路由添加到本地 IP 路由表。如果路由结构使用 IPv4 的路由信息协议（RIP），则可以打开 Windows 中的 RIP 侦听器，这样允许计算机了解网络上的其他路由，方法是先"侦听"广播 RIP 消息，然后将 IPv4 路由添加到路由表。如果路由基础结构不使用 RIP，则无法使用 RIP 侦听。另一种方法是使用"route add －p"命令将单独路由手动添加到 IPv4 路由表。对于 IPv6，必须使用"netsh interface ipv6 add route"命令。

配置网关的步骤如下：
- 单击打开"网络和共享中心"。
- 用鼠标右键单击要配置默认网关的网络适配器，然后单击"属性"。如果系统提示输入管理员密码或进行确认，请键入该密码或予以确认。
- 在"本地连接属性"下，单击"Internet 协议版本 4（TCP/IPv4）"或"Internet 协议版本 6（TCP/IPv6）"，如图 6.9 所示。
- 单击"属性"，出现图 6.10 所示的对话框。在该对话框中，选中"自动获得 IP 地址"或"使用下面的 IP 地址"：如果将网络适配器配置为自动获得 IP 地址，则默认网关将由 DHCP 服务器分配；如果指定备用配置（仅 IPv4），则默认网关为"备用配置"选项卡的"默认网关"框中的 IP 地址，只能指定一个默认网关；如果手动指定 IP 地址配置，则默认网关为"常规"选项卡的"默认网关"框中的 IP 地址。

病毒预防和检测

病毒是具有破坏性的可自我复制的应用程序，通常隐藏在其他应用程序（如游戏）中。当用户运行该应用程序时，病毒就自我复制到用户系统中，然后执行预先设计好的工作。某些病毒只显示一条政治上的消息，而有的病毒可删除整个硬盘数据。一个病毒可在几分钟内感染整个网络，因此防病毒软件对网上每个结点都是必不可少的。

图 6.9 "本地连接属性"对话框　　图 6.10 "Internet 协议版本 4（TCP/IPv4）属性"对话框

有很多应用程序可用来检测和清除病毒，但这些防病毒程序对新的或未知的病毒是无效的。以下一些简单的步骤可减少感染病毒的机会：
- 安装病毒检测软件并经常更新；
- 安装防毒软件后就应使用这些软件；
- 警惕电子邮件（E-mail）的附件；
- 警惕某些可下载的软件。

利用蓝牙组网

蓝牙（Bluetooth）技术是一种支持点对点或点对多点的话音、数据业务的短距离无线通信技术。它支持设备短距离通信（一般是 10 m 之内）的无线电技术。蓝牙的标准是 IEEE 802.15，工作在 2.4 GHz 频带，带宽为 1 Mb/s，能在包括移动电话、PDA、无线耳机、笔记本电脑、相关外设等众多设备之间进行无线信息交换。一般来说，蓝牙系统采用一种灵活的无基站的组网方式，可使得一个蓝牙设备同时与 7 个其他的蓝牙设备相连接。基于蓝牙技术的无线接入简称为 BLUEPAC（蓝牙 Public Access），而蓝牙系统的网络拓扑结构有两种形式：
- 蓝牙微微网——通过蓝牙技术以特定方式连接起来的一种微型网络。一个蓝牙微微网可以只是两台相连的设备，如一台便携式电脑和一部移动电话，也可以是 8 台连在一起的设备。在一个微微网中，所有设备的级别是相同的，具有相同的权限。蓝牙采用自组式组网方式（Ad Hoc），微微网由主设备（Master）单元（发起链接的设备）和从设备（Slave）单元构成，有 1 台主设备单元和最多 7 个从设备单元。也就是说，在利用蓝牙技术组建无线局域网时，组网的无线终端设备不能超过 7 台。主设备单元负责提供时钟同步信号和跳频序列，从设备单元一般是受控同步的设备单元，接受主设备单元的控制。
- 蓝牙分布式网络——自组网（Ad Hoc Network）的一种特例，由多个独立的非同步的微微网组成。蓝牙分布式网络的最大特点是可以无基站支持，每个移动终端的地位是平等的，并可独立进行分组转发的决策。

组建一个微微网有计算机对计算机、计算机对蓝牙接入点两种组网模式。

计算机对计算机（或智能手机）蓝牙组网

在计算机对计算机（或智能手机）组网模式中，一台计算机通过有线网络接入因特网，利用蓝牙适配器充当因特网共享代理服务器，另外一台计算机通过蓝牙适配器与代理服务器组建蓝牙无线网络，充当一个客户端，从而实现无线连接、共享上网的目的，如图 6.11 所示。在家庭蓝牙技术组网中，这种组网方案较具代表性、普遍性和灵活性。

图 6.11　计算机对计算机蓝牙组网

计算机对蓝牙接入点组网

在计算机对蓝牙接入点的组网模式中，蓝牙接入点（即蓝牙网关）通过与 Modem 等宽带接入设备相连，以接入因特网。同时，蓝牙网关发射无线信号，与各个带有蓝牙适配器的终端设备相连接，从而组建一个无线网络，实现所有终端设备的共享上网。终端设备可以是 PC、笔记本电脑、PDA 等，但它们都必须带有蓝牙无线功能，且不能超过 7 台终端，如图 6.12 所示。这种方案适用于公司企业组建无线办公系统，具有很好的便捷性和实用性。

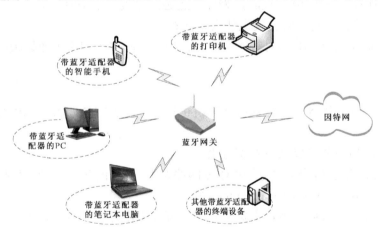

图 6.12　计算机对蓝牙接入点组网

蓝牙技术的应用范围相当广泛，可适用于局域网络中各类数据和语音设备，如台式计算机、拨号网络、便携式计算机、打印机、传真机、数码相机、移动电话和高品质耳机等。蓝牙的无线组网方式可将上述设备连成一个微微网，多个微微网之间也可以进行互连，组建蓝牙分布式网络，从而使各类设备之间可随时随地进行通信。

组建有电脑终端的蓝牙网络

在组建网络时，需要根据使用要求及终端设备的数量来确定以何种方式组网。现在的手机等大多数移动通信设备上都装上了蓝牙芯片，支持蓝牙网络技术，在设置和联机上的操作相当简单，只需将手机上此功能打开，设置主从设备关系，即可在可辐射的范围内实现微微网，用于耳机和手机、手机与电脑或手机与手机间的数据传输。

安装蓝牙设备的驱动程序后，还要进行设备间的配对设置。两个蓝牙设备在首次进行互通使用时，要进行身份识别的设置，才能实现设备之间的通信。蓝牙设备必须能够彼此识别，并通过安装合适的软件识别出彼此支持的高层功能。蓝牙的软件系统其实是一个独立的操作系统，不与其他操作系统捆绑。在进行蓝牙设备的配对设置时，要根据网络及网络设备的具体情况设置一些相应的参数，为蓝牙接入点设置相应的 IP、DNS 参数，电脑本身也要相应地设置 IP 段的 IP、网关（蓝牙接入点）IP 和 DNS 等。

练习

1. 下面哪一个采用 Client for Microsoft Networks 分配的计算机名？（　　）
   a. TCP　　　　b. IP　　　　c. 以太网　　　　d. 用户
2. 在对等网络建好并正确运行以后，尝试在对等计算机之间共享（　　）。
   a. 文件夹　　　b. CD-ROM　　c. 软驱　　　　d. 打印机
3. 判断对错：在对等网络中，一个用户将其打印机配置为共享资源，但他也可以阻止网络内某个特定用户对该打印机的访问。
4. 在给一台计算机分配 IP 地址时，为什么还必须提供一个子网掩码？
5. 断开一台集线器的电源时将发生什么事情？
6. 画出一个采用 TCP／IP 的对等网络的协议栈，并画出该网络上数据帧的结构。

补充练习

1. 从一台对等计算机到另一台对等计算机传输文件。若有打印机，利用共享打印机打印文件。
2. 是否还有其他设备可以共享？试讨论。
3. 使用 Web 搜索引擎，查找对对等网络环境有用的工具。也可使用 http://www.download.com 和 http://www.shareware.com 查找。
4. 若两个对等计算机群在地理上是分开的，可否构建对等网络？为什么？

第二节　扩展小型网络

局域网经常应用于小型机构，其中用户可以共享文件和打印机等资源。随着网络规模的增大，为了给网络用户提供更多的选择，可能需要添加更多的网络服务器和业务，扩展网络规模。

学习目标

▶ 熟悉常用的网络操作系统；
▶ 掌握客户机/服务器网络中信息的流动方式。

关键知识点

▶ 当家庭网络和对等网络增长时，通常需要专用的服务器和客户机/服务器 NOS。

服务器和网络操作系统（NOS）

使用对等计算机在某种程度上是一种负担，为了兼顾便利性和可靠性，可能需要专用的资源服务器，如数据库服务器（如图 6.13 所示）。顾名思义，网络服务器可为计算机网络用户提供许多不同的服务。

常用的网络服务器包括：
▶ 文件服务器；
▶ 数据库服务器；
▶ 打印服务器；
▶ 远程访问服务器；
▶ Web 服务器。

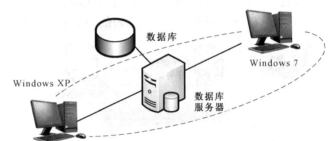

图 6.13　数据库服务器

文件服务器

在添加了特定软件后，PC 或工作站就可成为文件服务器。文件服务器要保证可以依顺序、无冲突地访问共享资源。通过运行应用程序，服务器要保证可以按照需要接收并发文件访问请求，并阻止非授权的访问。文件服务器通过各种 NOS 安全机制来控制访问。不同的 NOS 提供的安全性各不相同。

数据库服务器

数据库服务器可实现对数据库资源的共享，对来自不同客户端、中心数据库管理程序的服务请求进行相应处理，如增加、删除或更新数据库记录等。

数据库服务器类似于典型的文件服务器，必须运行与数据库文件密切相关的数据库管理应用程序。文件服务器是一个用户存储文件的自服务库，数据库服务器则像一个特殊的研究库，所有处理操作必须在完成处理请求的收集和传送后进行。

打印服务器

特定服务器或普通工作站都可用作打印服务器，它们都要求有第三方软件。所有基于软件的服务器，其性能均由工作站或文件服务器的中央处理器（CPU）的工作周期决定。要知道，如果主机关闭，则会取消打印服务，直到主机再次启动。图 6.14 示出了在一个典型网络环境中的打印服务器。

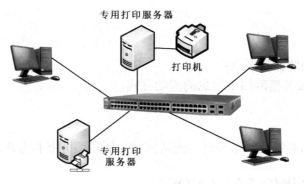

图 6.14 打印服务器

远程访问服务器（RAS）

如同使用打印服务器和文件服务器，远程访问最好也使用独立的通信服务器，并称为远程访问服务器（RAS）或具有 RAS 能力的服务器，如图 6.15 所示。

图 6.15 远程访问服务器

像打印一样，网络通信也有它自己的各种要求，通常需要多个串口。如果通信口中断过于频繁，将会降低文件服务器的性能。因此，需要对通信链路进行缓冲和管理。通信原本就不如共享打印机那样可靠，因而一些 LAN 管理员习惯于将这个可能出问题的组件隔离安置在一个单独的服务器上。通常，在通信服务器上要增加安全性措施。

Web 服务器

Web 服务器是把文档发送给请求这些文档的 Web 客户（浏览器）的计算机程序。当使用浏览器浏览网页时，点击的每个超级链接都要发送一个请求到某些 Web 服务器。Web 服务器把希望浏览的页面传给客户端。

Web 服务器也可用来创造私有 Intranet、紧密业务伙伴的 Extranet，以及可以在 Web 上供公共访问的站点。区分它们的唯一标准就是公开和私有的程度。虽然可以使用同样的软件来建立这些站点，但服务器硬件根据 Web 服务器所处理的流量类型和规模大小而有所不同。例如，如果一个中等规模公司的 Intranet 提供数量一般的 Web 页，那么它的内部 Web 服务器可能并不比一台性能好的桌面计算机强多少。但一个热门流行的公共 Web 站点，它同时要处理成千上万个请求，这样服务器就需要那些专门为这种目的设计的超强服务器；大的站点甚至使用多台同样的服务器来分担负载。

网络中的数据流量分隔

随着网络规模的扩大、用户数目的增多和业务的增加，网络性能会变得越来越重要，有许多方法可以将数据流量进行分隔，归属于不同的网络部分，从而提高网络的整体性能。一般是把一个正在成长的网络分离成多个物理部分，以便于流量管理。由于性能问题也很突出，因此网络要用交换机和路由器等设备进行物理分割。通过把服务器和计算机区分为不同的逻辑工作组，并用设备分离这些工作组，网络将变得更有效，整体带宽也能有所增加。

数据流量管理

大部分小型网络是使用简单的集线器进行连接的。随着更多用户加入网络，网络信息或数据流量就会增加。因此，常常需要将网络划分成不同的物理网段，以进行更为有效的管理。

在许多网络中，需要服务器来执行不同工作组或部门所要求的功能。图 6.16 示出了一个增长型的网络怎样使用多个服务器来执行不同的功能。其中，一个服务器是内部网络（Intranet）服务器，由网络中所有客户机使用；另一个服务器作为网络打印机，可供全体网络用户使用；而其他两个服务器可能由两个不同的部门使用。

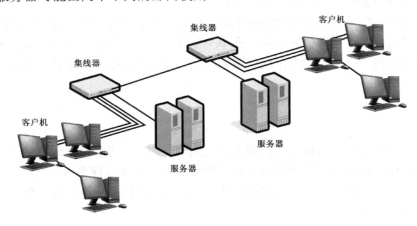

图 6.16 多服务器

显然，这种网络配置可以让所有结点公平地访问 Intranet 服务器和打印服务器。但是，当一个客户和专门的工作组服务器通信时，所有的结点都将收到这些流量。如果每个工作组服务器都处理许多请求，那么这些专门流量将降低其他网络的性能。

增加一个交换的主干网

根据上述讨论可知，利用网络组件和设备可以将数据流量分隔到网络的不同网段，有助于数据流量的管理。为了增加整个网络带宽，提高网络性能，通常将计算机与交换机和路由器等设备在物理上分离，并在不同的连接网段和物理网段间分配数据流量。一种典型的方法是：把两台集线器和一台交换机连到一起，然后把每台公用服务器连到自己的交换机端口上。这样就把网络分割成两个不同的逻辑工作组了，如图 6.17 所示。

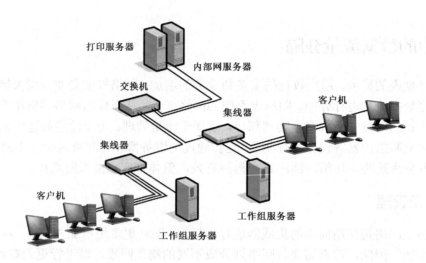

图 6.17 交换主干网

在该隔离方案中,当一个客户机向相同工作组中的服务器发送数据时,流量被分隔到网络的特定网段,信息不会穿过交换机边界。如果一个工作组中的客户机访问 Intranet 服务器或者打印服务器,这些流量将不会发送到其他工作组。

在这种配置中,也可以使用路由器而不是交换机。像交换机一样,当信息在相同工作组中的成员之间发送时,路由器将把流量隔离在单个工作组中。同样,发送到 Intranet 服务器或者打印服务器的流量将不会让其他工作组看见。但是,路由器不会把广播流量向所有端口转发,而交换机则会。

无线网桥

当一个小型网络要增加对移动结点的无线访问支持时,也需要进行分割处理。例如,一个无线访问点转发电缆连接的网络和移动结点之间的流量,如图 6.18 所示。

有些无线访问点的功能和第 2 层网桥一样,因此电缆连接的网络形成一个工作组,而无线结点形成另一个工作组。

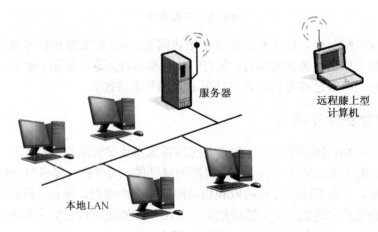

图 6.18 无线访问点

练习

1. 一群使用普通台式操作系统的用户不满足于对等网络,想将其更新为客户机/服务器环境。除了将公司的文件传输到服务器上之外,他们还要求访问 2 台激光打印机、1 台高档绘图仪和互联网。一些用户要求通过他们家里的 PC 能够远程访问新系统。打印机和绘图仪都具有内置的 TCP/IP 协议栈和以太网 NIC。他们安装了几个标准应用软件,如字处理、电子制表、电子邮件以及两个绘图专用软件。

(1)画一个网络图来描述这个新的客户机/服务器系统,保证每个用户的要求都能充分得到满足。假设现在有 5 个用户,未来 6 个月还将增加 4 个用户。

(2)给所有组件做上标记,包括硬件和软件,包括服务器操作系统和客户机操作系统。必须标出互联网接入设备。注意服务器和客户机还要安装一些软件,如网络软件等,要做完全。将客户机连接到服务器的方式可采用集线器,也可采用交换机。

2. 考虑图 6.19 所示的网络拓扑,回答以下问题:

(1)交换机将使用报头的哪一部分向内部网服务器发送信息?
(2)路由器将使用报头的哪一部分传递网络信息?
(3)哪些设备构成了这个网络的主干?

补充练习

1. 若服务器可用,请登录到一个客户机/服务器网络。
2. 键入用户名和口令访问服务器。单个用户名和口令能否用于每个人?
3. 比较对等网络和客户机/服务器网络所支持的功能。哪些功能是仅能由客户机/服务器支持的?试讨论。

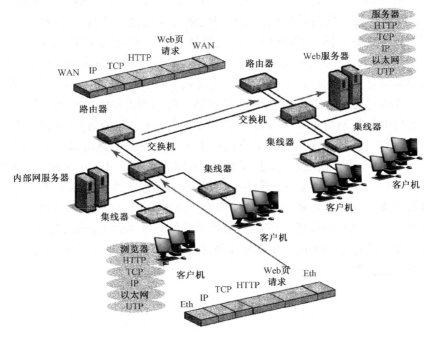

图 6.19 题 2 网络拓扑

第三节 网络互连

设计每一种网络技术，都必须满足特定的一组约束条件，例如，局域网技术设计提供短距离的高速数据通信，而广域网技术则提供大范围的通信。因此没有一种单一的网络技术可以满足所有的需求。具有不同连网需求的大型用户可能需要多个物理网络，重要的是如果该用户为每种用途都选择最合适的网络类型，就会存在多种类型的网络。尽管网络技术各不相同，但使用 TCP/IP 就能够在异构网络之间提供全局服务，这被称为网络互连。连接物理网络所形成的网络称为互联网络，简称为互联网。本节介绍如何使用交换机、路由器来互连网络，并讨论信息如何在路由器和网络边界之间流动。

学习目标

- ▶ 掌握家庭用户拨号访问因特网的设置方法；
- ▶ 了解为什么 LAN 与 LAN 互连要使用路由器；
- ▶ 掌握交换机、路由器的基本配置方法。

关键知识点

- ▶ 路由器比集线器和交换机具有更强的功能。

LAN 到 LAN 的互连

网络互连相当普遍。特别是互联网没有规模的限制，既可以包括几个网络的互联网，也有包含成千上万个网络的全球互联网——因特网。同样，互联网中连接到每个网络的计算机数目也是可变的，有些网络没有任何计算机，而有些网络可能连接了几百台计算机。用于连接异构网络的基本硬件设备是路由器。在物理上，路由器是专门用来完成网络互连任务的一种专用硬件系统。像网桥那样，路由器含有处理器和内存，以及用于连接每个网络的各个输入/输出接口。网络和路由器的连接跟与任何其他计算机的连接一样。图 6.20 示出了使用路由器的局域网（LAN）到局域网的连接，并给出了 IP 地址规划。路由器连接的每个网络都有单独的接口，计算机连接到各自的局域网络上。路由器可作为网络的主干，并能与外部公用网络相连。另一方面，路由器也可与交换机相连，此时交换机负责本地交换，而路由器提供外部连接。

在图 6.20 中，用户边界路由器 CE2、CE6 作为网络主干，并被用来访问其他网络。此例中，局域网中的客户机使用路由器来访问另一个网络的远程文件服务器上的文件。

路由器可接收来自某个客户机的数据帧。路由器通过分析数据帧中的分组来确定该分组在网络中的目的地址。分组目的地址表明该分组的目的结点（本地网或者远程网络上的结点）。数据帧的目的地址是路由器的 NIC，分组地址是远程文件服务器。分组的目的结点位于第一个网络内，不必跨过路由器边界。

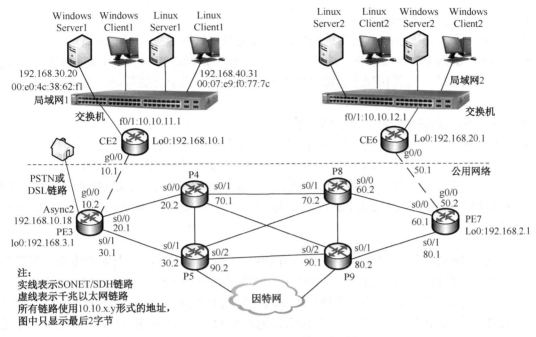

图 6.20　LAN 到 LAN 的互连通信

家庭用户拨号访问因特网

因特网访问已经成为家庭用户的一个必备内容。一个很小的家庭用户网络，即使它从来不需要和其他 LAN 连接，也要提供访问因特网的某种连接。幸运的是，这个过程已经变得相当简单。在因特网最初出现时，每个组织需要自己完全掌握因特网的规则和程序，并安装连接因特网所必需的设备。然而现在，通信公司和独立 ISP 通过处理访问因特网的技术细节，提供有效设备，并出售必需的硬件，使得客户的这个过程相当简单。

单个用户访问因特网通常是通过使用调制解调器建立在本地模拟电路的拨号连接。这种连接把用户与某个在线信息服务或者本地 ISP 连接起来。单个用户的因特网（Internet）访问如图 6.21 所示。

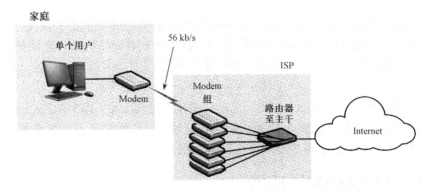

图 6.21　单个用户的因特网访问

家庭用户因特网连接一般有如下几个组成部分：
▶　本地环路连接（电话线）。

- 调制解调器（Modem）。
- ISP 账户。它提供按月交费的因特网访问能力和基本服务，如电子邮箱。
- ISP 提供的 ISP 连接软件。这些软件提供因特网访问的接口和使用调制解调器访问因特网的能力。正常情况下，拨号连接软件呼叫要访问 ISP 的号码，然后 ISP 提供到因特网主干网的访问。
- Web 浏览器显示页面，并处理文件下载。
- 专门的软件。它们可能是独立的应用，也可能是浏览器插件，提供对多媒体功能的支持。例如，使用音频编码/解码器和麦克风，用户可以使用因特网拨打电话。

有两个专门的协议，即串行线路因特网协议（SLIP）和点对点协议（PPP），用来在串行线路上传输 IP 包。这两个协议被 ISP 广泛使用，为个人用户和小型企业提供因特网拨号连接。

1. SLIP

SLIP 是对 IP 数据报的简单封装，并使用 RS-232 接口在串行线路上异步传输。在用户计算机上，IP 包被封装在两个 SLIP 控制字符（十六进制 C0）之间，产生的 SLIP 帧被传输到调制解调器。调制解调器再把这些信息通过电话网传输到 ISP 的调制解调器。ISP 的调制解调器和拆解 SLIP 帧的路由器连在一起。然后路由器把原来的 IP 包封装到 WAN 协议帧中，并通过因特网路由到合适的目的结点。

通过在 IP 包的开始和结尾加上同样的控制字符（十六进制 C0），就可以形成 SLIP 帧。换句话说，IP 包被插入这两个字符之间，因此它也叫作 SLIP 分界符。

SLIP 有几个缺点：
- 没有包含待传输数据的数据类型信息的协议头，因此一个 SLIP 连接一次仅仅支持一种网络协议；
- 每个端点必须知道另一端的 IP 地址，因为在这个协议中没有办法交换信息；
- 没有使用能在噪声很大的电话线路上提供错误检测的校验和，因此高层协议必须负责错误检测和恢复。

尽管如此，SLIP 是一个经过验证的协议，很容易实现。它的简单性对许多低速链路很有吸引力，如模拟本地环路。

2. PPP

PPP 是更加健壮和灵活的串行协议。这个因特网标准协议提供了多协议支持、数据压缩、主机配置和链路建立的能力。PPP 被高层协议（如 TCP/IP）用来提供用户之间简单的 WAN 连接。它取代了 SLIP，并解决了一些问题。PPP 支持异步（面向字符）和同步（面向位）的传输链路。

PPP 基于高级数据链路控制（HDLC）标准；HDLC 处理 LAN 和 WAN 的链路，它运行在 OSI 参考模型的数据链路层。PPP 以 HDLC 帧格式开始，但是增加了标识每个帧的网络层协议的字段，这使得 PPP 链路能传输多种网络协议的数据。

路由与交换设备的配置使用

路由器和交换机是构建互联网的核心设备。路由器负责在两个局域网的网络层间传输数据分组，并确定数据包传输的最佳路径。路由器实质上是一种具有多个网络接口的计算机，需要配置后才能发挥其作用。路由器的操作系统（IOS）提供了系列配置命令，可以用来编写配置文件（如 cfg 文件）。交换机是一种用于电信号存储转发的网络设备，可以在同一时刻实现多个端口之间的数据传输，用于组建网络时也需要进行相应的配置。在此简单介绍路由器的基本配置方法。

交换机是一种即插即用的网络设备，不经过配置即可在默认的模式下正常工作。但对交换机进行配置后可以提高其性能，具体配置方法与路由器类似，可以予以借鉴。

路由器的配置方式

路由器加电启动、加载 IOS 后，Bootstrap 程序会搜索 NVRAM 中的启动配置文件。若存在，则将该文件调入 RAM 中并逐条执行。否则，在 NVRAM 中找不到配置文件，路由器进入配置模式。通常，可采用以下几种方法登录连接到路由器进行配置管理：

- Console 端口连接计算机，运行超级终端软件进行配置管理。
- 已架设在网络上的路由器，可以通过网络上的计算机运行 Telnet 程序进行远程管理。
- 利用异步 AUX 端口连接使用 Modem 进行远程管理。
- 通过 Ethernet 上的 TFTP 服务器进行配置管理（一般用于上传和备份配置文件、升级操作系统）。
- 通过 Ethernet 上的 SNMP 网管工作站进行配置管理。

路由器的初始设置必须通过 Console 端口方式进行。用随机配带的 Console 线一端连接计算机的串口，另一端连接路由器的 Console 端口。运行 Windows 下的超级终端程序，在名称处任意输入一个名字，单击"确定"按钮后，按照系统提示，先选择使用的串口号（一般情况下选择 COM1），然后在串口设置窗口设置串口属性，设定配置参数（波特率：9600；数据位：8；停止位：1；无校验）。

路由器的配置模式

路由器的配置模式如下：

（1）用户模式（router>）。这是路由器开机时进入的模式。路由器处于用户命令状态模式时，只能使用有限的几个命令，如查看路由器的连接状态，访问其他网络和主机，但不能查看、更改路由器的设置内容。

（2）特权模式（router#）。路由器处于特权模式下，比用户模式提供了更多的命令和权限，这时不但可以执行所有的用户命令，还可以查看和更改路由器的设置内容，保存和复制配置文件，重启系统，等等。

（3）全局配置模式（router(config)#）。路由器在全局配置模式下，可以设置路由器的全局参数。路由器的大多数命令都是在该模式下执行的。

（4）子模式。子模式包括多种状态，主要有：

- 接口模式：router(config-if)#。在此模式下，可以对每一个接口参数特性进行配置，如 IP 地址、设置传输速率、加入 VLAN 等。
- 线路模式：router(config-line)#。在线路模式下对接口的线路状态进行配置。
- 路由模式：router(config-router)#。在路由模式下，可以进行路由协议的配置，包括 BGP、EGP、IGRP、OSPF、RIP 等动态路由和静态路由的配置。

各配置模式的转换操作命令如下：

router>	//用户模式
router>enable	//进入特权模式
router#	//特权模式状态
router#configure terminal	//可简写 con f，进入全局配置模式
router(config)#	//全局配置模式状态
router(config)# interface f0/0	//进入接口配置模式
router(config-if)#	//接口配置模式状态
router(config-if)#exit	//返回命令，exit 可逐级返回
router(config)#line console 0	//进入控制台线路接口模式
router(config-line)#	//在此可配置控制台参数

路由器的常用配置命令

1. 系统管理命令

    router(config)#hostname CE2 　　　　//更改路由器的名称为 CE2
    router#clock set 8:30:30 8 feb 2018 　//设置路由器日期和时间
    router#reload 或者 router#reboot 　　//重新启动路由器

2. 路由器端口（接口）配置基本命令

路由器的端口配置是路由器最基本的配置，包括端口 IP 地址配置、端口的打开或者关闭、端口速率设置、端口工作模式设置（全双工、半双工）等。

    router(config)#interface 接口号 　　　//进入接口配置模式
    router(config-if)#ip address　IP 地址 子网掩码

3. 端口的打开或关闭

    router(config-if)#no shutdown 　　　//打开端口，处于 UP 状态
    router(config-if)#shutdown 　　　　 //关闭端口，处于 shutdown 状态

Cisco 路由器的端口默认情况下处于 shutdown 状态，必须用 no shutdown 命令开启端口才能进行通信，否则即使配置了地址也不起作用。其他品牌的路由器情况不尽相同，有些厂家的路由器默认端口是打开的，要视具体情况而定。

4. 路由配置命令

路由功能是路由器的核心，路由配置主要有静态路由、RIP 动态路由、OSPF 动态路由等，在此仅给出路由配置的简单形式，具体可参阅本丛书的第 5 册——《网络互连与互联网》。

配置静态路由的命令格式：

    router(config)#ip route 目的网络 子网掩码 下一跳地址（或连接端口）

配置 RIP 动态路由的命令格式：

    router(config)# route rip

配置 OSPF 动态路由的命令格式：

    router(config)# route ospf 进程号

5. 显示命令

```
router#show history                      //显示历史命令
router#show interface                    //显示接口信息
router#show version                      //显示 IOS 版本及引导信息
router#show arp                          //显示 ARP 表信息
router#show protocols                    //显示全局和端口的第 3 层协议状态
router#show ip route                     //显示路由信息
router#show cdp nei                      //显示邻居信息
router#show running-configuration        //显示当前配置文件内容，存储在 DRAM 中
router#show startup-config               //显示初始配置文件内容，存储在 NVRAM 中
router#dir flash:                        //查看 IOS 文件和 flash 容量大小
```

6. 灵活使用帮助和 Tab 键

路由器操作系统提供了大量的命令，要记住所有的命令不是一件容易的事情，为此，系统提供了强大的帮助功能，无论在任何状态和位置，都可以键入"？"得到系统的帮助。

在输入命令的过程中，可以按 Tab 键，系统会自动补全命令单词。注意，它只能补全命令单词，不能把整条命令补充完整。

另外，路由器还提供了简写命令的手段以加快输入速度。例如：

    router(config)#interface fastEthernet 0/0

可以简写为

    router(config)# inter f0/0

需要注意的是，简写命令时要保证命令单词的前缀不相同。

路由器的基本配置实例

以图 6.20 所示网络拓扑为例，对于用户边界路由器 CE2 的基本配置如下：

```
router>enable
router#configure terminal
router(config)# hostname CE2         //设置路由器的名字为 CE2
CE2#configure terminal               //进入全局配置模式
CE2#interface f0/1                   //进入局域网端口 f0/1 配置模式
CE2(config-if)#ip address 10.10.11.1 255.255.255.0    //配置 IP 地址和子网掩码
CE2(config-if)#no shutdown           //激活端口
CE2(config)#exit                     //退出本端口配置模式
CE2(config)#interface g0/0           //进入千兆以太网端口 g0/0 配置模式
CE2(config-if)#ip address 10.10.10.1 255.255.255.0    //配置 IP 地址和子网掩码
CE2(config-if)#no shutdown
CE2(config)#exit
CE2(config)#interface loopback 0     //创建环回口，用来模拟主机或网段
CE2(config-if)#ip address 192.168.10.1 255.255.255.0   //配置 IP 地址和子网掩码
```

```
CE2(config-if)exit
CE2(config)#ip route 0.0.0.0 0.0.0.0 10.10.10.2       //路由器 CE2 配置默认路由
CE2(config)#ip route 10.10.20.0 255.255.255.0 10.10.20.1    //配置静态路由
CE2(config)#end
CE2#copy running-config startup-config         //保存配置信息
```

对于 ISP 边界路由器 PE3,其端口有局域网端口和广域网端口之分,不同端口必须配置在不同的子网中。PE3 的基本配置如下:

```
router>enable
router#configure terminal
router(config)# hostname PE3       //设置路由器的名字为 PE3
PE3#configure terminal
PE3#interface g0/0                 //配置千兆以太网端口 g0/0 配置模式
PE3(config-if)#ip address 10.10.10.2 255.255.255.0    //配置 IP 地址和子网掩码
PE3(config-if)#no shutdown
PE3(config-if)exit
PE3(config)#interface s0/0         //进入广域网串行端口 s0/0 配置模式
PE3(config-if)#ip address 10.10.20.1 255.255.255.0    //配置 IP 地址和子网掩码
PE3(config-if)#no shutdown
PE3(config-if)#clock rate 64000    //配置 DEC 设备时钟速率,该命令只在 DCE 端使用
PE3(config-if)exit
PE3(config)#interface s0/1         //进入广域网串行端口 s0/1
PE3(config-if)#ip address 10.10.30.1 255.255.255.0    //配置 IP 地址和子网掩码
PE3(config-if)#no shutdown
PE3(config-if)#clock rate 64000
PE3(config)#interface loopback 0
PE3(config-if)#ip address 192.168.3.1 255.255.255.0
PE3(config-if)exit
PE3(config)#ip route 10.10.70.0 255.255.255.0 10.10.70.1
PE3(config)#end
PE3#copy running-config startup-config
```

其他路由器可以参照进行基本配置。配置完成之后,使用 show ip interface 命令查看路由器接口配置情况,并用 ping 命令测试其连通性。

练习

1. 判断对错:交换机通过查看网络地址来决定数据传输方向。
2. 判断对错:路由器通常用于远端 LAN 互连。
3. 判断对错:一个将 2 个本地 LAN 网段(子网)连接到 1 个远程 LAN 的路由器共有 3

个网卡接口。
4. 判断对错：在可能的条件下，路由数据流量比交换数据流量更有效。
5. 路由器的 IOS 存储在（   ）。
   a. Flash Memory　　　　b. RAM　　　　　c. ROM　　　　　　d. DVRAM
6. 路由器的配置文件存储在（   ）。
   a. Flash Memory　　　　b. RAM　　　　　c. ROM　　　　　　d. DVRAM
7. 配置路由器时，PC 的串行口与路由器的 (1) 相连，路由器与 PC 串行口通信的默认数据速率为 (2) 。
   （1）a. 以太网接口　　　b. 串行接口　　　c. RJ-45 端口　　　d. Console 端口
   （2）a. 2 400 b/s　　　　b. 4 800 b/s　　　c. 9 600 b/s　　　 d. 10 Mb/s
8. Cisco 路由器的 IOS 有 3 种命令模式，其中不包括（   ）。
   a. 用户模式　　　　　　b. 特权模式　　　c. 远程连接模式　　d. 配置模式
9. 在下列关于路由器端口的相关命令中，描述正确的是（   ）。
   a. 激活端口的命令为 enable　　　　b. 关闭端口的命令为 disable
   c. 激活端口的命令为 no shutdown　 d. 关闭端口的命令为 no use
10. 在路由器配置过程中，要查看用户输入的最后几条命令，应键入（   ）命令。
    a. show version　　b. show commands　　c. show previous　　d. show history
11. 当需要查看寄存器时，使用下面哪一条命令？（   ）
    a. show boot　　　b. show flash　　　　c. show register　　d. show config

补充练习

路由器可用于在网络的各部分之间建立防火墙。各种通信体系的网络层所用的路由协议与发送广播分组无关。使用路由器就可将广播消息限制在防火墙后面。当出现寻址故障和其他故障时，就仅仅影响一小部分用户，并且很容易进行故障定位和排除。

1. 为什么广播消息定位很重要？网桥可用于隔离广播消息吗？试讨论。
2. 讨论在 WAN 中连接路由器常用的各种业务。什么是"低端"业务？什么是"高端"业务？
3. 使用 Web 搜索引擎查找"主干网路由器"的有关信息，对各类产品进行比较。

第四节　网络中的数据流

本节针对计算机网络中常用的业务，考察网络（包括集线器、交换机、路由器和广域链路）中的信息流，包括在跨越链路时数据帧（含有从源结点发向目的结点的数据包）是如何构建的，应用程序之间是如何通过软件端口进行通信的。了解信息在本地和远端是如何流动的，这对于理解计算机网络的原理非常重要。

学习目标

▶　了解在一个典型网络中信息是如何流动的；
▶　掌握信息在网络中流动的格式；

▶ 熟悉网络协议分析软件的使用。

关键知识点

▶ 每个网络设备使用帧或分组报头确定是否转发帧或分组。

通用网络配置

许多网络使用集线器、交换机和路由器的组合从源结点向目的结点传递信息。图 6.22 示出了通用的网络配置，其中包括连接到交换机的集线器。用户连接到集线器，交换机与集线器相连，并且还与通用服务器和其他网络相连。

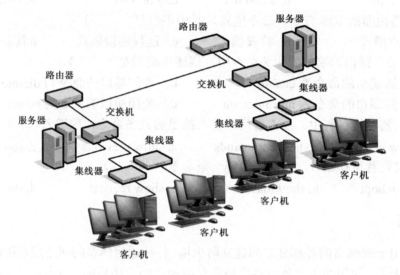

图 6.22　通用网络配置

本地子网段中的信息流

连接到同一个集线器的两个客户机之间的信息交换将不通过交换机。在此过程中，所有连接到集线器上的客户机都会收到数据帧，但只有其 NIC 与目的地址相匹配的那个客户机才会处理数据帧中的信息。当 NIC 处理完数据帧后，要检查分组层目的地址，看它是否与结点的网络层地址匹配。若匹配，数据分组将上传到传输层。传输层确定消息的应用目的，然后把消息传输给应用程序。

在数据帧传输期间，连接到同一集线器上的另一些客户机不能发送信息，因为它们都处于同一个物理网段。而网络中其他的客户机可以发送信息，因为交换机不允许数据帧被传输到网络的其他部分。

交换主干网中的信息流

从客户机到内部网服务器的信息流如图 6.23 所示。客户机经由集线器和交换机向内部网服务器发送信息。

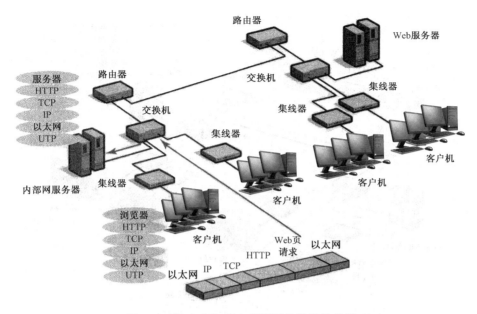

图 6.23　从客户机到内部网服务器的信息流

注意客户机的协议栈和数据帧、分组之间的关系。由于帧目的地址就是内部网服务器的 NIC 地址，交换机查看帧目的地址就可将其送入正确的内部网服务器端口。当服务器的 NIC 处理完数据帧后，服务器的第 3 层检查分组层目的地址是否与结点的网络层地址匹配。若匹配，分组上传到传输层。传输层确定消息的应用目的，然后把消息传输给正确的应用程序——内部网服务器上的软件。

另外，还要注意客户机和服务器的协议栈。唯一的差别是应用程序。在客户端使用浏览器，如 Internet Explorer；在服务器端，则使用 Web 服务器软件包。

跨越广域网的信息流

现在来考察一下从一个网络中的客户机到另一个网络中的服务器的信息流。该客户机向 Web 服务器发送请求的过程如图 6.24 所示。

当一个网络中的客户机向另一个网络中的服务器发送信息时，必须标明网络中路由器的数据帧的地址。在图 6.24 的网络中，客户机首先向集线器发送信息，集线器将数据帧转发给交换机。交换机根据数据帧的目的地址将数据帧传输到路由器。若数据帧的目的地址与路由器的 NIC 相匹配，路由器的 NIC 将数据分组（IP 包）传输到路由器的 IP 进程；若目的 IP 地址与路由器的网络层地址不匹配，则路由器继续运行，将该分组转发到最终的目的地。

路由器先将数据分组放入新的数据帧中，然后通过广域网链路将其发送出去。在此过程中，根据数据包传输所通过的 WAN 链路的类型，数据包被放入一个 WAN 帧中。另一端的路由器解析分组地址，因为它们不匹配，所以将分组发送到 Web 服务器上。此时数据包被放入另一个新帧中，其帧结构类似于客户机发送的帧结构。Web 服务器通过发送一个含有 Web 页信息的数据包来对客户机请求做出响应。

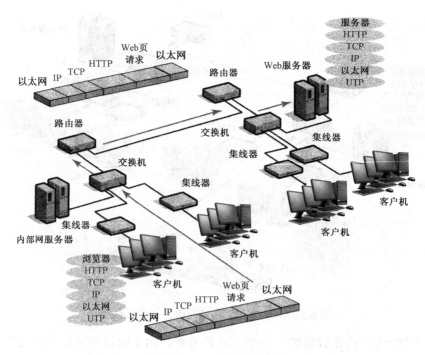

图 6.24 客户机向 Web 服务器发送请求的过程

协议栈数据包分析

为了展示网络是如何工作的，不但需要了解流过网络的每一个比特，也需要从网络的角度观察具体的应用协议［如文件传输协议（FTP）］以及数据包的结构。这可以借助某种协议分析工具软件捕获网络数据包，查看分析协议与协议动作、协议数据单元格式、协议封装及交互过程，加深对层次型网络体系结构的理解。

WireShark 的安装使用

目前，有许多网络协议分析器，常见的网络协议分析工具有 WireShark、Sniffer Pro 等。它们均是通过采用数据包捕获、解码和传输数据的方法来实时分析网络通信行为的。WireShark 是目前常用的一个数据包捕获工具，可以在 www.wireshark.org 上免费获取。WireShark 是一个网络协议分析程序，它不但能够保存从网络系统的某个特定接口发出后进入的每个数据包信息的副本，也能够解析数据包；不仅显示比特的模式，也显示这些比特集合的意义。

WireShark 需要在网络环境下运行。与大多数图形界面软件程序基本类似，WireShark 安装成功后，双击桌面上的 WireShark 图标，即可运行使用。WireShark 有 3 个窗格，即概要窗格、详细信息窗格以及所捕获的原始数据的窗格。WireShark 的整个工作界面如图 6.25 所示。

WireShark 工作界面主要由如下部分组成：

- 菜单——用于开始操作，包括 File、Edit、View、Go、Capture、Analyze、Statistics、Telephony、Tools、Internals、Help 菜单。
- 主工具栏——提供快速访问菜单中经常用的项目。
- Filter（过滤工具栏）——提供处理当前显示过滤的方法。

- Packet List 面板（也称为协议跟踪列表框）——用于显示打开文件的每个包的摘要。点击面板中的单独条目，包的其他情况将会显示在另外两个面板中。
- Packet Details 面板（也称为协议层次框）——用于显示在 Packet List 面板中选择的包的更多详情。
- Packet Bytes 面板（也称为协议代码框）——用于显示在 Packet List 面板选择的包的数据，以及在 Packet Details 面板高亮显示的字段。
- 状态栏——用于显示当前程序状态以及捕捉数据的更多详情。

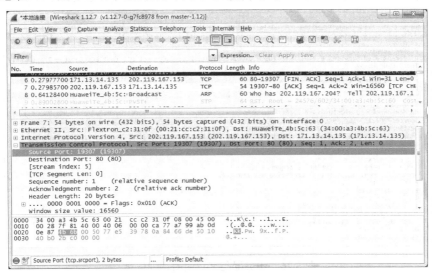

图 6.25　WireShark 的工作界面

WireShark 的最大特点是可以将数据包捕获流保存在一个标准的 libpcap 格式的文件中（通常采用.cap 或.pcap 的扩展名），这是协议分析工具的常用格式。

WireShark 是一种开源免费的、侧重于网络协议分析的网络分析软件，利用它可以详细了解从网络中捕获的数据包信息。

数据包的捕获

启动 WireShark 应用程序后，单击菜单栏上的 Capture 选项，弹出下拉菜单，选择下拉菜单中的 Options 选项，出现 Capture Options 选项界面，可以在这里设置 WireShark 的一些选项，如网卡接口、捕获过滤器等。选项设置好之后，单击 Start 按钮，WireShark 便进入捕获网络协议包状态。

在用 WireShark 捕捉数据包之前，一般要在 Interface 里选择正确的捕获接口，并设置捕获条件。如果有两个以上网卡，要对采集数据的网卡进行设置后才能捕获在该网卡上收发的数据包，进行数据包收集和分析。

在用 WireShark 捕获数据包之前，通常还应为其设置相应的过滤器，以便捕获所需要的数据包，便于进行查看分析。抓包过滤器使用的是 libpcap 过滤语言，在 tcpdump 手册中有详细的解释。

在使用 WireShark 数据包捕获过程中，有各种协议的统计提示，包括各种协议百分比、运行时间等信息。若要停止捕获，单击 Stop 按钮，就可结束此次抓包过程。抓包过程结束，转到 WireShark 主界面，显示此次捕获的所有数据包的信息。

网络协议查看分析

以查看网络协议体系层次性结构为例，首先，启用 WireShark 网络协议分析器，例如在 IP 地址是 202.119.167.83 的机器上打开 IE 浏览器，输入 202.119.160.20 的网址进入主页面，登录 Web 邮箱。然后，打开 WireShark 网络协议分析器的主界面，可以发现 IP 地址是 202.119.167.83 的客户机向邮件服务器 202.119.160.20 提出连接请求，所捕获的数据包如图 6.26 所示。

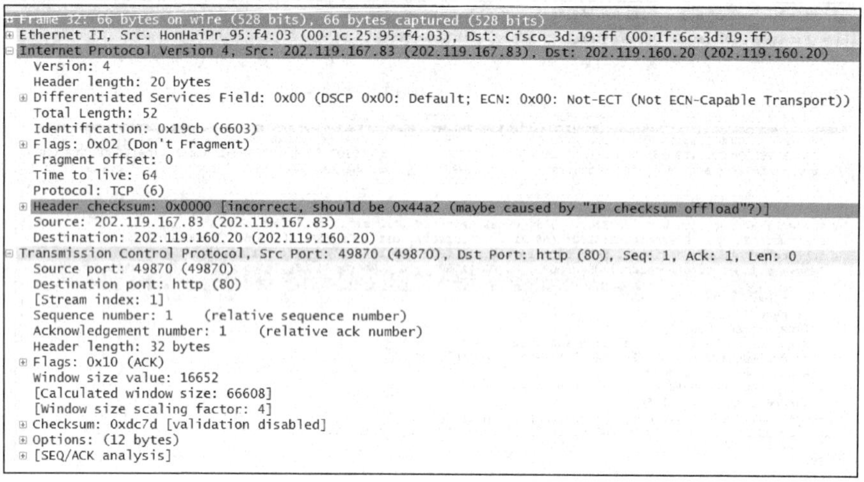

图 6.26　服务器与客户端的详细信息

在图 6.26 的中间窗口可以看到网络运行协议的简要信息。例如，对帧号为 32 的数据包来说，可以看到的信息为：

```
Frame 32 66bytes on wire (528bits), 66bytes captured (528bits)
Ethernet II, Src:HonHaiPr_95:f4:03 (00:1c:25:95:f4:03), Dst:Cisco_3d:19:ff
(00:1f:6c:3d:19:ff)
Internet Protocol Version 4, Src: 202.119.167.83 (202.119.167.83), Dst:
202.119.160.20 (202.119.160.20)
Transmission Control Protocol, Src Port: 49870 (49870), Dst Port: http (80),
Seq: 0, Len: 0
```

然后，点开协议树相应的"+"号，可以看到详细地具体协议信息。例如，Transmission control protocol 标识了源地址和目的地址的端口号，Checksum 是这个 TCP 段的校验和等。在该示例中可以看到 TCP 连接所用的连接源端口是 49870，目的端口是 80，相对序号是 1，TCP 报头长度是 32 字节。在 Flags 字段中的 FIN 设置为 0x10 源地址窗口大小 16 652 字节，Checksum 是这个 TCP 段的校验和为正确。

局域网中发送和接收的是数据帧，且主要是 Ethernet II 帧。数据帧内部所封装的是从发送端发往目的端的数据分组，而且数据分组以及包含在分组中消息格式由 TCP/IP 协议栈的具体协议定义。在图 6.27 中可以清楚看到，在捕获的数据包中，所有的帧都是 Ethernet II 帧，在 31 个数据包中，除了 4 个以外，其余都是 IP 数据包，而这 27 个 IP 数据包中有 26 个 TCP 数据包、1 个 UDP 数据包。

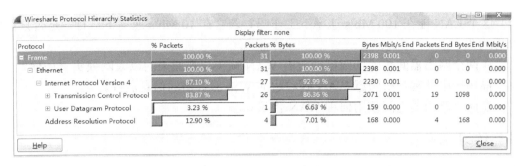

图 6.27　WireShark 协议分层统计

WireShark 也可用来分析每一帧中的 MAC 地址、IPv4 报头、ICMP 信息以及相关协议等。另外，WireShark 也是一种灵活监控网络的管理工具，可用于监视网络活动、解码和重构捕获数据、重新组合会话和探测连接攻击等。网络协议分析仅仅是该软件众多功能之一。

练习

1. 一台交换机具有 12 个 10/100（Mb/s）电端口和 2 个 1 000 Mb/s 光端口，如果所有端口都工作在全双工状态，那么交换机的总带宽应为（　　）。
　　a. 3.2 Gb/s　　　　b. 4.8 Gb/s　　　　c. 6.4 Gb/s 以太网　　　d. 14 Gb/s

【提示】全双工端口带宽计算方法是：端口数×端口速率×2，由题目可知，交换机总带宽为：（12×100 Mb/s+2×1 000 Mb/s）×2 = 6.4 Mb/s。参考答案是选项 c。

2. 路由器命令 R1(config)#ip routing 的作用为（　　）。
　　a. 显示路由信息　　b. 配置默认路由　　c. 激活路由器端口　　d. 启动路由配置

【提示】参考答案是选项 d。

3. 在路由器特权模式下输入命令 setup，则路由器进入（　　）。
　　a. 用户命令状态　　b. 局部配置状态　　c. 特权命令状态　　d. 设置对话状态

【提示】参考答案是选项 d。

4. Cisco 路由器的 IOS 有 3 种命令模式，其中不包括（　　）。
　　a. 用户模式　　b. 特许模式　　c. 远程连接模式　　d. 配置模式

【提示】Cisco 路由器的 IOS 有以下几种配置模式：

① 用户模式：登录到交换机时会自动进入用户模式，提示符为：router>。在该模式下，只能够查看相关信息，对 IOS 的运行不会产生任何影响。

② 特许模式：在用户模式下，输入 enable 命令，即可进入特许模式，提示符为：router#。在该模式下可以完成任何操作，包括检查配置文件、重启路由器等。

③ 全局配置模式：特许模式下，输入 config terminal 命令，即可进入全局配置模式，提示符为 router(config)#。

参考答案是选项 c。

5. 针对图 6.24 所示的网络结构，回答或完成以下各问题：

（1）在服务器和客户机的协议栈中填入适当的内容，以补充完整该图。

（2）描述 Web 浏览器和 Web 服务器之间的一个请求的流程。

（3）LAN 中最可能使用的是哪种 UTP 电缆？

(4) 这个 LAN 能在 100 Mb/s 速率下工作吗？若它在 10 Mb/s 速率下运行，是否只需要替换 NIC 即可？

(5) 在两个路由器间传输的数据帧含有 WAN 帧头，那原来的以太网帧头将如何？

(6) 描述图中从客户机跨越 WAN 到右边的 Web 服务器的信息流程。

(7) 在两个路由器之间使用何种 WAN 协议？

补充练习

根据本节所描述的网络配置，分成小组讨论如下问题：

1. 集线器、交换机和路由器之间的差别是什么？
2. 哪些地方可能是网络瓶颈？为了减轻潜在网络拥塞（考虑到服务器的负荷），需要采取什么措施？

本 章 小 结

本章以构建计算机网络为例，介绍了在网络中传输信息所需的各种要素，是对本书内容的一个总结。

对等网络又称工作组，其网上各台计算机有相同的功能，无主从之分，任意一台计算机既可作为服务器（设定共享资源供网络中其他计算机所使用），又可以作为工作站，没有专用的服务器，也没有专用的工作站。因此，对等网络是常用的小型计算机网络组网方式，也是一般用户经常使用的网络。对等网络的组建虽然简单，却是用户接触网络的第一步，可以为组建大型复杂网络提供实践的基础。

在对等网络的两个客户机之间传输信息的流程和在客户机、服务器之间传输信息的流程具有许多相似之处，主要差别在于什么设备首先启动通信。在对等网络中，每个设备彼此相似，都可启动通信。在客户机/服务器网络中，常常是客户机首先向服务器发出请求，而服务器通过请求信息向该客户机做出响应（应答）。通过给计算机增加合适的硬件和软件，对等网络可以变为客户机/服务器网络。采用网络操作系统的计算机就可成为一个服务器。在同一网络中，对等业务和客户机/服务器业务均可存在。当两个客户机通信时，它们是对等的。当一个客户机向 NOS 请求服务时，就是一个客户机/服务器通信。

因特网访问需要通过特定的信息采集与共享的传输通道，利用相关的传输技术完成用户与 IP 广域网的高带宽、高速度的物理连接。网络中的信息流要按照规定的格式传递；每个网络设备使用帧或分组报头确定是否转发帧或分组。网络互连形成互联网，有多种接入技术可供选择。随着网络规模的扩大，数据流量就会增加，网络性能的问题也会越来越突出。为此，要使用交换机和路由器等网络设备将逻辑工作组内的数据流量限制在内部网段。究竟是使用交换机还是路由器，要依据网络的功能要求而定。交换机可以比路由器更有效地提升网络性能。路由器用于与其他网络相连，并能提供特殊功能，如安全性（用路由器构成防火墙）。

小测验

1. 列出构建一个小型对等网络需要的 4 个主要组件。
2. 下列哪一项很好地描述了 MAC 层地址的功能？（　　　）

a. 将一帧发送到下一个 NIC　　　b. 将一个数据包发送到正确的端口
   c. 将一帧发送到最终的目的地　　d. 将一帧发送到正确的套接字
3. 网桥操作的是哪个信息单位？（　　）
   a. 比特　　b. 字节　　c. 数据帧　　d. 数据分组　　e. 套接字
4. 路由器操作的是哪个信息单位？（　　）
   a. 比特　　b. 字节　　c. 数据帧　　d. 数据分组　　e. 套接字
5. 在客户机/服务器体系中，请求一般是在何处生成？（　　）
   a. 客户机　　b. 服务器　　c. 上述两者　　d. NIC
6. 使用户可以从外部连接到 LAN 的计算机称为（　　）。
   a. 接入设备　　b. 主干设备　　c. 防火墙　　d. 集线器
7. 禁止用户从外部连接到 LAN 的计算机称为（　　）。
   a. 接入设备　　b. 主干设备　　c. 防火墙　　d. 集线器
8. 主机的 IP 地址为 155.221.120.1。如果 LAN 的网络号为 155.xxx.xxx.xxx，主机的网络掩码为（　　）。
   a. 255.255.0.0　　b. 0.0.255.255　　c. 155.221.0.0　　d. 255.0.0.0
9. 如果你通过标准电话线连接到 ISP，什么协议最适合在该链路上传输数据？（　　）
   a. SONET　　b. PPP　　c. ATM　　d. SLIP
10. 判断对错：对于分隔业务，路由器是一种低成本的解决方案。
11. 判断对错：交换机通过检查网络地址决定数据的流向。
12. 判断对错：路由器通常用于远端 LAN 的互连。
13. 判断对错：一个将 2 个本地 LAN 网段（子网）连接到一个远程 LAN 的路由器共有 3 个网卡接口。

附录 A 课 程 测 验

1. 要构建一个星状网络，需要哪种设备和 UTP 电缆配合使用？
2. 列举两种用于传输数据的光缆类型。
3. 列举两种以太网中最常见的电缆名称。
4. LAN 与 WAN 的区别是什么？
5. MAC 的含义是什么？
6. MAC 子层是 OSI 参考模型哪一层的一部分？
7. NIC 的含义是什么？
9. 说出 3 种主要的物理传输介质类型。
10. 什么是调制（Modulation）？
11. 网络中为什么要使用交换机？
12. 从上到下说出 OSI 参考模型各层的名称。
13. 二进制数 01001011 的十进制值是多少？
14. 十六进制数 "E" 的十进制值是多少？
15. 内存按照字节编址，从 A1000H 到 B13FFH 的区域存储容量为（　　）KB。
    a. 32　　　　b. 34　　　　c. 65　　　　d. 67

【提示】结束地址和起始地址的差值再加 1 为存储单元的个数：B13FFH-A1000H+1=10400H，转换为十进制后为 65536B + 1024B = 64KB + 1KB = 65KB。参考答案是选项 c。

16. 以下关于总线的叙述中，不正确的是（　　）。
    a.并行总线适合近距离高速数据传输　　　b.串行总线适合长距离数据传输
    c.单总线结构在一个总线上适应不同种类的设备，设计简单且性能很高
    d.专用总线在设计上可以与连接设备实现最佳匹配

【提示】串行总线将数据一位一位传输，数据线只需要一根（如果支持双向传输需要 2 根），并行总线是将数据的多位同时传输（4 位、8 位、32 位，甚至 64 位、128 位），显然并行总线的传输速度快，在长距离情况下成本高；串行传输的速度慢，但远距离传输时成本低。单总线结构在一个总线上适应不同种类的设备，通用性强，但无法达到高的性能要求，而专用总线这可以与连接设备实现最佳匹配。参考答案是选项 c。

17. 以下媒体文件格式中（　　）是视频文件格式。
    a.WAV　　　　b. BMP　　　　c. MP3　　　　d. MOV

【提示】WAV 是 Windowns 操作系统采用的音频文件格式；BMP 是图像文件格式；MP3 是音频文件格式；MOV 是 Apple 公司开发的一种视频格式，默认的播放器是 QuickTimePlayer，具有较高的压缩比率和较完美的视频清晰度，但最大特点还是其跨平台性，即不仅能支持 MacOS，同样也支持 Windowns 系列。参考答案是选项 d。

18. 使用 150DPI 的扫描分辨率扫描一幅 3×4 英寸的彩色照片，得到原始的 24 位真彩色图像的数据量是（　　）字节。
    a. 1 800　　　　b. 90 000　　　　c. 270 000　　　　d. 810 000

【提示】DPI（Dots Per Inch，每英寸点数）通常用来描述数字图像输入设备（如图像扫描仪）或者点阵图像输出设备（点阵打印机）输入或输出点阵的分辨率。一幅 3×4 英寸的彩色照片在 150 DPI 的分辨率下扫描得到原始的 24 位真彩色图像的数据量是(150×3)×(150×4)×24/8=810 000（字节）。参考答案是选项 d。

19. 下列哪项最好地描述了 MAC 层地址的功能？（   ）
    a. 将一帧发送到下一个 NIC   b. 将一个数据包发送到正确的端口
    c. 将一帧发送到最终目的地   d. 将一帧发送到正确的套接字
20. 下面哪一个采用 CSMA/CA？（   ）
    a. 以太网   b. 令牌环   c. 无线局域网   d. 帧中继
21. 下面哪一个是无连接的协议？（   ）
    a. 帧中继   b. ATM   c. ISDN   d. IP
22. 在一个 100Base-T 网络中，以集线器为中心的星状拓扑，其功能在逻辑上相当于（   ）。
    a. 总线   b. 环   c. 网格   d. 网络云
23. 网桥操作的是哪个信息单位？（   ）
    a. 比特   b. 字节   c. 数据帧   d. 数据包   e. 套接字
24. 路由器操作的是哪个信息单位？（   ）
    a. 比特   b. 字节   c. 数据帧   d. 数据包   e. 套接字
25. 下面哪一个最像中继器？（   ）
    a. 交换机   b. 转接电缆   c. 集线器   d. 路由器
26. 无线局域网使用电磁频谱的哪一部分？（   ）
    a. γ 射线   b. 紫外线   c. 红外线   d. 微波
27. 下面哪种情况将产生 GEO 卫星链路的传播延迟？（   ）
    a. 卫星轨道的高度   b. 分配给 GEO 卫星的频率
    c. 卫星的轨道速率   d. 卫星链路所采用的协议
28. 当你在家中进行网上冲浪时，最有可能用到的协议是（   ）。
    a. HTTP, PPP, IP   b. SMTP, IP, SLIP
    c. 以太网, TCP, IP   d. ATM, POTS, ISP
29. 下面哪一个将光信号传输得最远？（   ）
    a. 多模光纤   b. 单模光纤   c. UTP 电缆   d. STP 电缆
30. 与 MAC 地址相同的是（   ）。
    a. 网络地址   b. NIC 地址   c. Internet 地址   d. 端口号
31. 下面哪一个是由 IEEE 802.3 定义的？（   ）
    a. 令牌环   b. 无线局域网   c. 令牌总线   d. 以太网
32. 在客户机/服务器配置中，请求一般在哪里产生？（   ）
    a. 客户机   b. 服务器   c. 上述两者   d. NIC
33. 通过反射使光保持在光纤内的是（   ）。
    a. 镀层   b. 包层   c. 纤芯   d. 外套
34. OSI 参考模型的每一层都为（   ）提供服务。
    a. 其对等进程   b. 其上层   c. 其下层   d. 用户

35. 以太网网卡（NIC）在发送数据之要给数据加上报头和报尾。这一过程称为（　　）。
    a. 调制　　　　　　　b. 拆包　　　　　　　c. 封装　　　　　　　d. 复用
36. 哪一类地址在世界任何地方都是唯一的？（　　）
    a. 端口地址　　　b. IP 地址　　　　c. 子网掩码　　　　d. NIC 地址
37. Internet 上主要采用哪些协议？（　　）
    a. SPX 和 IPX　　　　　　　　　　b. TCP 和 IP
    c. NetBIOS 和 NetBEUI　　　　　　d. T1 和 T3
38. 参考图 A.1 所示的分层通信概述示意图，回答以下问题：
    （1）网络层转发和传输层转发的区别是什么？
    （2）端对端处理的主要特点是什么？
    （3）端口地址、逻辑地址、物理地址分别是什么？
    （4）在使用 TCP/IP 的分层模型中，数据链路层的作用是什么？
    （5）在使用 TCP/IP 的分层模型中，传输层提供的两种基本服务是什么？

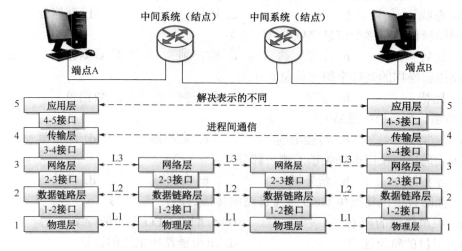

图 A.1　分层通信概述示意图

附录 B 术 语 表

A

Access Device　接入设备
接入设备是一种用于远程结点访问网络资源（或反过来）的网络组件。常用的接入设备有路由器和调制解调器组。调制解调器组是一组调制解调器，允许多个用户同时拨号进入局域网。

Address　地址
地址是一种唯一的标识，表明经过通信链路传输数据的起始位置或终结位置。一个网站的链路地址、网络地址与网站上运行的单个进程是有差异的。

Address Resolution Protocol（ARP）　地址解析协议
ARP 指的是在 TCP/IP 协议中使用 IP 技术进行地址解析的协议。地址解析指的是一台机器将给定的另一台机器 IP 地址解析为相应 MAC 地址的过程。

American Standard Code for Information Interchange（ASCII）　美国信息交换标准代码
ASCII 码是计算机系统中最广泛采用的信息表示代码。这些代码表示各种字符，如键盘字符。ASCII 码使用 7 比特表示 128 个字符。例如，键盘上的字母"A"的 ASCII 码二进制表示为 1000001。

Amplitude　振幅
振幅是指波的高度或离波振动中心的距离。

Analog　模拟
模拟信号也称为模拟波形或载波信号，是通信电路中一种连续的电信号。一般模拟信号本身并不含有消息，但通过调制可以将消息附加在模拟信号上。

Architecture　结构
结构是指构造一个特定实体的设计和方法。在计算机网络中，为特定目的已经开发出特殊用途的通用结构。

Asynchronous　异步
异步操作意味着二进制位并不是按照某一严格的时间表在传输。起始比特位表示每个字符的开始；在字符的最后比特传输后，发送停止位表示字符的结束。发送和接收的调制解调器只需在传输 8 位的时间内保持同步即可；即使它们的时钟存在微小的差异，数据传输仍然能正常进行。

Asynchronous Transfer Mode（ATM）　异步传输模式
ATM 是基于 53 字节小信元的信元转接技术。ATM 网络由将每个个体信元顺向送往其终端的多路 ATM 转换器组成。ATM 能为音频、数据和视频提供传输服务。

Authentication　认证
认证是指确认网络中用户合法性的过程。为了达到识别目的，常采用口令或其他一些方法。

B

Backbone 主干

网络主干是指网络中拥有最大通信量的部分,也是能将许多局域网和子网连接在一起形成一个新网络的部分。

Bandwidth 带宽

带宽是通过传输线或网络传输的最高频率和最低频率之差,或者最大比特速率。它在模拟网络中以 Hz(赫)为单位,在数字网络中则以 b/s(比特/秒)为单位。

Base64 Base64 编码

Base64 编码是一种对 E-mail 消息中附加的非 ASCII 码数据进行编码和解码的标准算法,它是多用途网际邮件扩展协议(MIME)的基础。Base64 编码使用一种 65 个字符的 ASCII 码子集来表示 E-mail 中附加的非 ASCII 码数据。

Baseband 基带

基带是一种数字调制方式,其中整个媒介都用于承载一个表示信息的单个信号。

Binary 二进制

二进制是计算机用于表示数据的以 2 为基数的计数系统。二进制仅含有两个数字:0 和 1。下面列举了一些数的二进制表示,每个二进制数后面是与其相应的十进制数:0000-0、0001-1、0010-2、0011-3、0100-4、0101-5、0110-6、0111-7、1000-8、1001-9、1010-10 等。

bit 比特

比特是计算机中最小的数据单位。1 比特是单个的二进制值(0 或 1)。虽然计算机提供了测试和操作比特位的指令,但通常以多个比特的集合——字节来存储数据和执行指令。在大多数计算机系统中,1 字节由 8 比特构成。每比特对应的值表示存储器中某个电容上的电平高于或低于某个指定的电平值。

Block 块

块是物理磁盘空间的一个单位,用来将文件以物理方式存储到磁盘驱动器上,通常以 4 KB、8 KB、16 KB、32 KB 和 64 KB 为单位进行配置。一个块(有时称为"簇")由几个扇区组成,通常是操作系统可以识别的最小存储单位。

Bluetooth 蓝牙

"蓝牙"是用于在手持式计算机、外设和其他智能电子设备之间进行短距离无线个人连网的一个开放性标准。它在 2.4 GHz 频段采用跳频扩频技术进行无线电传输。

BNC Adapter BNC 连接器

BNC 连接器是用于细缆以太网的连接和终结(10Base-2)的小型设备。根据功能可将其分为不同类型的 BNC 连接器。BNC 桶形连接器将两根细缆以太网电缆连接到一起。BNC 终结器用来端接以太网电缆的末端,它是在每个以太网末端吸收信号(比特)的纯阻负载。

Broadband 宽带

宽带是有足够带宽同时承载多个信号的通信介质。宽带模拟系统把每个信号分配到不同的频带。宽带数字系统用复接技术承载多个信号。

Broadcast Domain 广播域

广播域是网络中能够接收广播分组的区域。路由器和第 3 层交换机创建的网段是独立的广播域，因为它们不将广播分组从一个网段转发到另一个网段。

Broadcast Frame　广播帧

广播帧指一个网络中同时向所有用户发送的数据帧。广播帧的地址是一个特定的数字，用于通知所有网络设备准备接收此帧数据。

Bus　总线

总线将 PC 的中央处理器与视频控制器、磁盘控制器、硬盘驱动器和内存连接在一起。总线有许多种类型，如内部总线、外部总线以及以总线拓扑结构操作的局域网总线。内部总线是 PC 内的总线，如 AT、ISA、EISA、MCA 和 PCI。

Byte　字节

在大多数计算机系统中，字节是由 8 比特构成的信息单位。

C

Capacity　容量

容量是数据通信组件完成预定功能的能力。通常用于描述通信信道和链路的能力。例如，T1 信道的容量是 64 kb/s。

Carrier Wave　载波

载波是承载信号调制的连续波形。为了接收信号，接收器必须调谐到与发射器相同的载波波长。

Central Processing Unit（CPU）　中央处理单元

CPU 是计算机系统中用于处理可执行代码和相关数据的处理器。

Channel　信道

一般而言，信道是两个或多个通信设备之间的通信通道。信道也可称为链路、线路、电路和路径。在主机环境中，信道指主机和控制设备之间的通路。

Circuit-Switched Network　电路交换网络

电路交换网络在两个结点之间建立物理链接。通过中间结点（主机或其他结点），数据分组在两个端结点间传输。

Cladding　反射层

反射层是光纤导体的两个组成部分之一。光纤导体的另一组成部分是玻璃内芯。在光纤外面覆盖有一层塑料外皮。反射层的折射率比玻璃内芯低，它反射代表信号的光线，使光信号不断地沿光纤向前传输。

Client　客户机

客户机是客户机/服务器结构中的客户部分，可以是任意一个只由一个用户使用的结点或工作站。如果多个用户在公用同一个工作站，这个工作站就成了一台服务器。

Client/Server　客户机/服务器

客户机/服务器是网络中的一种模式，其中个人计算机能从一台公用高性能的计算机上访问数据或服务。例如：当 PC 需要从局域网络中的一台计算机获取数据库信息时，该 PC 就是客户机，存放数据库的网络计算机就是服务器。

Clustering 集群
集群是指设备或其他组件的集合，其典型应用是增强性能。集群计算机执行单个应用程序时，将会加快应用程序的运行速度。

Collapsed Backbone 集中式主干网
集中式主干网是一种网络拓扑结构。在这种网络结构中，使用一个多端口设备（如交换机和路由器）在网段与子网之间传输数据流。这和传统的以太主干网不同，以太主干网是用一根公用的缆线直接将结点与子网连接起来的。

Collision 冲突
当两个或两个以上结点在同一个物理媒介中同时发送数据时，就可能产生冲突。以太网使用总线拓扑，所有结点共同使用一个物理介质，因而容易产生冲突。

Collision Domain 冲突域
冲突域是网络中的一部分，其中所有结点都接收每个发送帧，且多个网络结点都竞相访问相同的物理介质。

Compression 压缩
压缩是指减少比特数的过程，要求压缩后的数据不改变原数据所包含的信息的含义。使用压缩的主要原因是为了优化通信通道的使用。

Computer 计算机
计算机是一种能够按照事先存储的程序，自动、高速地进行大量数值计算和各种信息处理的现代化智能电子设备。计算机由硬件和软件所组成，两者是不可分割的。

Computer Networks 计算机网络
利用通信线路将地理上分散的、具有独立功能的计算机系统和通信设备按不同的形式连接起来，以功能完善的网络软件及协议实现资源共享和信息传递的系统。

Connection-oriented 面向连接
面向连接是指用于数据通信网络的一种协议模式。此网络中的发送方计算机和接收方计算机在整个对话中始终保持连接。当数据报或数据帧被传输时，两台计算机始终保持连接。

Connectionless 无连接
"无连接"用来描述并不要求建立连接的数据传输。

Compiler 编译程序
编译程序是一种软件程序，它从编程语言（如 C++）中取出源码，并将源码转换为机器可读且可执行的代码，以便在计算机上运行。

Co-processor 协处理器
协处理器是为了特定的操作（如图形绘制或数学计算）而进行优化过的一种辅助计算机处理芯片。如果为了充分利用协处理器而编写了一个应用程序，那么其中那些操作可在协处理器中进行处理，而不用在主 CPU 中处理。

D

Data Link Control（DLC） 数据链路控制
数据链路控制（DLC）是一个通用术语，它是指用于在单条物理链路上传输数据的一个协议，如令牌环和以太网等。

Data Service Unit（DSU）　数据服务单元

DSU 是将用户专用设备连接到数字传输设备上的另一种设备，常与 CSU 一起使用。DSU 从 LAN 获取信息，并生成适合公共发送设备传输的数字信息。

Decapsulation　解封装

当数据传输通过接收计算机的协议栈被拒绝时，每个协议层首先去除在发送计算机对等过程中增加的报头，然后把剩余的数据传给上层协议。这过程称为解封装。

Device Driver　设备驱动程序

设备驱动程序是控制连接到计算机的设备（如打印机、硬盘驱动器）的程序。

Digital Data　数字数据

数字数据是代表数字（即 0 或 1）的电子化信息。1 和 0 的组合形成了字节和字符，如字母表中的字母。

Digital Subscriber Line（DSL）　数字用户线

DSL 是一种将双绞线电话线路转换成高速数字线路的调制解调技术，也可以承载独立的电话通信业务。DSL 包括 ADSL、RADSL、ADSL Lite、IDSL 和 VDSL 等。

Direct Memory Access（DMA）　直接内存访问

DMA 是一种内存访问技术，在从内存到外设（如硬盘或网卡）之间直接传输数据时无须主处理器干预。

Disk Operating System（DOS）　磁盘操作系统

DOS 是驻留在很多 PC 上的低端软件，用于控制计算机及其外围设备的操作。MS-DOS 是出现在微软公司的 Windows 系统之前的一种操作系统，目前仍然作为 Windows 操作系统的一种扩充而存在。

Dual Inline Memory Module（DIMM）　双列内存模块

DIMM 是一个小型 PC 电路板，含有多个内存芯片。DIMM 与 CPU 之间的总线宽度为 64 比特，与英特尔（Intel）奔腾处理器兼容。

Duplex　双工

两个方向同时传输数据的过程称为双工传输。传输模式有三种：单工、半双工和全双工。单工传输，信号只能在一个方向传输；半双工传输，信号能在两方向但不同时传输；全双工传输，能在两个方向同时传输。

E

Electronic Mail（E-mail）　电子邮件

电子邮件是一种广泛使用的应用程序，可以将信息和文件从一个计算机系统传输到另一个计算机系统。如果发送信息的两台计算机使用不同类型的电子邮件包，就需要由电子邮件网关将其中一种格式转换成另一种格式。

Encapsulation　封装

当数据传输通过发送计算机的协议栈下传时，每个协议层接收来自上层的数据，并添加其自身的报头，这个过程称为封装。当在物理介质上从发送计算机传输消息时，消息包括每个与之相关协议的报头。

Encoding   编码

编码是指将二进制数据（0 或 1）转换为在物理链路（如双绞线）上传输的信号的过程。代表二进制数据的信号可以有多种形式，最常用的是电信号和光信号。

Ethernet   以太网

以太网技术起源于 20 世纪 70 年代，由 Xerox 公司与 Intel 公司、数字设备公司联合开发。它是局域网的主要媒介。最早的以太网具有 10 Mb/s 的带宽。如今，已有 100 Mb/s 以太网（快速以太网）和 1 000 Mb/s 以太网（千兆以太网）了。

Extended Binary Coded Decimal Interchange Code（EBCDIC）   扩展二、十进制交换码

EBCDIC 是 IBM 公司的字符二进制编码标准。

Extended Industry Standard Architecture（EISA）   扩展工业标准架构

EISA 是一种 PC 的 32 位总线技术，支持多处理任务。EISA 是为了抗衡 IBM 的 MCA 而设计的，但现在二者均已被 PCI 总线替代。

F

Facilities   设施

"设施"是指提供电信业务所必需的物理媒介，如双绞线铜缆、光缆等。

Fiber Distributed Data Interface（FDDI）   光纤分布式数据接口

FDDI 协议应用于 LAN 中，通过光缆以 100 Mb/s 的速率连接设备和/或工作组。FDDI 常用作 LAN 的主干。

File Transfer Protocol（FTP）   文件传输协议

FTP 是 TCP/IP 网络的应用层协议。FTP 是一种用于在互联网主机间传输文件的程序。

Firewall   防火墙

根据国家计算机安全协会（NCSA）的定义，防火墙是"分隔两个或多个网络的系统或系统的组合"。防火墙是两个网络之间的受控网关，其典型应用是专用网和因特网之间的网关。

Flow Control   流量控制

流量控制是在两个计算机系统之间控制数据帧或消息数量的方法。实际上，每个数据通信协议都包含一些流量控制方式，以使发送方不会给接收结点发送太多的帧或分组。

Frame   帧

帧是在数据链路上传输的信息单位。有两种类型的数据帧：控制帧和信息帧。控制帧用于初始化和管理链路，信息帧含有来自数据链路层以上层的信息。

Frame Relay（FR）   帧中继

帧中继是一种分组转发的 WAN 协议，其速率为 56 kb/s～1.544 Mb/s。

G

Gateway   网关

网关是一个协议转换器。这种类型的网关在两种不同的协议体系之间转换数据，通常工作在 OSI 参考模型的较高层。网关也是用来连接专用网络和公有网络（通常是 Internet）的路由器。

H

Handshake   握手
两个设备在通信之前的信号和数据交换过程。

Hardware   硬件
硬件是计算机的物理部分,包括硬盘驱动器、计算机内的电路板和其他计算机组件。

Header   报头
报头是消息的一部分,包含发送消息从一个结点到另一结点所必需的信息。报头一般包含规定封装消息长度的域,一般至少有一个域提供关于消息的信息。例如,如果消息是一个大消息中的段,报头可规定该段在整个大消息中的相对位置,或者大消息中的总段数。

High-level Data Link Control（HDLC）   高级数据链路控制
HDLC 协议适合于多种数据链路层协议,如 SDLC、LAPB 和 LAPD。HDLC 用于广域网连接。

Hexadecimal   十六进制
十六进制是以 16 为基数的数制,用以表示缩写的二进制信息。十六进制数由 16 个符号组成:0～9 和 A～F。在一个十六进制数中,各位所代表的值是其相邻低位的 16 倍。

Hypertext Markup Language（HTML）   超文本标记语言
超文本标记语言（HTML）是 Web 用户用于创建和识别超媒体文档的语言。HTML 使用起来很容易。HTML 文档是带有格式码的 7 位 ASCII 码文件,格式码包含打印格式（文体风格、文档标题、段、列表）和超级链接的信息。

Hypertext Transfer Protocol（HTTP）   超文本传输协议
超文本传输协议（HTTP）是一种应用程序级协议,用来在连接到 Web 的计算机之间传输信息。

I

Industry Standard Architecture（ISA）   工业标准架构
ISA 是一种较老的 8 位或 16 位总线技术,用于 IBM XT 和 AT 机中。

Input /Output（I/O）   输入/输出
I/O 通道是指从计算机的主处理器或 CPU 到外设之间的通路。

Integrated Services Digital Network（ISDN）   综合业务数字网
ISDN 的特征是通过交换电话网络提供语音传输、数据传输和其他形式通信的业务集成。

Internet Engineering Task Force（IETF）   Internet 工程任务组
IETF 是一个很大的开放性国际组织,其中包括网络设计者、运营商、设备提供商和研究人员,其主要任务是关注因特网的技术发展和保证因特网顺利运行。

Internet Protocol（IP）   网际协议
IP 是一个网络层协议,负责通过网络获取数据包。

Internet Protocol Address   IP 地址
IP 地址是指因特网协议地址,又称为网际协议地址。IP 地址是 IP 协议提供的一种统一的地址格式,它为因特网上的每一个网络和每一台主机分配一个逻辑地址,以此来屏蔽物理地址的差异。

Internetwork　互联网

互联网是指可以将位于不同物理地点的较小网络（根据不同类型的网络结构）合并的一个复杂的网络。

Internetwork Packet Exchange（IPX）　网际包交换

网际包交换（IPX）是 Novell NetWare 专有的网络层协议。

ITU-T

国际电信联盟-电信标准化部门（ITU-T）是开发和采用国际电信标准和条约的政府间组织。ITU 成立于 1865 年，1947 年成为联合国代理。

J

Jitter　抖动

抖动是由于信号传输时不同步而引起的信号失真或图像扭曲，或者由于连接不可靠、硬件功能故障或不正确的刷新率而引起的显示器显示抖动。

L

Latency　延迟

延迟指的是网桥或路由器之类的网络设备转发一帧或数据报时所产生的传输延迟。具体指一个设备从读取一个数据报的第一个字节到转发完这个字节所需的时间。

Light Emitting Diode（LED）　发光二极管

LED 是一种电子元件，当电信号流过该元件时会发光。例如，LED 用来显示网络设备（如集线器）的活动状态，或作为多模光纤的光源。

Local Area Network（LAN）　局域网

局域网是一组通过网络连接在一起的计算机，通常局限于单个建筑物或建筑物的一层之内。

Local Exchange　本地交换

本地交换或中心局（CO）是终止本地环路的电话辅助设备。中心局的功能是通过一系列交换机将许多个人电话连接起来。为了高效地进行交换，多个中心局按照层次结构连接在一起。中心局又称为接线中心（Wiring Center）和公共交换（Public Exchange）。

Local Loop　本地环路

本地环路是在电话用户和最近的中心局之间的铜电缆跨度。

M

Mainframe　大型机

大型机是一个大规模的计算机系统。大型机功能强大，与网络及磁带机、打印机、磁盘驱动器等高速外设相连。

Media Access Control（MAC）　介质访问控制

MAC 指为了通过介质发送信息而对网络的物理介质（缆线）进行访问或控制的方法。MAC

的地址是 NIC 的地址，与帧地址相同。

Media Access Unit or Multi-station Access Unit（MAU） 介质访问单元或多站接入单元

MAU 的定义取决于所涉及的局域网类型。在令牌环网中，MAU 是多站接入单元；而在以太网中，MAU 有时指介质访问单元。MAU 是集线器的一种。

Megahertz 兆赫（MHz）

1 Hz 就是 1 个正弦波周期每秒。1 MHz 是 10^6 个正弦波周期每秒。

Memory 存储器

存储器是计算机系统中的记忆设备，用来存放程序和数据。计算机中的全部信息，包括输入的原始数据、计算机程序、中间运行结果和最终运行结果，都保存在存储器中。它根据控制器指定的位置存入和取出信息。

Million（Mega）bits per Second 兆比特每秒（Mb/s）

Mb/s 用于描述通信链路的速度。例如，10 Mb/s 意味着每秒有 $10×10^6$ 比特数据流过介质。

Modem 调制解调器

调制解调器（Modem）是调制器（Modulator）/解调器（Demodulator）的缩写。调制解调器是将二进制的计算机数据转换成适合在电话线路上传输的信号的设备。

Modulation 调制

调制是改变载波信号（电信号）波形，以使信息能够在某些通信介质上传输的过程。通过调制，数字计算机信号（基带）被转换成模拟信号在模拟设备（如本地环路）上传输。反之，把模拟信号转换为数字信号的过程称为解调。

Moving Pictures Experts Group，Layer-3（MP3） MPEG 第 3 层

MP3 表示 MPEG（活动图像专家组）第 3 层，是 MPEG 标准的一个分支，用于数字音频压缩。MP3 是最流行的数字音频文件压缩格式，通常用来在 Internet 上播放音乐。

Multicast 多播

多播是指给一组（多台）计算机同时发送信息。类似的术语有单播（发送给一台计算机）和广播（发送给所有计算机）。

Multiplexer 多路复用器

多路复用器是一种允许多种信号在同一物理介质上进行传输的计算机设备。多个信号送入多路复用器，形成一个高速输出数据流。输出的信息流由所有的输入信息组合而成。

N

Network Basic Input/Output System（NetBIOS） 网络基本输入／输出系统

NetBIOS 最初是由 Sytek 和 IBM 开发的软件系统，用于网络操作系统（NOS）与计算机硬件间的通信。NetBIOS 已被 Microsoft 和 Novell NetWare 接受，并已经成为各种 LAN 应用接口的事实上的标准。

NetBIOS Extended User Interface（NetBEUI） NetBIOS 扩展用户接口

NetBEUI 是 Microsoft 在 LAN 管理器中使用的 LAN 管理器传输层驱动程序。1985 年，IBM 公司开发了 NetBEUI，把它作为局域网中的网络传输协议。相应于 OSI 参考模型，NetBEUI 属于网络层和传输层协议。在局域网环境中，NetBEUI 和 NetBIOS 共同提供了高效的通信系统。

Network File System（NFS） 网络文件系统
NFS 是用于基于 UNIX 的计算机系统的文件管理系统。

Network Interface Card（NIC） 网络接口卡
网络接口卡（NIC）是任何工作站或 PC 的部件（硬件）。NIC 使工作站或 PC 能够与网络建立连接，以便进行通信。NIC 地址是硬件地址或 MAC 地址的另一种称呼。通过目的结点的网卡可以得到 NIC 地址。

Network Protocol 网络协议
网络协议是为计算机网络中进行数据交换而建立的规则、标准或约定的集合。一个网络协议主要由语义（Semantics）、语法（Syntax）和时序（Timing Sequence）三个要素组成。

Network Operation System（NOS） 网络操作系统
网络操作系统（NOS）是管理服务器操作并向客户端通过服务的软件。网络操作系统用来管理网络的根本传输能力与服务器中的应用程序之间的接口。

O

Open System Interconnection（OSI） 开放系统互连
OSI 最初是一种用于数据通信的抽象参考模型。如今 OSI 模型已经实现，并用于某些数据通信应用程序。OSI 模型为 7 层，逻辑上可以分为两个部分：第 1 层至第 4 层（低层）处理的是数据通信中的原始数据；第 5 层到第 7 层（高层）处理的是与高层应用程序互相通信有关的问题。

Operating System（OS） 操作系统
操作系统是计算机的基本系统软件，向用户提供最低层服务。

P

Packet （信息、数据）包或分组
一个包（或分组）是指一个能在网络上传输的信息单元。包（或分组）是在 OSI 模型协议栈的网络层形成的。即使必须经过许多中间结点，包头含有的信息足以将该包从发送结点发送到接收结点。一个包（或分组）可以是由应用层生成的完整消息，也可以是大消息中的一段。

Packet Switching Networks 分组交换网络
当一个分组要从源结点传输到目的结点，且在源结点和目的结点之间有许多中间结点时，就要进行分组交换。当分组在中间结点传输时（即一次分组交换），中间结点必须按顺序把分组传输到下一个结点。

Peer 对等实体
如果两个程序或进程使用相同的协议进行通信，并在各自的结点上完成近于相同的功能，就称这两个进程为"对等实体"。通常，对等进程的任一进程都不控制其他进程，数据流沿各个方向传输的协议相同。

Peripheral Component Interconnect（PCI） 外部组件互连
PCI 是一种较新的 32 位或 64 位 PC 本地总线技术。参见"BUS"（服务器采用 64 位 PCI 总线，PC 使用 32 位 PCI 总线）。

Peripherals　外设

外设是指计算机中不在主板上的部分，包括硬驱、软驱和调制解调器等。

Personal Area Network（PAN）　个人网

PAN 是连接用户个人电子设备（如蜂窝电话、PDA 和头戴式电话等）的短距离无线网络，也称为 WPAN（无线个人网）。

Personal Computer Memory Card International Association（PCMCIA）

便携式计算机上的 PCMCIA 插槽是为 PC 的内存扩展设计的。网卡（NIC）和调制解调器可以通过 PCMCIA 插槽连接到便携式计算机。

Personal Digital Assistant（PDA）　个人数字助理

PDA 设备小巧玲珑，提供 PC 功能的子集，用于计划列表、电子笔记本和小型数据库应用等。

Piconet　蓝牙个人网

Piconet 是可链接多达 8 台设备的一种蓝牙个人网。每个 Piconet 由 1 台主设备控制，从设备每次最多可达 7 台。每台设备都可以是 1 个以上 Piconet 的成员，当一个用户从一个小区移动到另一个小区时其成员资格就发生了改变。

Port　端口

在连网技术中，端口有两种基本用法。一种是指设备中的物理端口，如交换机中的 I/O 端口。端口还与运行在网络结点上的进程有关，也称为插口（Socket）。如果一台机器运行多个进程，那么，当该机器要进行通信时，每个进程就必须唯一地标识自己。TCP 结构中的"周知"口（如 FTP 和 HTTP 端口）就是这种类型的端口。

Point-to-Point Tunneling Protocol（PPTP）　点对点隧道协议

PPTP 是 Microsoft 为采用 Windows 95/98 和 Windows NT 的个人网而开发的。PPTP 可支持 IP 包内的 IP、IPX、NetBIOS 和 NetBEUI 等协议的隧道技术。

Protocol　协议

协议是指连接到网络的计算机之间进行通信的一致认同的方法。

R

Random Access Memory（RAM）　随机访问存储器

RAM 是计算机的主存储器，供计算机硬件构件（如 CPU）读或写。当应用程序运行时，使用 RAM 来存储指令和数据。应用程序可以向同一个 RAM 地址中反复写入新的数据，但计算机掉电或关机时，RAM 中的数据会全部丢失。

Reassembly　重组

重组是重新结合分段传输以恢复原始消息的过程。

Redirector　重定向器

重定向器是客户机/服务器结构中的客户端软件，用于判断计算机服务是请求（如读文件）使用本地资源还是远程资源。每个软件供应商针对这种功能使用不同的名字，如"设定"、"请求"、"客户机"。

Reduced Instruction Set Computer（RISC）　精简指令集计算机

RISC 是比传统的复杂指令集计算机（CISC）处理器（如 Intel 或 Motorola 处理器）含有较少指令的一种微处理器。精简指令的结果是其速度大大加快。一段时间以来，RISC 处理器已在大多数技术工作站中使用，而且越来越多的 PC 类产品也是基于 RISC 处理器的。

Repeater　中继器

中继器可以把局域网中的一个电缆段与另一个电缆段连接起来，也可以用来连接不同的媒介。例如，中继器能够将细以太网电缆连接到粗以太网电缆。中继器将一段电缆上的电信号重新生成到所有其他电缆段上。由于中继器能够准确地、一个比特一个比特地重新生成所接收到的信号，所以它也会复制原有的错误信息。

Request for Comments（RFC）　请求评论（RFC）文档

RFC 文档是 Internet 研究和开发团体的一种工作文档。RFC 文档基本上可以是任何与计算机通信有关的主题，其形式既可以是会议报告，也可以是标准规范。

RJ-45 Connector　RJ-45 连接器

RJ-45 连接器是连接 UTP 电缆的卡扣式连接器，类似于标准的电话线接头。

RS-232

RS-232 电缆用来将计算机连接到调制解调器。RS-232 规范详细规定了计算机与调制解调器之间的电子和机械接口。

S

Segment　网段

网段是网络的一个物理部分。一个网络必定由一个或多个网段构成。

Segmentation　分段

在传输过程中把长数据分为较小的块，以便于较低层处理。这个过程称为分段。

Sequence Packet Exchange（SPX）　顺序包交换

SPX 是 Novell NetWare 专有的传输层协议。

Server　服务器

服务器是连接到网络的设备，为网络用户提供一个或多个业务。

Server Message Block（SMB）　服务器消息块

SMB 是局域网中客户机与服务器之间使用的应用层 / 表示层协议。需要局域网支持的功能（例如，从文件服务器检索文件），在被发送到远端设备之前都应转换成 SMB 命令。应用程序都采用 SMB "调用" 在网络上执行文件操作。

Simple Mail Transfer Protocol（SMTP）　简单邮件传输协议

SMTP 协议用于在用户的邮箱之间传输电子邮件。

Single Inline Memory Module（SIMM）　单列内存模块

SIMM 是一个小型 PC 电路板，含有多个内存芯片。SIMM 与 CPU 之间的总线宽度为 32 比特，存储单位是字节。

Software Defined Network（SDN）　软件定义网络

软件定义网络（SDN）是由 Emulex 公司提出的一种新型网络创新架构，是针对数据中心的网络，其核心技术 OpenFlow 通过将网络设备控制面与数据面分离开来，从而实现了网络流量的灵活控制，为核心网络及应用的创新提供了良好的平台。

Source Code 源码

源码是以一种编程语言（如 C++）编写的人可读的指令。只有其源码通过编译程序转换成机器可读的二进制码之后，应用程序才能在计算机上运行。

Subnet 子网

子网是"网络的分支"。子网是基于用户的网络地址，根据逻辑功能划分的网络的一部分。

Synchronous 同步

同步通信是由微处理器时钟控制的数据通信，允许信号在特别的时间开始和停止。为了使用同步通信，发送和接收系统的时钟设置必须匹配。

Synchronous Dynamic Random Access Memory（SDRAM） 同步动态随机存储器

SDRAM 是 RAM 的一种，也常称为 DIMM。SDRAM 正在取代 EDO RAM，因为前者存取速率约为后者的 2 倍（最高可达 133 MHz）。

Synchronous Graphic Random Access Memory（SGRAM） 同步图形随机存储器

SGRAM 是动态 RAM 的一种，它对图形增强功能进行了优化设计。像 SDRAM 一样，SGRAM 可与 CPU 总线时钟同步，最高频率可达 100 MHz。

Synchronous Optical Network（SONET） 同步光纤网

SONET 是高速光纤传输标准。SONET 标准定义了一个类似于 T 形载体的信号分层，但可以扩展到更高的带宽。基本的传输数据块是 STS-1（51.84 Mb/s）信号，用于适配 T3 信号。数据块最高定义到 STS-48，即 48 个 STS-1 通道，合计速率为 2 488.32 Mb/s，能够承载 32 256 个话音电路。STS 设计是指与电信号的接口，相应的光信号设计标准是 OC-1、OC-2 等。

Stack 栈

栈是为实现数据通信而共同工作的一组协议。在栈中，每个协议使用其下一层的服务，并为上一层提供服务。

System Network Architecture（SNA） 系统网络体系结构

SNA 是 IBM 的计算机网络体系结构。在任务紧急型应用程序中，SNA 用来进行事务处理，这通常与大量的终端正在同主机进行通信有关。SNA 是第一个发送和接收整个终端屏幕信息的数据通信协议。

Synchronous Data Link Control（SDLC） 同步数据链路控制

SDLC 是 HDLC 标准的一个子集，它是用于在物理线路上传输的数据链路层协议，常用于 IBM SNA 网络。

T

T1

T1 线路也称为 DS1 线路，是支持 1.544 Mb/s 数据速率的专用电话线路。T1 线路由 24 个独立的信道构成，支持 64 kb/s 的速率。每个信道都可配置为承载语音或数据业务。大多数电话公司允许只租用这些独立信道中的几个信道，这种方式称为部分 T1 接入。对于互联网的商用接入，T1 是最普遍的租用线路。

Time-division Multiplexing（TDM） 时分复用

TDM 将许多速率较低的比特流组合为单个高速比特流。TDM 实际上是一种让多条慢速通信信道分时享用一条快速信道的方法。

Token Ring 令牌环

令牌环是运行于 4 Mb/s 和 16 Mb/s 环状拓扑的局域网协议。

Topology 拓扑

拓扑指网络或网络分支的特定的物理配置。例如，环状拓扑和星状拓扑是两种不同的网络拓扑。

Transmission Control Protocol（TCP） 传输控制协议

TCP 通常在基于 TCP/IP 的网络中与 IP 协议联合使用。两个协议共同为网络计算机的应用程序提供连接。

U

UNIX

UNIX 是应用于许多工作站和中型机的操作系统，是 PC 或 Macintosh 机操作系统的替代软件。Linux 是 UNIX 的类似版本。

Unshielded Twisted Pair（UTP） 非屏蔽双绞线

UTP 是最通用的网络敷设电缆，广泛用于电话网和许多通信应用。

User Datagram Protocol（UDP） 用户数据报协议

UDP 是一个传输层协议（TCP 的一种替代协议），用于某些不需要 TCP 全服务的专用应用程序服务。它提供简单、无连接的数据报传输服务，不提供差错校验。

Uuencode Uuencode 编码

Uuencode 编码是一系列算法的集合，用于将 E-mail 附件转换为 7 位（bit）ASCII 码序列字符，以便于在 Internet 上进行传输。Uuencode 创建之初用于 UNIX 到 UNIX 的编码，但现在它已成为在不同操作系统平台之间传输文件附件的通用协议。几乎所有的 E-mail 应用程序都支持 Uuencode 编码。

V

Virtual Circuit 虚电路

虚电路是一种通信路径，就像是单个电路一样，尽管数据可能会在源结点和目的结点之间通过不同的路由进行传输。

Virtual Private Network（VPN） 虚拟专用网

虚拟专用网在设备间使用端对端加密技术建立安全通信连接。每个 VPN 是一个在公共网络（如 Internet）上传输的加密数据流。

W

Wide Area Networks（WAN） 广域网

广域网（WAN）是网络的一部分，用于从用户到网络或网络到网络的远程连接。

Workstations 工作站

工作站是一种计算机，通常比 PC 具有更强的功能，但仍由单个用户使用。

World Wide Web（Web）万维网

万维网是在因特网上查找和检索信息的公共超文本应用域。

X

X.25

X.25 是一种无连接的分组交换网络（公用或专用）。X.25 位于 OSI 参考模型的第 3 层，并定义了一个 3 层的协议栈，其数据传输速率只能达到 56 kb/s。

参 考 文 献

[1] 刘化君. 网络基础. 北京：电子工业出版社，2015.
[2] （美）Reed K D，著. 网络基础（第7版）. 龚波，张文，杨红霞，等，译. 北京：电子工业出版社，2003.
[3] （美）戈拉尔斯基，著. 现代TCP/IP网络详解. 黄小红，等，译. 北京：电子工业出版社，2015.
[4] 谢希仁. 计算机网络（第7版）. 北京：电子工业出版社，2017.
[5] 雷震甲，等. 网络工程师教程（第5版）. 北京：清华大学出版社，2018.
[6] 刘化君，等. 计算机网络原理与技术（第3版）. 北京：电子工业出版社，2017.
[7] 刘化君，等. 计算机网络与通信（第3版）. 北京：高等教育出版社，2016.
[8] 刘化君. 综合布线系统（第3版）. 北京：机械工业出版社，2014.
[9] （美）Tanenbaum A S. Computer Networks (Fourth Edition). 影印本. 北京：清华大学出版社，2008.
[10] （美）Forouzan B A，著. TCP/IP协议族（第4版）. 王海，张娟，朱晓阳，等，译. 北京：清华大学出版社，2011.
[11] 佟震亚，马巧梅. 计算机网络与通信. 第2版. 北京：人民邮电出版社，2010.
[12] 刘化君，刘传清. 物联网技术（第2版）. 北京：电子工业出版社，2015.
[13] 桂阳，胡钊源. 网络工程师考试试题分类精解. 北京：电子工业出版社，2012.
[14] 李磊 等. 网络工程师考试辅导. 北京：清华大学出版社，2017.
[15] 李昌，李兴. 数据通信与IP网络技术. 北京：人民邮电出版社，2016.
[16] 全国计算机专业技术资格考试办公室. 网络工程师考试大纲（2018年审定通过）. 北京：清华大学出版社，2018.